高等教育"十三五"规划教材

高职高专专业基础课教材系列

分析化学

薄新党　朱东方　主　编

李文典　彭建兵　副主编

科学出版社

北　京

内 容 简 介

本书是按照项目教学法要求编写的。主要介绍了化学分析的基本操作和方法，删去了常规分析化学中的仪器分析部分。

本书可作为高职高专化工、轻工、材料、冶金、环保、食品、制药等类专业的分析化学教材，也可供厂矿企业有关专业的工程、科技人员参考。

图书在版编目（CIP）数据

分析化学/薄新党，朱东方主编. —北京：科学出版社，2009
（高等教育"十三五"规划教材·高职高专专业基础课教材系列）
ISBN 978-7-03-025005-6

Ⅰ.分…　Ⅱ.①薄…　②朱…　Ⅲ. 分析化学-高等学校：技术学校-教材
Ⅳ.O65

中国版本图书馆 CIP 数据核字（2009）第 118727 号

责任编辑：沈力匀 / 责任校对：耿　耘
责任印制：吕春珉 / 封面设计：东方人华平面设计部

科学出版社 出版
北京东黄城根北街 16 号
邮政编码：100717
http://www.sciencep.com
三河市骏杰印刷有限公司印刷
科学出版社发行　各地新华书店经销
*
2009 年 8 月第 一 版　　开本：787×1092　1/16
2018 年 1 月第三次印刷　　印张：13 3/4
字数：326 000
定价：32.00 元
（如有印装质量问题，我社负责调换〈骏杰〉）

销售部电话 010-62134988　　编辑部电话 010-62135235（VP04）

前　言

　　"分析化学"为高职院校应用化工（精细化工）类专业学生开设的一门化学基础类课程。本书在编写中按照项目教学法的要求，力求做到以学生为主体，充分调动学生的学习主动性和积极性，语言通俗易懂，简单易学；用演示实验引领理论教学，增强学生的感性认识，启迪学生的科学思维；坚持以应用为主，充分做到理论和实践的有机结合。全书内容以"必需和够用"为原则，由浅入深，加强实用性，把知识的传授与培养学生分析问题和解决问题的能力结合起来，注重实践性训练。

　　全书结合目前高等职业教育的特点和要求，从学生的认知规律、所需知识和技能要求出发，在编写形式上设计成项目教学和任务驱动的形式，以一系列的活动为主线，使学生在这些活动中能变被动为主动，自主查阅学习相关知识。活动的设计依赖于需要学生了解的学习内容，活动的形式没有统一的标准，对不同的内容可以设计成不同的活动；对同样的内容，不同的老师设计的活动也可能不一样，书中设计的活动仅作为教师在实际教学时的参考。

　　本书由河南工业大学化学工业职业学院薄新党、朱东方主编，漯河职业技术学院食品工程学院李文典和顺德职业技术学院彭建兵担任副主编。其中彭建兵编写项目一，薄新党编写项目二，李文典编写项目三，河南工业大学化学工业职业学院张普香编写项目四，朱东方编写项目五，漯河职业技术学院食品工程学院李彦林编写项目六，郑州轻工业学院许肖玮编写项目七，全书由薄新党统稿，并由河南工业大学化学工业职业学院杨秀琴主审。

　　限于编者水平，时间又比较仓促，书中不足之处在所难免，恳请读者和教育界同仁予以批评指正。在本书编写过程中参考了相关的文献资料，在此向相关作者一并致谢。

目　录

项目一

认识分析化学

项目说明

通过本项目的培训，了解分析化学的任务、作用、分类和发展史，掌握分析化学的学习方法，明确分析化学的学习要求。

教学目标

（1）了解分析化学的任务、作用、分类和发展方向。

（2）掌握分析化学的学习方法和要求。

任务　认识分析化学

任务目标

了解分析化学的任务、作用、分类和发展方向，掌握分析化学的学习方法和要求。

工作任务

【活动一】

查找分析化学的任务和分类及其在国民经济中的作用和发展方向

分组：每2人一组。

活动目的：获得分析化学的任务、作用、分类和发展方向的相关资料。

活动程序：在本活动中，先按每2人一组进行分组，查找相关期刊、书籍、网络资源，找一找分析化学的任务、作用、分类和发展方向等方面的相关知识并记录下来，然后每3～4组合并为一大组，想一想、议一议，相互交流，并完成表1.1的表格。

表1.1 对分析化学的认识

项 目	有 关 内 容	信息来源
生活中接触到的分析化学事例		
分析化学在国民经济中的作用		
分析化学的分类		
分析化学的任务		
分析化学的发展方向		

把你所获得的资料和其他同学交流一下，看别人的理解和你有什么不同，并展开讨论。

【活动二】 探索分析化学的学习方法和要求

分组：每4人一组。

活动目的：获得分析化学的学习方法和要求的相关资料。

活动程序：在本活动中，按每4人一组进行分组，引导学生相互讨论自己在其他相关理论课程学习中的方法和心得，看能否适用于分析化学的学习，结合分析化学实践性强的特点，讨论该如何学习该课程。

知识探究

（一）分析化学的任务和作用

分析化学是化学学科的一个重要分支，是研究物质化学组成、含量和结构的分析方法及有关理论的一门学科。它可分为定性分析和定量分析两个部分。定性分析的任务是鉴定物质由哪些元素或离子所组成，对于有机物质还需要确定其官能团及分子结构；定量分析的任务是测定物质各组成部分的含量。在进行物质分析时，首先要确定物质有哪些组分，然后选择适当的分析方法来测定各组分的含量。在生产中，大多数情况下物料的基本组成是已知的，只需要对生产中的原料、半成品、成品以及其他辅助材料进行及时准确的定量分析，因此本书主要讨论定量分析的有关知识。

分析化学是研究物质及其变化的重要方法之一，任何科学研究，只要涉及化学现象，分析化学常作为一种手段而被运用到其研究工作中去。例如，在地质学、海洋学、矿物学、考古学、生物学、医药学、农业科学、材料科学、能源科学、环境科学等学科中，都需要分析化学提供大量的信息。

在国民经济建设中，分析化学具有重要的地位和作用。例如，在工业上，资源的探测、原料的配比、工艺流程的控制、产品检验与"三废"处理；在农业上，土壤的普查、化肥和农药的生产、农产品的质量检验；在尖端科学和国防建设中，如原子能材料、半导体材料、超纯物质、航天技术等的研究；在进出口商品的质量检验、引进产品的"消化"和"吸收"中，都需要用到分析化学。因此，人们常将分析化学称为生产、科研的"眼睛"，它在实现我国工业、农业、国防和科学技术现代化的宏伟目标中起着重要的作用。

（二）分析方法的分类

根据分析的目的、任务、分析对象、测定原理、操作方法等的不同，分析方法有以下几种分类。

1. 定性分析、定量分析和结构分析

按分析任务（或目的）分类，分析方法可分为定性分析、定量分析和结构分析。其中：定性分析为鉴定物质的化学组成（或成分）；定量分析为测定各组分的相对含量；结构分析为确定物质的化学结构。

2. 无机分析和有机分析

按分析对象分类，分析方法可分为无机分析和有机分析。无机分析的分析对象是无机物，组成无机物的元素种类较多，分析结果要测出某些元素、离子、化合物是否存在及其含量；有机分析的对象是有机物，组成有机物的元素较少，但其结构变化多端，所以机分析不仅要进行元素分析，而且要进行官能团分析和结构分析。

3. 常量分析、半微量分析、微量分析和超微量分析

按试样用量分类，分析方法可分为常量分析（试样>0.1g 或试液>10mL）、半微量分析（试样 0.01～0.1g 或试液 1～10mL）、微量分析（试样 0.1～10mg 或试液 0.01～1mL）和超微量分析（试样<0.1mg 或试液<0.01mL）。

4. 化学分析和仪器分析

按照分析方法的原理分类，分析方法可分为化学分析和仪器分析。

化学分析法是以物质的化学反应为基础的分析方法，包括化学定性分析和化学定量分析。前者是根据试样与试剂化学反应的外部特征变化（如颜色变化、沉淀的生成或溶解、气体的产生等）来鉴定物质的化学组成；后者是利用试样中被测组分与试剂定量进行的化学反应来测定该组分的含量。化学定量分析又分为重量分析与滴定分析（即容量分析）。

仪器分析法是根据被测物质的物理性质或物理化学性质与组分的关系，借助特殊的仪器设备，测量该物质的物理或物理化学性质变化，进而进行定性或定量分析的方法。仪器分析法具有快速、灵敏的特点。由于计算机的使用，加强了仪器的功能，减低了操作的难度，并可获得大量的信息。仪器分析法主要包括电化学分析、光学分析、质谱分析和色谱分析等。

（三）分析化学的发展

分析化学是近年来发展最为迅速的学科之一。它同现代科学技术总的发展是分不开的：一方面，现代科学的发展要求分析化学提供更多的关于物质组成和结构的信息；另一方面，现代科学也向分析化学不断提供新的理论、方法和手段，促进了分析化学的发展。

分析化学朝着越来越灵敏、准确、快速、简便和自动化的方向发展。例如，半导体

技术中的原子级加工，要求测出单个原子的数目；纯氧顶吹炼钢每炉只用几十分钟，要求炉前进行现场高速分析；在地质普查、勘探工作中，需要获得上百万、上千万个数据，不仅要求快速和自动化，而且要求发展和应用遥测技术。不仅如此，分析化学的任务也不再限于测定物质的成分和含量，而且往往还要知道物质的结构、价态和状态等性质，因而它活动的领域也由宏观发展到微观，由表观深入到内部，从总体进入到微区、表面或薄层，由静态发展到动态。

随着电子工业和真空技术的发展，许多新技术渗透到分析化学中来，出现了日益增多的新的测试方法和分析仪器，它们具有高度灵敏和快速的显著特征。例如，使用电子探针，可测出体积小至 10^{-12} mL 的试样；电子光谱的绝对灵敏度可达 10^{-18} g。近年来，激光技术已应用在可见光分光光度分析、原子吸收光谱分析和液相色谱等方面，又因为引入了傅立叶变换技术，使得电化学、红外光谱和核磁共振等分析技术的面目焕然一新，进一步提高了分析的灵敏度和速度。各种分析方法的结合和仪器的联用技术，使原有分析方法更为迅速有效，扩大了应用范围。同时，随着计算机和计算科学的发展，微机与分析仪器的联用，不但可以自动报出分析数据，对于科学实验条件或生产工艺进行自动调节、控制，而且还可以对分析程序进行自动控制，使分析过程自动化，大大提高了分析工作的水平。

尽管分析化学正向着高灵敏度、高速度和仪器自动化的方向发展，化学分析仍然是分析化学的基础，当前许多仪器分析方法都离不开化学处理和溶液平衡理论的应用，因此分析化学作为一门基础课，仍然要从化学分析学起，进而扩展到仪器分析。

（四）学习方法和要求

分析化学是化学类专业的重要基础课之一，它是一门实践性很强的学科。前面已经提到，分析化学按其任务可以分为定性分析和定量分析两个部分。在一般情况下，分析试样的来源、主要成分和主要杂质都是已知的，不需要进行定性分析，其基本内容已包括在其他课程中。本书主要讨论以化学分析为主的定量分析的各种方法。

通过本课程的学习，要求掌握分析化学的基本原理、基础知识和实验的基本操作，树立准确的"量"的概念。实验在本课程中占有很大比重，基本操作必须正确、规范。经过一定的训练，应能获得可靠的分析结果。在实验过程中，应养成良好的实验室工作习惯，注意培养严谨求实的科学态度，提高分析问题和解决问题的能力，为学习后续课程和以后从事专业技术工作打下良好基础。

知识链接

实验室安全规则

在分析化学实验中，经常使用有腐蚀性、易燃、易爆或有毒有害的化学试剂；大量使用易碎的玻璃仪器和一些精密的分析仪器；经常使用水、电或其他燃料等。为了保障人身安全、爱护国家财产及保证实验的正常进行，实验时必须十分重视安全工作，严格遵守实验室的安全规则：

（1）实验室内严禁饮食、吸烟，严禁一切化学试剂入口；实验完毕，必须洗手；水、电、燃气使用完毕后，应立即关闭；离开实验室前，应仔细检查水、电、燃气、门、窗是否均已关好。

（2）严禁用潮湿的手开启电器设备、开关及电闸；不得使用漏电的电器设备仪器；不得随意移动和拨弄实验室内其他非实验用的仪器与设备。

（3）严禁在实验室加热腐蚀性的物质（如浓硝酸、浓硫酸、浓盐酸、高氯酸、氨水、过氧化氢、溴水等）；使用这些物质时应在通风橱内进行操作，尽可能戴上橡皮手套和防护眼镜，切勿溅在皮肤和衣服上，如不小心溅在皮肤和衣服上，应立即用干毛巾擦去，再用大量水冲洗，然后用5%碳酸氢钠（对于酸腐蚀）或用5%硼酸溶液（对于碱腐蚀）冲洗，最后用蒸馏水冲洗。

（4）严禁用火焰或电炉直接加热易燃易爆的有机溶剂（如四氯化碳、乙醚、苯、丙酮、三氯甲烷等），而应在水浴上加热；使用时应远离火焰和热源；存放时，应将瓶塞塞紧，存放在阴凉通风处。

（5）严禁将汞盐、砷化物、氰化物等剧毒物品或含有此类物品的溶液直接倒入下水道或废液缸中，一定要经转化成无毒后（如氰化物与碱性亚铁盐溶液转化为亚铁氰化铁）才能作废液处理；使用时也应格外小心，尤其不能让氰化物与酸接触，否则会生成剧毒的 HCN。

（6）严禁热、浓的 $HClO_4$ 与有机物质接触；用 $HClO_4$ 处理含有机物试样时，应先用浓硝酸将有机物破坏后，再加入 $HClO_4$ 处理，以免 $HClO_4$ 与有机物作用引起燃烧或爆炸，造成事故。

（7）严禁将易爆炸类药品（如高氯酸、高氯酸盐、过氧化氢及高压气体等）与易挥发易燃药品（如乙醚、二硫化碳、苯、酒精、油等低沸点物质）一起存放，亦不得将它们存放在热源附近。

（8）严禁对着自己或他人开启易挥发试剂、冒烟的浓酸、浓碱试剂的瓶塞；夏天，开启此类试剂瓶时，应先将它们在冷水中冷却后，再开启。

（9）实验过程中若发生意外，应根据具体情况及时处理。如烫伤，可在烫伤处抹上烫伤软膏；酒精、汽油、乙醚类有机溶剂着火，用湿抹布或砂土扑灭；电器着火，应先断电，再用 CCl_4 灭火器或 CO_2 灭火器扑灭；无论发生何种事故，均不得惊慌失措，情况紧急时应及时报警。

（10）实验室应保持整齐、干净；不得将固体、玻璃碎片等扔在水槽中；不得将废酸、废碱倒入水槽，以免腐蚀下水道。

思考与练习

1．根据自己所掌握的知识，想一想分析化学在生活中还有哪些应用？
2．结合分析化学的特点，考虑自己在今后学习中重点把握哪些方面？

项 目 二

分析天平的使用及分析数据的处理

项目说明

通过本项目的培训，使学生能够认识和使用分析天平，学会分析数据的处理方法，了解误差和分析数据处理的相关知识。

教学目标

（1）能熟练使用分析天平。
（2）能对分析数据进行处理和运算。

素质目标

（1）能养成良好的实验室工作习惯。
（2）能具备独立分析问题、解决问题的能力。
（3）能养成求真务实、科学严谨的工作态度。

任务一 掌握分析天平的称量

任务目标

终极目标：熟练完成分析天平的称量操作。
促成目标：（1）认识分析天平。
（2）了解分析天平的构造。
（3）进行物质的初步称量。
（4）严格按照操作步骤规范操作。

工作任务

【活动一】 认识分析天平

分组： 1～2 人一组。

活动目的： 能掌握各种天平的称量原理；掌握天平的构造；熟悉各部件的名称和用途；掌握分析天平零点及灵敏度的测定；了解所使用分析天平的主要性能及其检定方法。

仪器设备： 托盘天平和砝码 1 台、电子天平 1 台、电光分析天平 1 台和砝码、10mg 环码（已校准）、20g 等面值砝码 2 个。

活动程序：

（1）认识托盘天平和电子天平各部件的名称和性能。

（2）按照分析天平的构造，熟悉电光分析天平各部件的名称及性能。

（3）检查天平梁、称盘、吊耳的位置是否正常；天平是否水平；电光分析天平机械加码装置是否完好。轻轻启动天平升降枢旋钮，观察电光天平投影微分标尺移动情况。

（4）打开砝码盒，了解砝码组合情况，认识砝码，并熟悉其位置。练习机械加码装置的使用方法。

（5）测定分析天平零点。

（6）检查分析天平的主要性能（灵敏度、变动性和偏差的测定）。

（7）结果记录。并填写表 2.1、表 2.2、表 2.3。

表 2.1　灵敏度测定

载荷/g	零点或平衡点	加 10mg 后平衡点	灵敏度/（格/mg）	感量/（mg/格）
0	1			
	2			
20	1			
	2			

表 2.2　变动性测定

次数	空载零点	载荷后零点	变动性
1			
2			

表 2.3　偏差测定

次数	平衡点 1	平衡点 2	偏差
1			
2			

每 3～4 组合并为一大组，相互交流、比较所测数据与别人是否相同，为什么？

【活动二】 练习直接称量法

分组： 1～2 人一组。

活动目的： 在活动一的基础上，用直接称量法进行初步的称量练习，掌握直接称量法。

仪器设备：托盘天平、半自动分析天平、表面皿、称量瓶。

活动程序：

（1）在分析天平上准确称量出小表面皿的质量。

（2）在分析天平上准确称量出称量瓶的质量。

（3）填写表2.4。

表 2.4　直接称量法

称量物	所加砝码/g	所加环码/mg		微分标尺读数/mg	物品质量/g
		内圈	外圈		
表面皿					
称量瓶					

【活动三】 练习递减称量法

分组：1～2 人一组。

活动目的：在活动一、活动二的基础上，用递减称量法进行称量练习，掌握递减称量法。

仪器设备：托盘天平、半自动分析天平、表面皿、称量瓶、牛角匙、锥形瓶（或小烧杯）、Na_2CO_3、$KHC_8H_4O_2$ 或 $NaCl$、$K_2Cr_2O_7$。

活动程序：

（1）将洁净的锥形瓶（或小烧杯）编上号。

（2）在洁净、干燥的称量瓶中装入约 2g Na_2CO_3，先在托盘天平上粗称其质量，再在分析天平上称其准确质量（准确至 0.1mg），记下质量，设为 m_1g。

（3）取称量瓶，按递减法的称量方法操作，轻移试样 0.2～0.3g 于锥形瓶中，并准确称出称量瓶和剩余试样的质量，设为 m_2g，锥形瓶中试样质量为 (m_1-m_2)g。以同样的方法连续称出 3 份试样，每份试样均称准至 0.1mg。

（4）将称量结果填写在表格 2.5 中。

表 2.5　直接称量法

次序 记录项目	1	2	3
称量瓶加试样质量 m_1/g			
倾出试样后称量瓶加试样质量 m_2/g			
试样质量，(m_1-m_2)/g			

*【活动四】 练习固定质量称量法

分组：1～2 人一组。

活动目的：在活动一至活动三的基础上，用固定质量称量法进行称量练习，掌握固定质量称量法。

仪器设备：托盘天平、半自动分析天平、表面皿、称量瓶、牛角匙、锥形瓶（或小烧杯）、Na_2CO_3、$KHC_8H_4O_2$ 或 NaCl、$K_2Cr_2O_7$。

活动程序（称取 0.4084g $KHC_8H_4O_2$ 试样）：

（1）将准确称量的小表面皿放入天平的左盘，并在右盘上加相应的砝码与之平衡。

（2）再在天平右盘上加 0.4g 环码。

（3）按正确操作，在表面皿的中央用牛角匙加入近 0.4g 试样，观察投影屏上微分标尺，用牛角匙缓慢将试样抖入表面皿中，直至试样质量为 0.4084g。将试样移入容器中。以同样方法再称取 2～3 个试样。

（4）将称量结果填写在表格 2.6。

表 2.6　固定质量称量法

记录项目 ＼ 次序	1	2	3
试样加表面皿质量/g			
空表面皿质量/g			
试样质量/g			

知识探究

（一）分析天平的种类

分析天平是定量分析中用于称量的精密仪器。习惯上是指具有较高灵敏度，全载不超过 200g 的天平。

天平按结构特点可分为等臂和不等臂两类。其中等臂和不等臂天平又可细分为等臂单盘天平、等臂双盘天平和不等臂单盘天平。

常用的分析天平有阻尼天平、半自动电光天平、全自动电光天平、单盘电光天平和微量天平等。国内分析天平的型号与规格见表 2.7。

表 2.7　国产天平型号与规格表

分析天平分类		型　号	最大载荷/g	分度值/mg
双盘天平	阻尼式分析天平	TG-528B	200	0.4
	半自动电光天平（部分机械加电光天平）	TG-328B	200	0.1
	全自动电光天平（全机械加码电光天平）	TG-328A	200	0.1
单盘天平	单盘电光天平	TG-729B	100	0.1
	微量天平	TG-332A	20	0.01

天平还可按精度分级。目前我国采用的是以天平分度值与最大载荷之比来分其精度级别，把天平分为十级，如表 2.8 所示。一级天平精度最好，十级天平精度最差。

表 2.8 天平精度分级表

精度级别	1	2	3	4	5
分度值/最大载荷	1×10^{-7}	2×10^{-7}	5×10^{-7}	1×10^{-6}	2×10^{-6}
精度级别	6	7	8	9	10
分度值/最大载荷	5×10^{-6}	1×10^{-5}	2×10^{-5}	5×10^{-5}	1×10^{-4}

（三）分析天平的构造

分析天平在构造和使用方法上虽有些不同，但其称量物体的基本原理是相同的。等臂双盘天平是根据杠杆原理制成的，如图 2.1 所示。

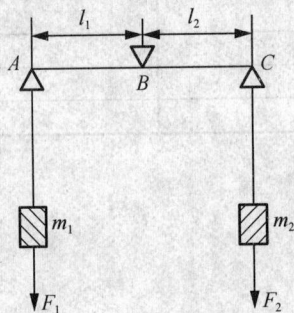

图 2.1 等臂天平原理

将质量为 m_1 的物体和质量为 m_2 的砝码分别放在天平的左右称盘上，当达到平衡时，支点两边的力矩相等。

则　$F_1 L_1 = F_2 L_2$。

式中　$F_1 = m_1 g$，$F_2 = m_2 g$（g 为重力加速度）。

因为　$L_1 = L_2$，

则　　$m_1 = m_2$，即物体的质量等于砝码的质量。

分析天平类型很多，但基本结构相似，现介绍 TG-328B 型天平（图 2.2）主要部件。

1. 天平梁

天平梁是天平的主要部件，多用质轻坚固、膨胀系数小的铝铜合金制成，起平衡和承载物体的作用。梁上装有三个三棱柱形的玛瑙刀，中间是一个支点刀，刀口向下，由固定在支柱上的玛瑙平板刀承所支承。左右两边各有一个承重刀，刀口向上，在刀口上方各悬有一个嵌有玛瑙平板刀承的吊耳，这三个刀口的棱边应互相平行并在同一水平面上，同时要求两承重刀口到支点刀口的距离（即天平臂长）相等。如图 2.3 所示。三个刀口的锋利程度对天平的灵敏度有很大影响。刀口越锋利，和刀口相接触的刀承越平滑，它们之间的摩擦越小，天平的灵敏度也就越高。经长期使用后，由于摩擦，刀口逐渐变钝，灵敏度逐渐降低。因此，在使用天平时要特别注意保护玛瑙刀口，应尽量减少刀口的磨损。

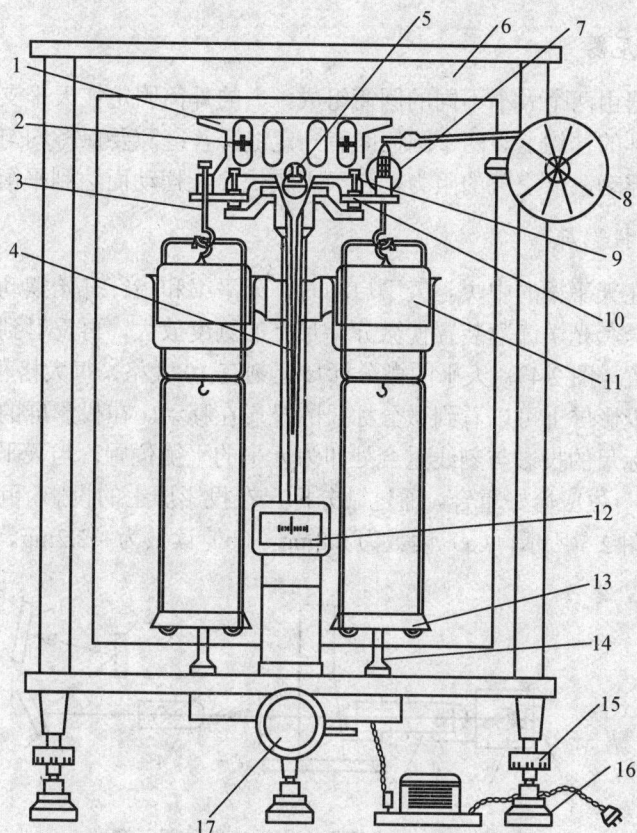

图2.2　半自动电光天平（TG-328B）

1. 天平梁；2. 平衡螺丝；3. 吊耳；4. 指针；5. 支点刀；6. 框罩；
7. 环码；8. 刻度盘；9. 支柱；10. 托叶；11. 阻尼器；12. 投影屏；
13. 称盘；14. 盘托；15. 螺旋脚；16. 垫脚；17. 升降枢旋钮

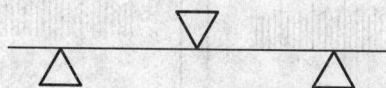

图2.3　三个道口在同一平面上

在天平梁的左右两端各装有一个平衡调节螺丝，用于调节天平的零点。在天平梁中部适当位置上安装有感量调节螺丝（感量铊），用它来调节天平梁重心的位置，以调节天平的灵敏度。

2. 升降枢旋钮

使用天平时顺时针转动升降枢旋钮，天平梁微微下降，刀口和刀承互相接触，天平开始摆动，称为启动"天平"。此时，如果天平受到振动或碰撞，刀口特别容易损坏。"休止"天平时，反时针转动升降枢旋钮，把天平梁托起，此时，刀口和刀承之间不再接触，可以避免磨损。为保护玛瑙刀，切不可触动未休止的天平。无论启动或休止天平均应轻轻而缓慢地转动升降枢旋钮，以保护天平。

3. 空气阻尼器

空气阻尼器由两个大小不同的圆筒组成，大的外筒固定在天平支柱的托架上，小的内筒则挂在吊耳的挂钩上。两个圆筒间有一定缝隙，缝隙要保持均匀，当天平摆动时内筒能上下自由浮动。借空气的阻力，使天平较快停止摆动而达到平衡。

4. 指针和投影屏

指针固定在天平梁的中央。天平启动时，天平梁和指针开始摆动。指针下端装有微分标尺，通过一套光学读数装置使微分标尺上的刻度放大，再反射到投影屏上即可读出天平的平衡位置（图 2.4）。天平的微分标尺上刻有 10 大格，每大格相当于 1.0mg。指针左右摆动时，投影屏上可以看到微分标尺的投影在移动。在投影屏的中央有一条纵向固定刻线，微分标尺的投影与刻线重合处即为天平的平衡位置。当天平空载时，标线与微分标尺上的"0"位应恰好重合。通过微分标尺在投影屏上的投影，可直接读取 10mg 以下的质量，如图 2.5 所示，（a）读数为 0.8mg，（b）读数为 −2.2mg。

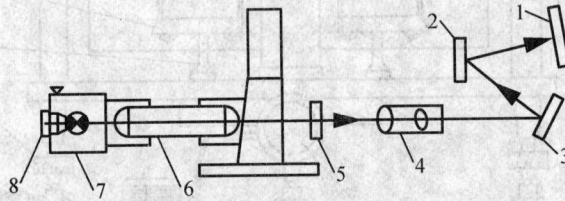

图 2.4　电光天平中光学读数装置示意图

1. 投影屏；2. 大反射镜；3. 小反射镜；4. 物镜筒；5. 指针；6. 聚光镜；7. 照明筒；8. 灯座

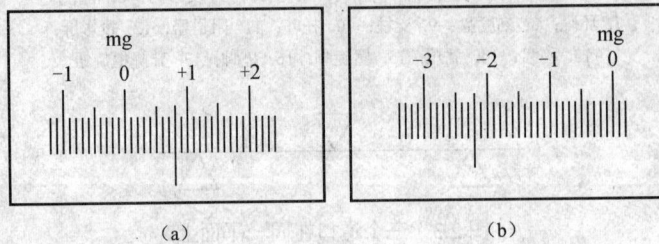

图 2.5　标尺在投影屏上的读数

5. 称盘

天平左右 2 个称盘挂在吊耳的挂钩上。称量时左盘上放置被称量的物体，右盘上放置砝码。

6. 天平框和水准器

天平框起保护天平的作用，以防止灰尘、湿气或有害气体的侵入，称量时可减少外界湿度、空气流动、人的呼吸等的影响。

天平框前面有一个可以向上开启的门，供装配、调整和修理天平用，称量时不准打开。两侧各有一个玻璃推门，供取放称量物和砝码用，但是在读取天平的零点、平衡点时，两侧推门必须关好。

水准器位于天平立柱上，用来检查天平的水平位置。天平框下装有三只脚，脚下有垫脚。后面一只固定不动，前面两只装有可以调节的升降螺丝，用它来调节天平的水平位置。

7. 砝码和环码

每台天平都附有一盒配套的砝码。砝码大小有一定的组合规律，通常采取 5、2、2'、1 系统组合，并按固定顺序放在砝码盒中。

砝码的质量单位为克（g）。面值（或称名义质量）相同的砝码质量有微小的差别，所以其中的一个打有标记，以示区别。为了尽量减少称量误差，同一个试样分析中的几次称量，应尽可能使用同一砝码。

砝码盒内备有镊子，将砝码从盒中取出或放回时必须用镊子夹取，以免弄脏砝码而改变其质量。

环码是用一定质量的金属丝做成的，它按照一定顺序放在天平梁右侧的加码钩上，如图2.6所示。称量时用机械加码器（图2.7）加减砝码。当机械加码器上刻度盘的读数为"0.00"时[图2.7（a）]所有的环码都未加到梁上。

转动机械加码器刻度盘内圈或外围的旋钮，就可以加减环码的质量。外围为100～900mg的组合，内圈为10～90mg的组合，如图2.7（b）所示的读数，表示所加环码的质量为810mg。

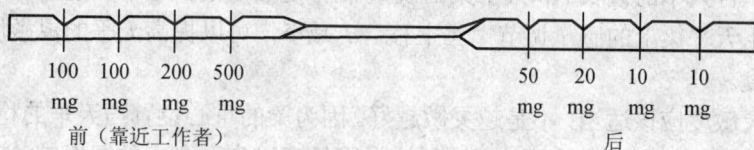

图2.6　环码

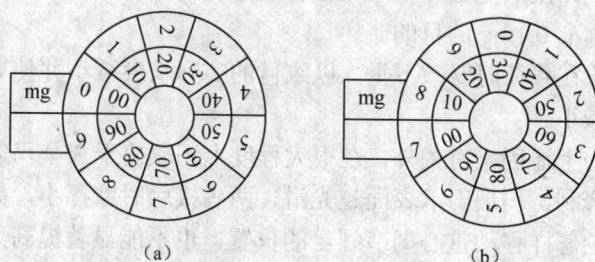

图2.7　机械加码器

（a）未加环码时读数；（b）称量时加环码后读数

半自动电光天平：1g以下的砝码用机械加码装置加减，而1g以上的砝码装在砝码盒中，需用镊子夹取。

全部砝码都由机械加码装置进行加减的天平叫全机械加码电光天平（或全自动电光

天平）。其机械加码装置在天平左侧。

电光天平一般可准确称量至 0.1mg，最大载荷为 100g 或 200g。

（三）分析天平的计量性能与质量检查

天平作为精密的衡量仪器，其计量性能主要有天平的灵敏性、稳定性、准确性和示值变动性。由其性能指标可以衡量天平的质量。

1. 天平的灵敏性

1）灵敏度和感量

天平的灵敏性通常是用天平的灵敏度或感量来表示。

天平的灵敏度（E），一般规定为载荷改变 1mg 引起的指针在微分标尺上偏移的格数。单位为格/毫克（mg）。

$$E = \frac{\text{指针偏移的格数}}{\text{毫克(mg)}}$$

改变 1mg 的质量，指针在微分标尺上偏移的格数越多，天平越灵敏。

天平的灵敏度与下列因素有关：

（1）天平梁的质量（m）越大，天平的灵敏度越低。

（2）天平臂（l）越长，灵敏度越高，但 l 太长，天平梁的质量 m 增加，灵敏度反而降低。而且天平载荷时，臂越长就越容易变形，所以，实际上天平臂不宜过长。

（3）支点与重心的距离（d）越短，天平的灵敏度越高。

由于同一台天平的臂长 l 和天平梁的质量 m 都是固定的，通常只能改变 d 来调整天平的灵敏度。天平梁上的感量调节螺丝上移，d 减小，可以提高天平的灵敏度；下移可以降低灵敏度。

天平的灵敏度应该适当，不是越灵敏越好。因为梁的重心位置与天平的稳定性有关，重心过高，天平不稳定，指针摆动幅度过大。灵敏度过高，微小的湿度差、灰尘、温度差、气流等可使天平休止点变动许多，即使有阻尼设备，天平也不会很快静止；天平灵敏度太低，达不到称准 0.1mg 的目的。

另外，天平一般在载荷时臂微下垂，以致臂的实际长度减小并使梁的重心下移，故载荷后其灵敏度会减小。

天平灵敏度除与上述因素有关外，在很大程度上还取决于 3 个玛瑙刀口接触点的质量。刀口的棱边越锋利，玛瑙刀承表面越光滑，两者接触时摩擦小，灵敏度高。如果刀口已受损伤，则不论怎样移动重心调节螺丝的位置，也不能显著提高天平的灵敏度。因此，在使用天平时，应该特别注意保护好天平的刀口和刀承，勿使损伤。

天平的灵敏度也可以用感量（S）（或称分度值）表示。感量（S）是灵敏度的倒数，是使指针在微分标尺上位移一格或一个分度所需要增加的质量[毫克（mg）/格]。即

$$S = \frac{1}{E}。$$

如 TG-328B 型半自动电光天平感量为 0.1mg/格。则灵敏度为

$$E = \frac{1}{S} = \frac{1}{0.1} = 10格/mg$$

表示 1mg 砝码使投影屏上有 10 小格的偏移。由于采用了光学放大读数的装置，提高了读数的精确度，可直接准确读出 0.1mg，所以这类电光天平也被称为"万分之一"的分析天平。

TG-328B 型半自动电光天平最大载荷为 200g，分度值（感量）为 0.1mg，其精度为

$$\frac{0.0001}{200} = 5 \times 10^{-7}$$

从表 2.8 可以看出相当于三级分析天平。

2）灵敏度的测定

（1）零点的测定。天平在使用前，应先测定零点。电光天平的零点是指天平空载时，微分标尺的"0"刻度与投影屏上的标线相重合的平衡位置。接通电源，开启天平升降枢旋钮后，天平的微分标尺即映在投影屏上。标尺停稳后，标尺的"0"刻度应与投影屏上的标线重合，若不重合但偏离不大，可拨动旋钮下面的拨杆，挪动一下投影屏的位置，使其重合；若偏离较大，应调节天平梁上的平衡螺丝至标尺"0"刻度与标线重合为止。

（2）灵敏度的测定。电光天平灵敏度的测定，先调节零点。休止天平。在天平的左盘上放一个校准过的 10mg 环玛，再启动天平，标尺应移至 100±1 分度（即 9.9～10.1mg）范围内，则感量为

$$\frac{10}{100} = 0.1mg/格$$

如果标尺移动的分度数超出 100±1 范围，则应调节感量调节螺丝，使之符合要求。注意每次调节感量调节螺丝后都要调节零点。

当载荷时，天平臂略有变形，因此灵敏度也有微小的变化。必要时可制作灵敏度校正曲线，即分别测定 0、10、20、30、40、50g 时相应的灵敏度，将天平在不同载荷时测得的灵敏度为纵坐标，不同载荷为横坐标绘制成灵敏度曲线。

2. 天平的稳定性

天平的稳定性是指天平在空载或载荷时平衡状态被扰动后，自动回复到初始平衡位置的性能。天平稳定的条件是梁的重心在支点的下方，重心越低越稳定；反之，天平的稳定性就越差，不稳定的天平是无法称量的。天平不仅要有一定的灵敏性，而且要有相当的稳定性，才能完成准确的称量。灵敏性和稳定性是相互矛盾的两种性质，一台天平，其灵敏性和稳定性必须兼顾，才能使天平处于最佳状态。

3. 示值变动性

天平的示值变动性是指天平在载荷平衡的情况下，多次开关天平后，恢复原平衡位置的性能。变动性也是天平计量性能的一个重要指标，它表明天平衡量结果的可靠程度。

电光天平可用下述方法检查变动性。连续测量空盘零点两次，载荷后再测量两次零点，从四次数据中的最大值减去最小值所得的差值，即得变动性。

例如，测得天平零点为 0.0mg、+0.1mg，载荷后取下砝码，再测零点为 -0.1mg、

$-0.1mg$，故变动性为 $0.1-(-0.1)=0.2mg$。

天平的变动性以 mg 表示，一般允许范围是 $0.1\sim0.2mg$。

影响示值变动性的因素主要是天平元件的质量和天平装配调整状况；而环境条件（如温度、气流、震动等）对它也有影响。

4. 天平的正确性

天平的正确性，指天平的等臂性而言，等臂天平的两臂应是等长的，但实际上稍有差别。由于两臂不等长产生的误差，称为不等臂误差，即偏差。偏差可用下列方法检查。

首先调好零点，然后在天平两盘上分别放上面值相等的砝码，开启升降枢旋钮，读数为 P_1，然后将左、右盘的砝码对换，再读数为 P_2；则

$$偏差 = \left| \frac{P_1 + P_2}{2} \right|。$$

因两个面值相等的砝码质量并不完全相等，故采用以上置换法测定偏差。分析天平的偏差一般要求小于 0.4mg。在实际工作中，由于使用同一台天平进行称量，此种偏差可以相互抵消。

影响天平准确性的因素是多方面的，其中主要是温度的影响，它能造成天平梁臂长的改变。因此，天平梁选用材质和保持环境温度的稳定是很重要的。

（四）称量方法

1. 天平使用规则

（1）天平安放好后，不准随便移动，应保持天平处于水平位置。

（2）经常保持天平框内清洁干燥，天平框内应放有吸湿用的变色硅胶，保持天平室内一定温度，不应将被称物洒在天平盘或天平框罩内。

（3）使用过程中要特别注意保护玛瑙刀口。启动升降枢旋钮应缓慢，不得使天平剧烈振动，取放物体、加减砝码时必须休止天平，以免损坏刀口。

（4）天平的前门不得随意打开，以防人呼出的热量、水气和二氧化碳影响称量。前门只供安装、调节和维修天平时使用。称量过程中取放物体、加减砝码只能打开天平的左、右两边的侧门。称量物和砝码要放在天平盘的中央，以防盘的摆动。

（5）热的或冷的物品要放在干燥器中与室温平衡后再进行称量。化学试剂和样品不得直接放在天平盘上，根据其性能可选用称量瓶、表面皿（或硫酸纸）等干净的容器称量。为防止天平盘被腐蚀，可在天平盘上配备表面皿或塑料薄膜，作为称量器皿的衬垫。

（6）取放砝码必须用镊子夹取，严禁用手拿取，以免玷污。砝码只能放在秤盘和砝码盒的固定位置里，不许放在其他任何地方，每一架天平都有与它配套的砝码。在同一分析工作中，应使用同一台天平和砝码。半自动电光天平加减环码时应一档一档的慢慢地加减，防止环码跳落、互撞。

（7）称量完毕，应休止天平。检查砝码是否全部放在砝码盒的原位置，称量物是否已从天平盘上取出，天平门是否已关好。电光天平应当切断电源，把加码装置恢复到零位。最后盖好天平罩。

2. 称量的一般程序

（1）取下天平罩，折叠整齐放在天平框罩上或放在天平的后方。

（2）称量时操作者面对天平端坐，将记录本放在胸前的台面上，存放和接受称量物的器皿放在天平左侧，砝码盒放在右侧。

（3）开始称量前应做如下检查和调整：

① 了解待称物品的温度与天平框里的温度是否相同。加热或冷却过的物品必须放于干燥器中，待温度与天平框里温度平衡后再进行称量。

② 查看天平称盘和底板是否清洁，称盘可用软毛刷轻轻扫净。如有斑痕污物，可用浸有无水酒精的鹿皮轻轻擦拭。底板如不干净，可用毛刷拂扫或用细布擦拭。

③ 检查天平是否处于水平位置，若气泡式水准器的气泡不在圆圈的中心，应从正上方向下目视水准器，用手旋转天平板下面的两个垫脚螺丝，调节天平两侧的高度直至气泡在圆圈中心为止。使用时不得随意挪动天平的位置。

④ 检查天平的各个部件是否都处于正常位置，如发现异常情况报告老师，及时处理。

（4）测定和调节天平零点。电光天平接通电源，开启升降枢旋钮，微分标尺上的"0"刻度应与投影屏上的标线重合，若不重合，可拨动升降枢旋钮下面的拨杆，挪动一下投影屏的位置，使其重合；如使用拨杆仍不能调至零点时，可细心调节位于天平梁上的平衡螺丝，直至微分标尺"0"刻度对准投影屏上的标线为止。

至此，各种准备工作已完毕，天平处于工作状态，可以开始称量。

（5）试称与称量。将被称物品放入左盘并关好左边门，估计被称物体的大约量，用镊子夹取稍大于被称物品质量的砝码放在右盘的中心开始试称。试称过程中为了尽快达到平衡，选取砝码应遵循"由大至小，中间截取，逐级试验"的原则，试加砝码时应半开天平试验，对于电光天平必须记住，指针总是偏向轻盘，微分标尺的投影总是向重盘方向移动，就能迅速判断左右两盘孰轻孰重。当砝码与被称物质量相差在 1g 以下时，关闭侧门。转动加码器刻度盘外圈找出适当量，再转动加码器刻度盘内圈至砝码与被称物质量相差在 10mg 以内时，将升降枢钮全部开启，观察投影屏上刻线位置，读出 10mg 以下的质量，休止天平。

（6）读数与记录。称量的数据应立即用钢笔或圆珠笔记录在原始数据记录本上。

记录砝码数值应先按照砝码盒里的空位记下，然后按大小顺序依次核对称盘上的砝码，同时将其放回砝码盒空位。

（7）称量结束后应使天平恢复原状。取出被称物品和砝码，加码器刻度盘转回零位，关好天平门，然后切断电源。将砝码盒放回天平框的顶部，用天平罩把天平罩好，将凳子放回原处，填好天平使用登记簿，方可离开天平室。

3. 称样方法及操作

称取试样经常采用的方法有：直接称样法、递减称量法（俗称差减法）和固定质量称样法。

1）直接称样法

对某些在空气中没有吸湿性的试样，可以用直接称样法称量。即用牛角匙取试样放在已知质量的清洁而干燥的表面皿或称量纸（硫酸纸）上，一次称取一定质量的试样，然后将试样全部转移到接受容器中。

操作如下：先调好天平零点。用干净纸条或戴上清洁细纱手套将小表面皿放在天平的左盘，在天平的右盘放上砝码使之平衡。1g 以上砝码从砝码盒中取放，1g 以下 10mg 以上的环码通过加码器刻度盘加入右盘上的环码架上，10mg 以下质量从投影屏指示的微分标尺中读出，平衡后记录称盘上砝码，刻度盘读数及投影屏上读数，即为小表面皿质量。如小表面皿质量为 18.6448g。再用牛角匙取试样放入表面皿中（估计所需试样量 0.5g）加上砝码至平衡后，读数。休止天平，取出试样。若此时读数为 19.1562g，则试样质量为 0.5114g。

2）递减称样法（差减法）

递减称样法是最常用的称量方法。即称取试样的质量是由两次称量之差而求得。这种方法称出试样的质量不要求固定的数值，只须在要求的称量范围内即可。

操作方法如下：用手拿住表面皿的边沿，连同放在上面的称量瓶一起从干燥器里取出。用小纸片夹住称量瓶盖柄，打开瓶盖，将稍多于需要量的试样用牛角匙加入称量瓶中，盖上瓶盖。用清洁的纸条叠成约 1 cm 宽的纸带套在称量瓶上（或戴上清洁的细纱手套拿取称量瓶），左手拿住纸带的尾部（图 2.8），把称量瓶放到天平左盘的正中位置，选取适量的砝码放在右盘上使之平衡，称出称量瓶加试样的准确质量（准确到 0.1mg），记下砝码的数值。左手仍用纸带将称量瓶从天平盘上取下，拿到接受器的上方，右手用纸片夹住瓶盖柄打开瓶盖，但瓶盖也不要远离接受器的上方。将瓶身慢慢向下倾斜，这时在瓶底的试样逐渐流向瓶口。接着，一面用瓶盖轻轻敲击瓶口边沿，一面转动称量瓶使试样慢慢落入容器中，接近需要量时（通常从体积上估计），一边继续用瓶盖轻敲瓶口（图 2.9），一边逐渐将瓶身竖直，使粘在瓶口附近的试样落入瓶中，盖好瓶盖。再将称量瓶放回天平盘，取出纸带，关好左边门准确称其质量。两次称量质量之差即为倒入接受容器的试样质量。如此重复操作，直至倾出试样质量达到要求为止。

图 2.8　夹取称量瓶的方法　　　　　　　图 2.9　倾出试样的方法

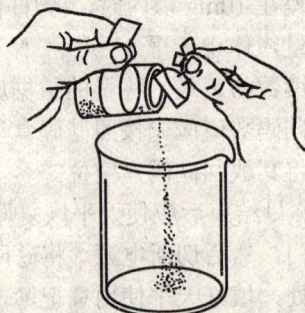

按上述方法连续递减，即可称取多份试样，若称取三份试样，则只需连续称量四次即可。

表 2.9 是三份试样的称量数值及记录示例。

表 2.9　称量记录示例

接受器编号	1	2	3
称量瓶与试样质量/g	9.5895	9.2640	8.9562
倾出试样后称量瓶与试样质量/g	9.2640	8.9562	8.6411
试样质量/g	0.3255	0.3078	0.3151

称量结果可简化如下：

1	2	3
9.5895	9.2640	8.9562
9.2640	8.9562	8.6411
0.3255	0.3078	0.3151

操作时应注意：

（1）若倾出试样不足，可重复上述操作直至倾出试样量符合要求为止（重复次数不宜超过 3 次）；倾出试样量大大超过所需数量，则只能弃去重称。

（2）盛有试样的称量瓶除放在表面皿上存放于干燥器和称盘上外，不得放在其他地方，以免玷污。

（3）粘在瓶口上的试样应敲回瓶中，以免沾到瓶盖上或丢失。

递减称量法比较简单、快速、准确，在分析化学实验中常用来称取待测试样和基准物。

基准物质和试样称量时所选用的称量容器应根据基准物质或试样的性质而定。在称量易吸湿、易氧化或易与二氧化碳反应的物质时，应选用带磨口盖的称量瓶，如果是液体试样，则选用胶帽滴瓶。对于易挥发的液体，应选用安瓿，如图 2.10 所示。先称空安瓿质量，将安瓿在酒精灯上微微加热，吸入试样后加热封口，再称总质量，两次质量之差即为试液的质量。对于不吸湿，在空气中不发生变化的固体粉末，可以选用小表面皿或硫酸纸。用硫酸纸称取固体物质，倒出被称物后应再称一次纸的质量，以防纸上残留被称物，而使被称物质量不准确。

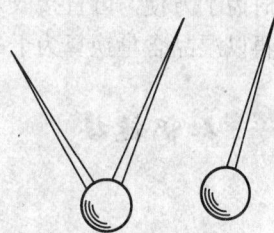

图 2.10　安瓿

3）固定质量称样法

这种方法是为了称取指定质量的物质。如用直接法配制指定浓度的标准溶液时，常用固定质量称样法来称取基准物质。此法只能用来称取不易吸湿，且不与空气作用，性质稳定的粉末状的物质。

具体操作方法如下：首先调好天平的零点，将清洁干燥的小表面皿（通常直径为 6cm，也可以使用扁形称量瓶）放到左称盘上，在右盘上加入等质量的砝码使其达到平衡。再向右盘增加所需称取试样质量的砝码，然后用牛角匙逐渐加入试样，半开启天平进行试重，直到所加试样只差很小量时（此量应小于微分标尺满标度），便可开启天平，极其小心地以左手持盛有试样的牛角匙，伸向表面皿中心部位上方约 2～3cm 处，用拇指、中指及掌心拿稳牛角匙，以食指轻弹（最好是摩擦）牛角匙柄，让匙里的试样以非常缓慢的速度抖入表面皿（图 2.11），这时眼睛既要注意牛角匙，同时也要注意微分标尺投

影屏，待微分标尺正好移动到所需要的刻度时，立即停止抖入试样。注意此时左手始终
不要离开升降枢扭。

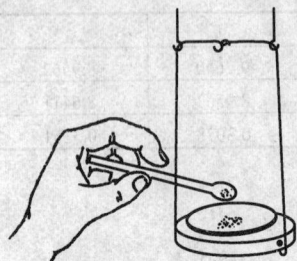

图 2.11　固定质量称样方法

例如，指定称取基准物质 $K_2Cr_2O_7$ 0.4903g，可在加码
器刻度盘上增加 0.49g 环码，用牛角匙在左盘表面皿上慢
慢加入 $K_2Cr_2O_7$，至投影屏显出 0.3mg 时，立即停止加样。

此操作必须十分仔细，若不慎多加试样，只能关闭升
降枢，用牛角匙取出多余的试样，再重复上述操作直到合
乎要求为止。然后取出表皿，将试样直接转入接受器中。

操作时应注意下面几点：

（1）加试样或取出牛角匙时，试样决不能失落在称盘
上；开启天平加样时，切忌抖入过多的试样，否则会使天平突然失去平衡。

（2）称好的试样必须定量地由表面皿直接转入接受器。若试样为可溶性盐类，沾在
表面皿上的少量试样可用蒸馏水吹洗到接受器中。

放在空气中的试样通常都含有湿存水，其含量随试样的性质和条件而变化，因此，
不论用上面哪种方法称取试样，在称量前均必须采用适当的干燥方法将其除去。

对于性质比较稳定不吸湿的试样，可将试样薄薄地铺在表面皿或蒸发皿上，然后放
入烘箱或马弗炉里，在指定温度下，干燥一定时间，取出后放入干燥器里冷却，最后移
至磨口称量瓶里备用。

对于受热易分解的试样，应在较低温度下干燥，或常温下在真空干燥器中进行干燥。
有时为了方便，可直接取未经干燥的试样进行分析，同时另取此试样进行水分测定，然
后再以湿品含量换算为干品含量。

知识链接

其他常见天平及分析天平的安装调试

（一）单盘电光天平

单盘天平的构造如图 2.12、图 2.13 所示。单盘天平只有一个秤盘，它支挂在天平梁
的一个臂上，同时所有的砝码也都挂在盘的上部。另一个臂上装有固定的重锤和阻尼器，
使天平保持平衡状态。称量时采用减码式，将称量物放在盘内，必须减去与称量物质量
相同的砝码，才能使天平恢复平衡。减去砝码的质量就是称量物的质量。

单盘电光天平有以下优点：

（1）加减砝码全部用自动加码装置，所以称量物体较简便快速。

（2）灵敏度不受负载变化的影响，尽管盘上的负载变化，但臂上的载荷不变，因此，
天平的灵敏度不变。

（3）要减去的砝码和称量物同在天平的一个臂上，消除了一般分析天平由于两臂不
等而引起的称量误差。

单盘电光天平可准确称量至 0.1mg，最大载荷为 100g。

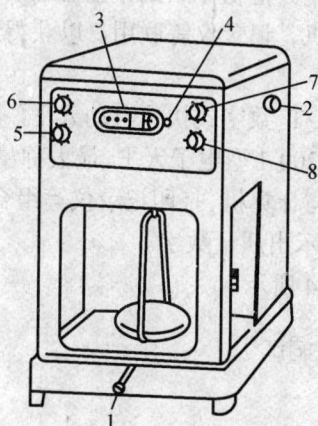

图 2.12　单盘天平

1. 升降旋钮；2. 零点调节器；3. 计数器；4. 游标刻度
盘旋钮；5、6、7、8. 砝码旋钮

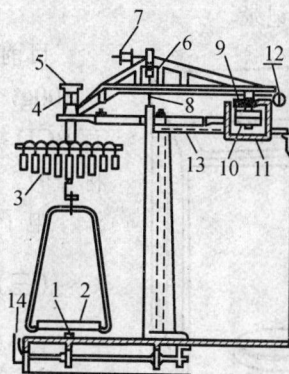

图 2.13　单盘天平结构示意图

1. 盘托；2. 称盘；3. 砝码；4. 承重刀和刀承；5. 吊耳；6. 重
心螺丝；7. 平衡螺丝；8. 支点刀和刀承；9. 空气阻尼片；10.
平衡锤；11. 空气阻尼筒；12. 微分标尺；13. 横梁支架；14. 升
降旋钮

使用单盘电光天平应注意以下几点：

（1）在称量时，各数字指示器应在"0"位。

（2）校正零点时，开启天平，转动零点调整旋钮，使"0"点刻线夹于双线内，即幕上的零点与黑双线吻合。

（3）将被称物放在盘中央后，转动减码机构 10～90g 大手钮，由 10g 开始逐步增加。当投影屏上微标像正数夹入双线（光学读数向下移动），说明被称物比手钮所示质量重；若屏幕上负数夹入双线（光学读数向上移动），说明被称物比手钮所示质量轻。这时，应将大手钮转至被称物此手钮所示质量轻的前一质量位置。例如，手钮指示 20g 时屏幕上负数夹入双线，则将手钮转至 10g 位置。

按上述方法，依次转动 1～9g 中手钮及 0.1～0.9g 小手钮。最后将升降枢全部打开，当微标刻度在某两数值间静止时，转动游标小旋钮使两数值中较小的一数值夹于双线间，则可从光幕上读出 0.001～0.09g，从固定基线上即可读出游标上读数，即万分之几克。

（二）电子天平

电子天平是天平中最新发展的一种，目前应用的主要有顶部承载式和底部承载式电子天平。最初研制的电子天平是顶部承载式。顶部承载式电子天平是根据电磁力补偿工作原理制造的。它是采用石英管梁制得的，此梁可以保证天平具有极佳的机械稳定性和热稳定性。在此梁上固定着电容传感器和力矩线圈，天平梁一端挂有称盘和机械减码装置。称量时，天平梁围绕支撑张丝偏转，传感器输出电信号，经整流放大反馈到力矩线圈中，使天平梁反向偏转恢复零位。此力矩线圈中的电流能放大并模拟质量数字显示。

电子天平较机械天平价格昂贵，但称量快速、简便。把物体放到称量盘上后，几乎立即就能用数字显示出质量。它还可与打印机、计算机、记录仪等联用，以获得连续的可靠的打印记录。

目前国内试制的有：K_2T 数字式快速自动天平，最大称量100g，分度值0.1mg。MD200-1型电子天平，最大称量200g。有 BCD 编码信息输出，能与计算机、打印记录仪等组合使用，称量时，能在 5s 内立刻显示出质量数字。

电子天平外形如图 2.14 所示。

（三）分析天平的安装调试

1. 天平的安装调试

分析天平应有专用的天平室，室内温度一般为18～26℃，温度波动不大于 0.5℃/h，相对湿度不大于 75%。室内应洁净无尘，避免日光直射及各种气体的侵袭，也不应有影响准确称量的气流存在。天平室要远离震源，天平应安放在固定平稳的水泥台上，若安放在其他台上，应有防震措施。

图 2.14　电子天平外形

安装天平时，应戴上专用手套，避免手汗油污等沾染致使零件生锈。

1）半自动电光天平的安装

（1）用软毛刷清扫天平各部件的灰尘。刀刃及刀承必须用绸布浸以乙醚擦拭（不可碰撞刀刃，以免损坏）。将天平框直立安放在天平台上适当位置，安好垫脚，调节螺旋脚使天平上水准器的气泡对准圆圈的中心，使天平处于水平状态。

（2）安装天平梁。将升降枢旋钮插入停动轴，检查机件是否灵活。转动旋钮，使天平的支架托翼落下，小心将天平梁套入支架托翼中间，然后关上旋钮，将天平梁套在各支柱上，安装天平梁时，切不可碰撞玛瑙刀口，也不要弄弯指针。

（3）安装阻尼器。将两个吊耳下部的挂钩钩住内阻尼器后，分别装在天平的外阻尼器上面的支柱上。天平上左、右对称的部件，如吊耳、内阻尼器、称盘及盘托等，一般标有"1"、"2"标记、应按左 1 右 2 的原则安装好（也有用"·"、"··"，A、B 或甲、乙分别表示左和右的区分）。

（4）安装称盘。在天平底板的两个小圆孔中，分别插入盘托，并将两个称盘分别挂在吊耳上部的挂钩中。

（5）从砝码盒中取出环码，按图 2.6 所示位置安装在各个加码钩上。轻拿轻放，防止变形，先安放靠近吊耳的环码，再装外边的，逐个挂到相应的加码钩上，并进行校对。

转动刻度盘观察环码是否准确落在环码槽内，与环码钩是否有接触摩擦。如果发现问题，应将挂码钩的位置进行调整。

（6）安装光学系统。电光天平电器照明的安装（图 2.15），是将灯源及聚光管插入天平底座后面的孔中，并将电源线接好。注意根据当地用电电压 110V 或 220V 将插头插入相应的孔内。另外根据照明小灯珠的电压数值，将灯源部分的插头插入变压器输出端适当的插孔中。插销座在天平底座下面的插销上。将灯源筒上螺钉固定。

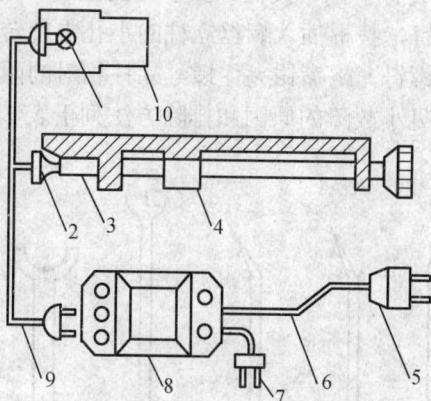

图 2.15　电光天平电器照明的安装

1. 小电珠；2、5、7. 插头；3. 插座；4. 电路控制器；8. 变压器；6、9. 导线；10. 聚光器

天平安装完毕，开启升降枢，检查天平横梁系统是否平衡可靠，各操纵机构是否正常，并按下述方法进行调试。

2）半自动电光天平的调试

（1）光学投影调试。开启升降枢旋钮，若投影屏上的微分标尺不够明亮或不清晰，可松开照明筒上的灯珠定位螺丝，将灯座推前、移后、调整焦距，使微分标尺在投影屏上明亮清晰，再将灯座位置固定。若投影屏上微分标尺位置太高或太低，可调节小反光镜，使之位置合适。

若投影屏上微分标尺有半边不清晰，可调节二次反射镜的前后距离。

若投影屏上有缺角，可调整立柱的挡环或指针位置。

（2）零点的调试。当开启升降枢旋钮时，微分标尺的零线应与投影屏上的固定标线重合，若不重合，偏离较小，可移动底座下面的拨杆；偏离较大时，可转动天平梁两端的平衡调节螺丝。

（3）摆动自由性。开启升降枢，微分标尺在停止前，左右应摆动 2～3 次。如摆动突然停止，或出现其他摆动不正常现象，应仔细检查指针、阻尼盒等是否发生摩擦，各部件安装是否正确可靠，盘托高度是否适度，找出原因后再进行调整。

（4）感量的调试。在空载及全负荷情况下，在右方加码架上加 10mg 环码，微分标尺的投影刻度应移动 100±1 分度。如果达不到要求，可移动感量调节螺丝（感量铊）。螺丝上升，感量提高；螺丝下降，感量降低。

新安装的天平和天平经拆卸移动，检修或使用一定时间以后，都要对天平主要性能进行检定。通常检定三个项目，即灵敏性、正确性和示值变动性。

2. 天平简单故障的排除

分析天平是贵重的精密仪器，为了保持它的精度，必须妥善维护。如有故障，应及时检修排除。

检修天平时常用的工具有手捻、拨棍、扳子、叉扳子和蝎嘴钳等（图 2.16），尺寸都很小。手捻可以松紧螺钉，拨棍插入螺丝立柱的小孔中旋转时，可以调节立柱的进退长度，扳子可以转动棱形螺钉，蝎嘴钳夹住螺丝立柱相对的两个小孔时，可以拧紧或松动这些部件。现将几种常见小故障的原因和排除方法列于表 2.10。

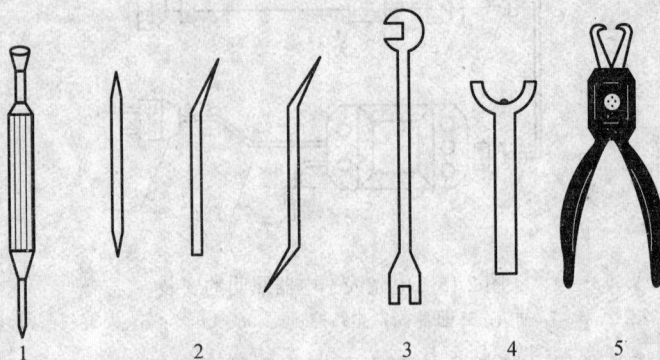

图 2.16   检修天平常用的工具
1. 手捻；2. 拨棍；3. 扳子；4. 叉扳子；5. 蝎嘴钳

表 2.10   天平故障原因和排除方法

故障	原因	排除方法
吊耳脱落	（1）启动或休止天平时操作太重或太快	将吊耳轻轻地重新挂上
	（2）取称量物或砝码时未休止天平	应轻开轻放，及时休止天平
	（3）吊耳不稳，左右偏侧	将天平梁托末端小支柱下面的螺丝拧松，移动小支柱至正常位置后再拧紧螺丝
	（4）吊耳前后跳动	将拨棍插入天平梁托架末端小支柱上的小孔中转动调节小支柱前后高低
	（5）盘托过高，天平休止时，称盘往上抬	用拨棍调节盘托螺丝的高低
天平启动后指针不摆动或摆动不自如	（1）空气阻尼器内外圆筒相碰或有轻微摩擦	检查空气阻尼器内外圆筒的隙缝是否均匀。如果不均匀，可能由于天平位置不水平，调整天平的水平位置，若仍不行，取下内阻尼器圆筒转 180°，若仍然无效，则将固定外筒的螺丝放松，小心移动外筒，使内外筒的缝隙均匀后，再拧紧螺丝
	（2）环码和挂钩接触	将挂钩轻轻向前或向后弯一下
	（3）盘托太高	调节盘托螺丝，降低高度
	（4）盘托受阻，不灵活	取下盘托，擦拭油垢，再滴少许机油
	（5）两边刀刃的刀缝不一致	调节两刀缝使大小一致，缝宽约为 0.3mm
指针跳动（跳针）	刀缝前后不一致	调节中刀刀缝 0.5mm，边刀刀缝为 0.3mm
零点、停点变动性大	（1）天平放置不水平	调水平
	（2）侧门未关	
	（3）称量物未冷至室温	
	（4）玛瑙刀口和刀承被沾污或磨损	
	（5）天平各部件和螺丝发生松动或偏离正确位置	

续表

故　障	原　因	排除方法
升降枢关不住，天平处于工作状态（自落）	翼翅板上弹簧力太大或翼翅板松动，升降枢偏心轴位置不正确	加以适当调整
刻度盘失灵	（1）刻度盘读数与所加环码的质量不相对应	松开偏心轮的螺丝，改变偏心轮的位置后，再将螺丝拧紧
	（2）挂环码的挂钩失灵	取下刻度盘后面的外罩，滴上少许钟表油，如有螺丝松动，则将螺丝拧紧
电光天平的小灯泡不亮	（1）灯泡损坏	检查灯泡是否损坏，更换灯炮
	（2）电源接触点接触不良	检查电源，天平底座下面的电路控制器在天平开启时是否接通，以及其他接触点是否良好
灵敏度太高或太低	（1）重心丝位置不合适	调节重心丝的位置
	（2）玛瑙刀口磨损	
投影屏光亮不足	聚焦位置不正确	转动灯头或前后移动灯头位置，使光源聚焦
投影屏上满光，但不显影	光线焦点不在刻度线上面，而在它的上端或下端	升降微分标尺，使刻度线对准光线的焦点
微分标尺出现重影	放大物镜发生摆动、两镜片不同心	旋紧内套丝，转动放大镜，或前后移动聚光镜来调整

思考与练习

（1）每次在分析天平上取放物体或加减砝码时，为什么必须休止天平？

（2）你每次测量数据的数据是否一致？思考一下不一致的原因？

（3）在什么情况下选用差减法称样？什么情况下选用固定质量称量法称样？

（4）用固定质量称样法和差减法称取试样是否要测天平的零点，为什么？

（5）称量物体质量时，若微分标尺向负向偏移，应加砝码还是应减砝码？若微分标尺向正向偏移，又应如何？

任务二　掌握误差和分析数据的处理

任务目标

终极目标：掌握误差和分析数据的处理方法。

促成目标：（1）了解误差和偏差的概念。

　　　　　　（2）掌握绝对误差和相对误差的含义和计算。

　　　　　　（3）掌握平均偏差和相对平均偏差的含义和计算。

　　　　　　（4）掌握提高分析结果准确度的方法。

　　　　　　（5）掌握分析数据的处理方法。

工作任务

【活动一】 认识误差和偏差

分组： 1～2 人一组。

活动目的： 能熟练进行分析天平操作，掌握误差和偏差的概念。

仪器设备： 分析天平 1 台。

活动程序：

（1）检查天平，熟悉分析天平的使用。

（2）取一个 1g 砝码和一个 5g 砝码，用分析天平分别对其称量，每个砝码平行称量三次。

（3）记录填写表 2.11。

表 2.11　准确度和精密度比较

标准砝码	1 g			5 g		
平行称量质量/g						
绝对误差						
相对误差						
平均偏差						
相对平均偏差						

（4）4 人一组，比较各人称量数据的准确度和精密度，讨论提高准确度和精密度的方法。

【活动二】 掌握分析数据的处理方法

分组： 4 人一组。

活动目的： 能熟练掌握数据的分析处理方法。

活动程序：

（1）比较各自在活动一中记录和计算的数据，以及所保留数字的位数，讨论谁的准确，谁的正确。

（2）讨论在计算过程中应如何保留有效数字才更准确，有什么样的规则。

知识探究

（一）定量分析中的误差

定量分析的任务是准确测定试样中有关组分的含量。在分析实践中，当我们取某一试样进行多次重复测定时，测定结果总是不能完全一致。如果取一已知成分的试样进行测定，所得结果也不一定与已知值完全符合。这就是说，在分析过程中，误差是客观存在的。因此，我们应该了解分析过程中产生误差的原因，采取相应措施减小误差，以便得到比较准确的结果。

1. 误差及其产生原因

根据误差的性质与产生的原因，可将误差分为系统误差和偶然误差。

1）系统误差

系统误差是在分析过程中由于某些固定的原因所引起的误差。在一定条件下，重复测定时，它会重复出现，而且误差的大小是恒定的，可以测定出来，误差的符号具有单向性，故又称为可测误差。

系统误差的产生主要有以下原因：

（1）方法误差。

这种误差是由于分析方法本身所造成的。例如，在称量分析中，由于沉淀的溶解及共沉淀；在滴定分析中，由于反应进行不完全、干扰离子的影响、副反应的发生及滴定终点与化学计量点不相吻合等，都会引起系统误差，影响测定结果。

（2）仪器误差。

这种误差是由于使用的仪器不够精确而造成的误差。例如，砝码、滴定管及移液管的标示值与其实际质量或体积不相符合引起的误差。

（3）试剂误差。

这种误差是由于试剂不纯或蒸馏水中含有干扰杂质而引起的误差。

（4）操作误差。

操作误差是由于分析人员操作不当或主观原因所造成的误差。例如，滴定分析中对滴定终点颜色的判断，有的人偏深，有的人偏浅；滴定管读数有人偏高有人偏低等。有的人在滴定分析中用移液管吸取试液进行平行测定，在判断终点或读取滴定管读数时，主观上尽量使第二份结果与第一份结果相吻合。分析工作者应以科学的实事求是态度对待每一次测定，以减少操作误差。

2）偶然误差

偶然误差是在分析中一些无法控制的偶然因素造成的误差，也称为不可测误差。例如，测定时环境的温度、湿度或气压的微小波动，分析人员操作时未察觉的微小变化等都可能引起误差。偶然误差给分析结果带来的影响有时大，有时小；有时正，有时负，难以控制。粗略看来，由偶然因素引起的误差没有规律，实际上在相同条件下，如果对同一试样进行多次重复测定，可以发现偶然误差的分布具有一定的规律，其特点是：

（1）大小相近的正误差和负误差出现的概率相等。

（2）小误差出现的概率较高，大误差出现的概率较低，很大误差出现的概率非常少。

偶然误差的这种规律性，可用图 2.17 的曲线表示，称之为误差的正态分布曲线。从曲线可以得出，随着平行测定次数的增加，偶然误差的算术平均值逐渐减小。因此，在消除系统误差的前提下，测定次数越多，测定结果的算术平均值越接近真实值。实验表明当重复测定多于 10 次以上时，误差的算术平均值已减小到不显著的数值，见图 2.18。在一般测定中平行测定 10 次就足够了。

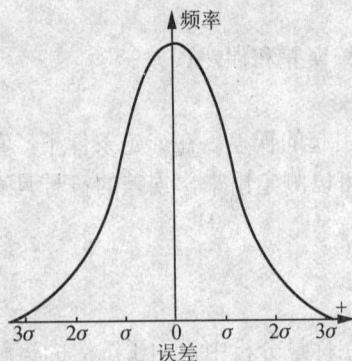

图 2.17 误差的正态分布曲线次数的关系

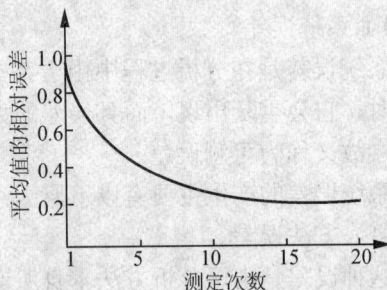

图 2.18 平均值的相对误差与测定

此外，由于工作粗心大意，不遵守操作规程造成一些差错，如试液溅失、加错试剂、读错刻度、看错砝码、记录错误等，这些都是不应有的过失，不属误差范畴。这种由于过失造成的误差在工作上应列为责任事故。只要我们加强责任心，严格遵守操作规程，认真细致地进行操作，过失是完全可以避免的。如果在测定结果中出现相差很大的测定值时，应分析查出原因，若由过失引起，则将该次测定结果弃去不用。

2. 准确度与误差

准确度表示测定结果与真实值相接近的程度，以误差表示。测定结果与真实值的差值越小，测定结果的准确度越高。此差值称为绝对误差。

$$绝对误差 = 测定值 - 真实值 \qquad (2.1)$$

绝对误差不能确切地反映测定值的准确度。例如，分析天平的称量误差为 $\pm 0.0001g$，称量两份实际质量为 1.5131g 及 0.1513g 的试样，得 1.5130g 及 0.1512g，两者的绝对误差均为 $-0.0001g$，但称量的准确度却不同。前者的绝对误差只占其真实值的 -0.007%，后者则为 -0.07%。这种绝对误差在真实值中所占比率称为相对误差（以百分数或千分数表示）。

$$相对误差 = \frac{绝对误差}{真实值} \times 100\% \qquad (2.2)$$

显然，被测的量较大时，相对误差就比较小，测定的准确度也就比较高。

绝对误差和相对误差都有正负之分，正值表示测定结果偏高，负值表示测定结果偏低。

3. 精密度和偏差

在实际分析工作中，一般要对试样进行多次平行测定，以得出测定结果的平均值。多次测定结果之间相互接近的程度称为精密度，以偏差表示。偏差越小，说明测定结果彼此之间越接近，精密度越高，也就是说测定结果的再现性好。

1）绝对偏差和相对偏差

个别测定值与几次测定结果平均值之差称为绝对偏差，以 d 表示。

$$d_i = x_i - \bar{x} \qquad (2.3)$$

式中　x_i——个别测定值；

　　　$\overline{x}$——几次测定结果的平均值。

绝对偏差在平均值中所占的百分率或千分率称为相对偏差。

$$相对偏差 = \frac{d_i}{\overline{x}} \times 100\% \tag{2.4}$$

绝对偏差和相对偏差都有正、负之分，它们都是表示个别测定值与平均值之间的精密度。

2）平均偏差和相对平均偏差

对多次测定结果的精密度，常用平均偏差表示。平均偏差是指各次偏差绝对值的算术平均值，是绝对平均偏差的简称。

$$\overline{d} = \frac{|d_1| + |d_2| + |d_3| + \cdots + |d_n|}{n} = \frac{\sum\limits_{i=1}^{n} |d_i|}{n} \tag{2.5}$$

相对平均偏差是平均偏差在平均值中所占比率。

$$相对平均偏差 = \frac{\overline{d}}{\overline{x}} \times 100\% \tag{2.6}$$

平均偏差与相对平均偏差均无正、负之分。取偏差的绝对值是为了避免正负偏差相互抵消。在一组平行测定结果中，小偏差总是占多数，大偏差为少数，算得的平均偏差会偏小，大偏差得不到应有的反映。例如，按下列两组数据，求得平均偏差及相对平均偏差，见表2.12。

表 2.12　两组数据的比较

第　一　组		第　二　组	
x_i	d_i	x_i	d_i
37.20	0.16	37.24	0.12
37.32	0.04	37.26	0.10
37.34	0.02	37.36	0.00
37.40	0.04	37.44	0.08
37.52	0.16	37.48	0.12
$\overline{x} = 37.36$	$\overline{d} = 0.08$	$\overline{x} = 37.36$	$\overline{d} = 0.08$
相对平均偏差=0.21%		相对平均偏差=0.21%	

显然，第一组数据中有2个较大的绝对偏差，但在平均偏差中反映不出来。

3）标准偏差和变异系数

在数理统计中，常用标准偏差来衡量精密度，以 s 表示。

$$s = \sqrt{\frac{\sum\limits_{i=1}^{n} d_i^2}{n-1}} \tag{2.7}$$

计算标准偏差时，是将各次测定结果的偏差加以平方，可以避免各次测量偏差相加时正负抵消，大偏差能更显著地反映出来。因此，标准偏差可以更确切地说明测定数据的精密度。

在有些情况下，也使用变异系数（相对标准偏差）来说明测量数据的精密度。

$$变异系数=\frac{s}{\bar{x}}\times1000 \tag{2.8}$$

上述两组数据的标准偏差和变异系数分别是 0.12、0.32‰ 及 0.11、2.9‰，明显地看出第一组数据的精密度比第二组要差些。

在一般化学分析中，平行测定数据不多，常采用极差来估计误差的范围，以 R 表示。

$$R=测定最大值-测定最小值 \tag{2.9}$$

$$相对极差=\frac{R}{\bar{x}}\times100\% \tag{2.10}$$

4. 准确度和精密度的关系

从以上讨论可知，准确度表示测定结果的正确性，它以真实值为衡量标准，由系统误差和偶然误差所决定；精密度表示测定结果的重现性，它以平均值为衡量标准，只与偶然误差有关。因此准确度与精密度二者概念不同，却有一定关系。例如，甲、乙丙三人分析同一试样中某组分含量，分别得出三组数据如图2.18。

	甲	乙	丙
	30.22	30.20	30.42
	30.18	30.30	30.44
	30.16	30.25	30.40
	30.20	30.35	30.38
平均值	30.19	30.28	30.41

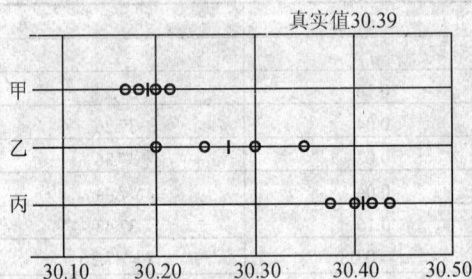

图 2.19　甲、乙、丙 3 人的分析结果
O—个别测定值；|—平均值

甲的测定结果的精密度较高，但准确度低；乙的测定结果的精密度不高，准确度也不高；丙的测定结果的精密度和准确度都比较高，符合测定要求。对于精密度差的测定结果，从根本上就失去衡量准确度的意义，即使偶然巧合，其平均值接近真实值，具有一定正确性，也是不可取的。

5. 公差

公差是生产部门对于测定结果所能允许误差的一种表示方法。如果测定结果超出允许的公差范围，称为"超差"，该项分析应该重做。公差范围一般是根据实际情况和生产需要对测定结果的准确度的要求而确定的。各种分析方法所能达到的准确度不同，其允许公差范围也不同，如称量分析法与滴定分析法的相对误差小，而比色、极谱等分析方法的相对误差就较大。组分含量高时，允许相对误差要小一些，含量低时允许相对误差就要大一些。试样组成越复杂，引起误差的可能性就越大，允许的相对误差就宽一些。一般工业分析，允许相对误差常在百分之几到千分之几。

（二）提高分析结果准确度的方法

要提高分析结果的准确度，必须考虑可能产生误差的各种因素，采取相应措施，以减小分析过程中的误差。

1. 选择合适的分析方法

各种分析方法的准确度和灵敏度是不同的。称量分析和滴定分析，灵敏度不高，但对于高含量组分的测定，能获得比较准确的结果，相对误差是千分之几。若改用比色分析，则相对误差可达百分之几。对于低含量组分的测定，称量分析和滴定分析的灵敏度达不到要求，而一般仪器分析法的灵敏度较高，相对误差虽然较大，可以满足要求。例如，测定含量约为 0.50%的某组分时，若比色分析方法的相对误差为 2%，则分析结果的绝对误差为 0.50%×0.02＝0.01%，这样大小的误差是允许的。

除根据组分含量高低确定分析方法外，还要考虑试样组分复杂程度及有无干扰来选择分析方法。

2. 减小测量误差

在称量分析中，测量误差主要表现在称量上。一般分析天平的称量误差为±0.0001g，称取一份试样需要称量两次，可能引起的最大误差是±0.0002g，为了使称量的相对误差不超过 0.1%，则试样的最低质量应该是

$$试样质量＝\frac{绝对误差}{相对误差}＝\frac{0.0002}{0.001}＝0.2(g)$$

在滴定分析中，测量误差主要是在体积测量过程中产生的。一般常量滴定管读数常有±0.01mL 的误差，完成一次滴定需要读数 2 次，这样可能引起的最大误差是±0.02mL。为了使测量时的相对误差小于 0.1%，则消耗滴定剂的体积必须在 20mL 以上，一般保持在 30mL 左右。

应该指出，测量的准确度只要与方法的准确度相适应就可以了，过度要求是没有意义的。例如，比色分析方法的相对误差为 2%，在称取 0.5g 试样时，试样的称量误差应小于 0.5×2%＝0.01g。为了减小称量误差，往往将称量准确度提高一个数量级，即称准至±0.001g 左右。

3. 增加平行测定次数

增加测定次数，可以减少偶然误差。在消除系统误差的前提下，平行测定次数越多，分析结果的平均值的准确度越高。在一般化学分析中，要求平行测定 2～4 次，基本上可以得到比较满意的分析结果。若准确度要求更高，可适当增加测定次数。

4. 消除测定过程中的系统误差

系统误差既然是由某些固定的原因所造成的误差，可以根据具体情况选用不同方法来检验和校正。

1）对照试验

对照试验是检验系统误差的有效方法。进行对照试验时，常用组成与待测试样相近、已知准确含量的标准试样（或配制的标准试样），按同样方法进行分析以资对照；也可以用不同的可靠分析方法，或者由不同的分析人员分析同一试样互相对照。

如果对试样的组成不完全清楚，可以采用"加入回收法"进行试验。这种方法是在试样中加入已知量的待测组分，然后进行对照试验。根据加入的待测组分回收量，判断测定过程中是否存在系统误差。

2）空白试验

由试剂和器皿引入杂质所造成的系统误差，一般可以做空白试验来扣除。空白试验是在不加试样的情况下，按照试样的分析步骤和条件进行分析试验，所得结果称"空白值"，从试样的测定结果中扣除空白值。

空白值应该不大，若有异常，应选用纯度更高的试剂和改用其他适当的器皿来降低空白值。

3）校准仪器

由测量仪器不准确引起的系统误差，可以通过校准仪器来减小误差。在准确度要求较高的分析中，对所用的测量仪器如滴定管、移液管、容量瓶和天平砝码等必须进行校准，直接应用校正值。必须指出，在一系列操作过程中应该使用同一套仪器，这样可以使仪器误差抵消。例如，一份试样需称量 2 次，其中重复使用的砝码的误差就可以互相抵消。

4）校正方法

某些分析方法的系统误差可用其他方法进行校正。例如，在称量分析中，待测组分沉淀绝对是不可能的，其溶解部分可采用其他方法测量，予以校正。

（三）有效数字和运算规则

在定量分析中，为了得到准确的分析结果，不仅要准确地进行各种测量，还要正确地记录和计算。分析结果的数据不但表达试样中待测组分的含量，也反映测量的准确程度。记录实验数据和计算分析结果时，保留几位数字是很重要的，这就涉及有效数字的概念和运算规则。

1. 有效数字

有效数字是指在分析工作中实际能测量到的数字，所保留的有效数字中只有最后一位数字是可疑的。记录测量数据和计算结果时，不仅都必须是有效数字，而且其保留位数也应与所用的方法和所用仪器的精密度相适应。

例如，用万分之一分析天平可以称到小数点后第四位，若称得某物体质量为 0.7304g，其实际质量应在（0.7304±0.0001）g 之间。常量滴定管（50mL 或 25mL）可以读到小数点后第二位，若读取体积用量为 25.32mL 则其实际用量应在 25.32mL ± 0.01mL 之间。这些数值的最后一位都是可疑的。因此有效数字不仅表明数量的大小，也反映出测量的准确度，其数字包括所有准确数字及最后一位可疑数字。

数字"0"在数据中有双重意义。当用来表示与测量精度有关的数值时，它是有效数字；当用来指示小数点位置时，只起定位作用，与测量精度无关，则不是有效数字。例如，用分析天平称得物体质量为 0.1240、0.1503g 及 0.0126g 时，数字前的"0"均为定位的，数字中及后面的"0"均为有效数字。

对于含有对数的如 pH、lg$k$ 等的有效数字的位数仅取决于小数部分的位数，其整数部分只说明这个数的方次。例如 pH8.32，即 $c_{H^+} = 4.8 \times 10^{-8}$ mol/L；lg$k = 10.69$，即 $k = 4.9 \times 10^{10}$，都是 2 位有效数字，整数 8 和 10 指明的是方次。

此外，在计算中常遇到分数、倍数的关系，应视为多位有效数字。例如，从 250mL 容量瓶中移取 25mL 溶液，即取容量瓶中总量的 1/10，不能将 25/250 视为 2 位或 3 位有效数字，应按计算中其他数据的有效数字位数对待。

2. 数字修约规则

对分析数据进行处理时，应根据测量精确度及运算规则，合理保留有效数字的位数，弃去不必要的多余数字。目前多采用"四舍六入五后有数就进一，五后没数看单双，单进，双舍"的规则进行修约。

此规则是：被修约的那个数字等于或小于 4 时，舍去该数字；等于或大于 6 时，则进位。该修约的数字为 5 时，若 5 后有数就进位；若无数或为零时，则看 5 的前一位为奇数就进位，偶数则舍去。例如，下列数据修约为四位有效数字时，结果如下：

$$5.6423 \longrightarrow 5.642 \qquad 8.63452 \longrightarrow 8.635$$
$$5.7366 \longrightarrow 5.737 \qquad 8.63450 \longrightarrow 8.634$$
$$7.7315 \longrightarrow 7.732 \qquad 8.63350 \longrightarrow 8.634$$
$$7.7365 \longrightarrow 7.736 \qquad 8.633502 \longrightarrow 8.634$$

修约数字时，只能对原数据一次修约到所需要的位数，不能逐级修约。例如，将 18.4546 修约为 4 位有效数字，应得 18.45；若将该数值先修约成 18.455，再修约为 18.46 是不对的。

3. 运算规则

在运算过程中，正确保留各测量数据的有效数字位数对分析结果有很重要意义。运算和记录数据过程中应遵循以下规则。

（1）几个数据相加或相减时，它们的和或差的有效数字的保留，应以小数点后位数最少的或其绝对误差最大的数字为依据，将各数据多余的数字修约后再进行加减运算。

例如，34.37、0.0154、4.3275 三数相加，其中 34.37 的绝对误差最大，为 ±0.01，其他误差小的数不起作用，计算时保留到小数点后第二位即可。三数修约后 34.37、0.02、4.33 之和为 38.72。

（2）几个数据相乘或相除时，它们的积或商的有效数字的保留，应以有效数字位数最少或相对误差最大的数字为依据，将多余数字修约后进行乘除运算。

例如，0.0121、25.64、1.0578 三数相乘，其中以 0.0121 数值的相对误差最大，

$$\frac{\pm 0.0001}{0.0121} \times 100\% = \pm 0.8\%$$

$$\frac{\pm 0.01}{25.64} \times 100\% = \pm 0.04\%$$

$$\frac{\pm 0.0001}{1.0578} \times 100\% = \pm 0.009$$

三数修约后 0.0121、25.6、1.06，积为 0.328。

为了提高计算结果的可靠性，可以暂时多保留一位数字，得到最后结果，再弃去多余的数字。

（3）若某一数据的第一位数字大于 8，可多算一位有效数字。例如，9.25 mL 只有 3 位，在计算时可按 4 位有效数字处理（接近 10.00）。

（4）有关化学平衡的计算（如计算平衡时某离子的浓度），保留 2 位或 3 位有效数字。

（5）通常对于组分含量在 10% 以上时，一般要求分析结果有效数字 4 位；含量 1%～10% 时，3 位有效数字；低于 1% 时，一般要求 1 位或 2 位有效数字。

（6）以误差表示分析结果的准确程度时，一般保留 1 位有效数字，最多取 2 位。用计算器连续运算得出的结果，应一次修约成所需位数。

（四）分析数据的处理

1. 平均值的置信区间

前面已经讨论，进行多次平行测定，会发现偶然误差遵循正态分布规律。在要求准确度较高的分析中，仅以测定结果的平均值作为分析结果是不够的，应给出真实结果（总体平均值）所在范围及在此范围内的频率。

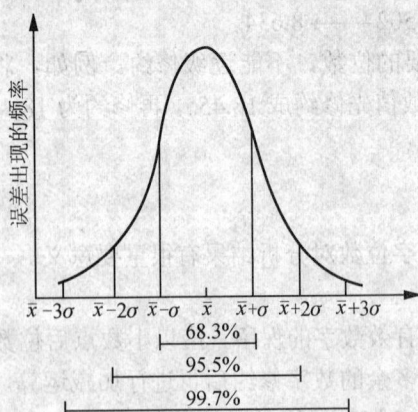

图 2.20　误差分布的频率范围

图 2.20 中，曲线纵坐标表示误差出现的频率，横坐标表示以标准偏差（σ）为单位的测定值偏离程度。曲线与横轴之间的面积则是误差在某一范围内的频率，即总体平均值（μ）在该范围内出现的频率。若以整个曲线与横轴所围面积为 100%，则测定值的标准误差在 $\pm\sigma$ 区间内的面积为 68.3%，在 $\pm 2\sigma$ 区间内的面积为 95.5%，在 $\pm 3\sigma$ 区间内的面积为 99.7%。换句话说，在 1000 次平行测定中，测定结果落在 $\bar{x}\pm\sigma$、$\bar{x}\pm 2\sigma$ 和 $\bar{x}\pm 3\sigma$ 范围内的次数分别为 683 次、955 次和 997 次。落在 $\bar{x}\pm 3\sigma$ 以外的分析结果仅有 3 次。

分析结果在某一范围内出现的概率称为置信度或置信概率。上述测定结果落在 $\bar{x}\pm\sigma$ 范围内的置信度为 68.3%，在 $\bar{x}\pm 2\sigma$ 范围内的置信度为 95.5% 等。

置信区间是指在一定的置信度时，以测定结果的平均值为中心包括总体平均值在内的可靠性范围，即平均值的置信区间。在消除了系统误差的前提下，对有限次数的测定，其平均值与总体平均值之间的关系为

$$\mu = \bar{x} \pm t\frac{s}{\sqrt{n}} \qquad (2.11)$$

式中：s——标准偏差；

n—— 测定次数；

t——置信因数。

置信因数也称概率系数，随测定次数与置信度而定，见表 2.13。

表 2.13　置信因数 t 值

置信度 t / n	90%	95%	99%	99.5%
3	2.92	4.30	9.92	14.98
4	2.35	3.18	5.84	7.45
5	2.13	2.78	4.60	5.60
6	2.01	2.57	4.03	4.77
7	1.94	2.45	3.71	4.32
8	1.90	2.36	3.50	4.03
9	1.86	2.31	3.35	3.83
10	1.83	2.26	3.25	3.69
20	1.81	2.23	3.17	3.58
30	1.72	2.09	2.84	3.15
∞	1.64	1.96	2.58	2.81

【例 2.1】　分析铁矿石铁含量，5 次结果为 73.27%、73.19%、73.06%、73.20%和73.24%。计算平均值有 95%和 99%置信度下的置信区间。

解：　平均值 $\bar{x} = 73.19$

标准偏差 $s = 0.08$

置信度为 95%时 t 值为 2.78，

$$\mu = 73.19 \pm \frac{2.78 \times 0.08}{\sqrt{5}} = 73.19 \pm 0.10$$

置信度为 99%时 t 值为 4.60，

$$\mu = 73.19 \pm \frac{4.60 \times 0.08}{\sqrt{5}} = 73.19 \pm 0.16$$

此例说明，通过 5 次测定，我们有 95%的把握，认为铁矿石的含铁量在 73.09%～73.29%之间；有 99%的把握认为含铁量在 73.03%～73.35%之间。

从表 2.13 可以看出，测定次数越多，t 值越小，求得的置信区间的范围越窄，即测定平均值与总体平均值越接近。测定 20 次以上时，t 值变化已不大，这说明再增加测定次数，对提高测定结果的准确度已经没有什么意义了。

2. 可疑数据的取舍

在一组平行测定所得到的数据中，常常会有个别测定值与其他数据相差较远，这一测定值称为可疑数据。这一数据如果不是因过失引起，则不能随意舍弃，应该按照数理统计的规定进行处理。目前常用的方法有 $4\bar{d}$ 法和 Q 检验法。

1） $4\bar{d}$ 法

此法处理数据的步骤如下：

（1）将可疑值除外，求出其余数据的平均值 $\bar{x}_{n-1}$ 和平均偏差 $\bar{d}_{n-1}$。

（2）求可疑值与 $\bar{x}_{n-1}$ 之差的绝对值。

（3）将此绝对值与 $4\bar{d}_{n-1}$，进行比较，若 $\left|可疑值 - \bar{x}_{n-1}\right| \geqslant 4\bar{d}_{n-1}$，则舍去此可疑值。

$4\bar{d}$ 法运算简单，但统计处理不够严密，适用于 4～8 次且要求不高的实验数据的处理。

2） Q 检验法

Q 检验法的处理步骤如下：

（1）将测得数据由小到大排列如 x_1，x_2，x_3，…，x_n。求出最大值与最小值之差，即极差 $x_n - x_1$。

（2）求出可疑数据 x_n 或 x_1 与邻近数据之差 $x_n - x_{n-1}$ 或 $x_2 - x_1$。

（3）按下式求出 Q 值。

$$Q = \frac{x_n - x_{n-1}}{x_n - x_1} \text{ 或 } Q = \frac{x_2 - x_1}{x_n - x_1}$$

（4）根据所要求的置信度和测定次数查表 2.14 得出 Q 值。如计算所得 Q 值大于表中 Q 值，则将该可疑值舍弃。

Q 检验法符合数理统计原理，计算简便，适用于 3～10 次测定数据的检验。

表 2.14　不同置信度下，取舍可疑数据的 Q 值

置信度 Q　　　　　　　 n	90%	95%	99%
3	0.94	0.98	0.99
4	0.76	0.85	0.93
5	0.64	0.73	0.82
6	0.56	0.64	0.74
7	0.51	0.59	0.68
8	0.47	0.54	0.63
9	0.44	0.51	0.60
10	0.41	0.48	0.57

【例 2.2】 分析某溶液浓度，平行测定 4 次的结果为 0.1014 mol/L、0.1012 mol/L、0.1019 mol/L 和 0.1016 mol/L，分别运用 $4\bar{d}$ 法和 Q 检验法确定 0.1019 值能否舍弃（置信度为 90%）。

解：（1）$4\bar{d}$ 法　除 0.1019 值以外

$$\bar{x} = \frac{0.1014 + 0.1012 + 0.1016}{3} = 0.1014$$

$$\bar{d} = \frac{0.0000 + 0.0002 + 0.0002}{3} = 0.00013$$

$$0.1019 - 0.1014 = 0.0005$$

$$4\bar{d} = 4 \times 0.00013 = 0.00052$$

计算值小于 $4\bar{d}$ 值，故 0.1019 不能舍弃。

（2）Q 检验法

$$\frac{0.1019 - 0.1016}{0.1019 - 0.1012} = 0.43$$

查表 2.14，n 为 4 次，按置信度为 90%的 Q 值为 0.76，计算值比查得 Q 值小，故 0.1019 值不能舍弃。

知识链接

定量分析的一般步骤

定量分析的任务是准确测定样品中有关组分的含量。其全过程包括以下步骤：取样、样品的溶解、干扰组分的分离、测定方法的选择及含量测定、数据的处理等。

（一）试样的采集与制备

在分析工作中，一般只称取几克或十分之几克试样。它所代表的则是吨级或更多的物料。因此，要求采集的试样必须能代表全部物料的平均组成，否则分析结果将是毫无意义的。实际分析对象多种多样，试样的性质和均匀程度也各不相同。关于采集有代表性的平均试样和制成分析试样的具体操作规程，各部门都有严格的规定。一般来说要多点取样，然后将各点取得的样品粉碎后混合均匀，再从混合均匀的样品中取少量试样进行分析。

（二）试样的分解

含量测定工作多在溶液中进行，为此需先将试样分解，使被测组分定量转入溶液中。试样分解过程中要注意防止被测组分损失，同时避免引入干扰测定的杂质。常用的方法有溶解法和熔融法两种。

溶解时常用的溶剂有水、无机酸、有机溶剂等。凡能在水中溶解的样品，应尽量用水作溶剂。利用无机酸的酸性、氧化还原性及配位性质，采用无机酸溶解试样是常用的方法，常用的盐酸、硝酸、稀硫酸可以溶解多数金属、碱性氧化物及弱酸盐，热的浓硫酸可用于分解矿石、有机化合物等。而许多有机样品易溶于有机溶剂中，如中药材中的有机酸、碱类化合物可溶于碱、酸性有机溶剂，不同极性的有机成分可在相应极性的有机溶剂中被提取出来，常用的有机溶剂有甲醇、乙醇、丙酮、乙醚、氯仿、乙酸乙酯、苯、甲苯等。

熔融法是将试样与固体熔剂混合后，在高温条件下熔融分解，再用水或酸浸取，使其转入溶液中。

（三）干扰物质的分离

在对试样进行分析时，常遇到被测组分受样品中其他组分干扰的情况，在测定之前必须进行分离或对干扰组分掩蔽。常用的分离方法有沉淀法、挥发法、萃取法等，各种色谱法也是极好的分离手段。

（四）测定方法的选择

分析化学的发展，为样品分析提供了多种可能的方法，在选择最佳分析方法时，应注意以下原则：
（1）选择与被测组分含量相适应的分析方法。
（2）根据被测组分的性质提出可能的分析方法。
（3）考虑样品的性质和实验室实际条件。

（五）数据处理

根据测定的有关数据计算出组分的含量，并对结果进行可靠性分析，最后得出结论。

思考与练习

（1）准确度和精密度有什么不同？它们与误差和偏差的关系是怎样的？
（2）误差既然可用绝对误差表示，为什么还要引入相对误差？
（3）下列情况各引起什么误差？如果是系统误差，应如何消除？
① 砝码被腐蚀；
② 天平两臂不等长；
③ 称量时，试样吸收了空气中的水分；
④ 天平零点有变动；
⑤ 读取滴定管读数时，最后一位数字估测不准；
⑥ 试剂中含有微量组分；
⑦ 以含量为 98% 的 Na_2CO_3 作为基准物质标定 HCl 溶液的浓度；
⑧ 称量法测定 SiO_2 时，试液中硅酸沉淀不完全。
（4）何谓平均偏差和标准偏差？为什么要引入标准偏差？
（5）偶然误差与操作中的过失有什么不同？如何减少偶然误差？
（6）下列数值各含有几位有效数字。
①1.302；　　②0.056；　　③10.300；
④0.0001；　　⑤40.08%；　　⑥$6.3 \times 10^{-5}$。
（7）按有效数字运算规则，计算下列结果：
① $7.9936 \div 0.9967 - 5.02 = ?$

② $2.187 \times 0.584 + 9.6 \times 10^{-5} - 0.0326 \times 0.00814 = ?$

③ $0.03250 \times 5.703 \times 60.1 \div 126.4 = ?$

④ $(1.276 \times 4.17) + (1.7 \times 10^{-4}) - (0.0021764 \times 0.0121) = ?$

⑤ $\sqrt{\dfrac{1.5 \times 10^{-8} \times 6.1 \times 10^{-8}}{3.3 \times 10^{-5}}} = ?$

（答：3.00；1.28；0.0884；5.34；5.3×10^{-6}）

（8）滴定管读数误差为 $\pm 0.01\text{mL}$，滴定体积为：①2.00mL；②20.00mL；③40.00mL。试计算相对误差各为多少。

（答：$\pm 1\%$；$\pm 0.1\%$；$\pm 0.05\%$）

（9）天平称量的相对误差为 $\pm 0.1\%$，称量：①0.5g；②1g；③2g。试计算绝对误差各为多少。

（答：$\pm 0.0005\text{g}$；$\pm 0.001\text{g}$；$\pm 0.002\text{g}$）

（10）有一铜矿试样，经 2 次测定，得知铜的质量分数为 24.87%，24.93%，而铜的实际质量分数为 24.95%，求分析结果的绝对误差和相对误差（公差为 $\pm 0.10\%$）。

（答：-0.05%；-0.2%）

（11）某铁矿石中含铁量为 39.19%，若甲分析结果是 39.12%、39.15%、39.18%；乙分析结果是：39.18%、39.23%、39.25%。试比较甲、乙二人分析结果的准确度和精密度。

（12）按 GB534-82 规定，检测工业硫酸中硫酸质量分数，公差（允许误差）为 $\leqslant \pm 0.20\%$。今有一批硫酸，甲的测定结果为 98.05%、98.37%；乙的测定结果为 98.10%、98.51%。问甲、乙二人的测定结果中，哪一位合格？由合格者确定的硫酸质量分数是多少？

（答：甲合格；98.21%）

（13）某试样经分析测得锰的质量分数为 41.24%，41.27%，41.23%，41.26%。试计算分析结果的平均值，单次测得值的平均偏差和标准偏差。

（答：41.25%；0.015%；0.018%）

（14）钢中铬含量 5 次测定结果是：1.12%，1.15%，1.11%，1.16%，1.12%。试计算标准偏差、相对标准偏差和分析结果的置信区间（置信度为 95%）。

[答：0.022%；0.019%；$(1.13 \pm 0.03)\%$]

（15）石灰石中铁含量 4 次测定结果为：1.61%，1.53%，1.54%，1.83%。试用 Q 检验法和 $4\bar{d}$ 检验法检验是否有应舍弃的可疑数据（置信度为 90%）？

（16）有一试样，其中蛋白质的含量经多次测定，结果为：35.10%、34.86%、34.92%、35.36%、35.11%、34.77%、35.19%、34.98%。根据 Q 检验法决定可疑数据的取舍，然后计算平均值、标准偏差和置信度分别为 90% 和 95% 时平均值的置信区间。

[答：35.04%；0.19%；$(35.04 \pm 0.13)\%$；$(35.04 \pm 0.24)\%$]

项 目 三

滴 定 分 析

项目说明

通过本项目的培训，使学生能够认识和使用滴定分析仪器，掌握滴定分析的相关理论。

教学目标

（1）熟练使用各种滴定分析仪器。
（2）掌握滴定分析的相关知识。
（3）能够进行滴定分析计算。

素质目标

（1）养成良好的实验室工作习惯。
（2）具备独立分析问题、解决问题的能力。
（3）养成求真务实、科学严谨的工作态度。

任务一　掌握滴定分析仪器的基本操作

任务目标

终极目标：熟练完成滴定分析仪器的基本操作。

促成目标：（1）认识常见的滴定分析仪器。

　　　　　（2）对常见的滴定分析仪器进行洗涤、试漏、操作和读数。

　　　　　（3）对滴定分析仪器进行校准。

　　　　　（4）严格按照操作步骤规范操作。

工作任务

【活动一】 练习滴定分析仪器的基本操作

分组： 1～2 人一组。

活动目的： 掌握各种滴定分析仪器的洗涤方法；能正确操作和使用滴定管、容量瓶和移液管。

仪器设备： 滴定管、容量瓶、移液管、锥形瓶、烧杯、量筒等玻璃仪器和吸球。

活动程序：

1）认、领、清点仪器

按实验仪器单认、领、清点滴定分析中所用的仪器。

2）配制铬酸洗涤液

取研细的 $K_2Cr_2O_7$ 5g，溶于 10mL 水中，加入 82mL 浓 H_2SO_4（注意要缓慢加入 H_2SO_4 并应搅拌）。配好的洗液装于 250mL 试剂瓶中，保存备用。

3）洗涤仪器

进行分析工作前，应将仪器按正确洗涤方法洗涤干净，使之达到要求的标准（壁内外不沾挂水珠）。

洗涤时要注意保管好酸式滴定管的旋塞和容量瓶磨口塞，保护好移液管管尖，防止损坏。

4）操作练习

① 滴定管的准备及使用。

酸式滴定管：

洗涤→涂油→试漏→润洗→装溶液（以水代替）→赶气泡→调"0"→滴定→读数。

碱式滴定管：

洗涤→试漏→润洗→装溶液（以水代替）→赶气泡→调"0"→滴定→读数。

② 容量瓶的使用（250mL 容量瓶）。

洗涤→试密→装溶液（以水代替）→稀释→平摇→稀释→调液面至标线→摇匀。

③ 移液管和吸量管的使用。

25mL 移液管：

洗涤→润洗→吸液（用容量瓶中的水）→调液面→移液（移至锥形瓶中）。

10mL 吸量管：

洗涤→润洗→吸液（用容量瓶中的水）→调液面→放液（按不同刻度把溶液移入锥形瓶中）。

*【活动二】 滴定分析仪器的校准

分组： 1～2 人一组。

活动目的： 掌握滴定分析仪器的校准方法，进一步熟悉滴定分析仪器的使用。

仪器设备： 滴定管、容量瓶、移液管、锥形瓶、烧杯、量筒等玻璃仪器和吸球。

活动程序：

1）滴定管的校准（称量法）

（1）将已洗净处理后的滴定管（50mL）盛满蒸馏水，调至"0"刻度。

（2）将已烘干的 50mL 磨口具塞锥形瓶在分析天平上称其质量。

（3）从滴定管向锥形瓶中按刻度值依次放出 10mL、20mL、30mL、40mL、50mL 的蒸馏水（若为 25mL 滴定管每次放 5mL 左右），依次测量其质量，记录并计算校准值。

（4）记录表 3.1 滴定管校准。

表 3.1　水温 $t=$ 　　℃，$r_t=$ 　　g/mL 空锥形瓶质量 $m=$ 　g

滴定管读数/mL	标称容量/mL	瓶+水质量/g	水的质量/g	实际容量/mL	校准值/mL	总校准值/mL

（5）绘制校准曲线。

2）移液管和容量瓶的相对校准

将 25mL 移液管和 250mL 容量瓶洗净晾干，用 25mL 移液管准确移取蒸馏水 10 次于容量瓶中，仔细地观察弯月面下缘，是否与标线相切，若不相切，另做一标志（重复 2～3 次）。使用时可采用这　校准的标志。

知识探究

（一）滴定分析仪器的洗涤

滴定分析中使用的玻璃器皿都必须洗涤洁净。洁净器皿的器壁应能被水均匀润湿而不挂水珠。

对于广口的一般器皿如锥形瓶、烧杯、量筒等可以用毛刷蘸取肥皂水或合成洗涤剂擦洗，若无特殊的污染经这样的洗涤后，用自来水冲洗干净，再用少量蒸馏水冲洗 3 次。

对于细口带刻度的量器，如滴定管、移液管及容量瓶等，为了避免容器内壁受机械磨损而影响容积测量的准确度，不能用刷子刷洗，而用铬酸洗液进行洗涤。

铬酸洗液（简称洗液）是一种强氧化剂，由固体重铬酸钾和浓硫酸配制而成。它的作用缓慢，洗涤时将洗液倒入被洗的器皿中浸泡数分钟。洗液可反复使用，用过的洗液可倒回原瓶中，使用时应尽量不使洗液冲稀，以免降低洗涤效果。当洗液变成黄绿色时，表示已失效，必须重新配制或加入固体 $KMnO_4$ 使其再生。用洗液洗过的器皿，先用自来水冲洗干净后，再用少量蒸馏水润洗 3 次。注意，第一次用自来水冲洗的废液，腐蚀性很强，应倒入盛放废液的塑料桶中，不要倒入水槽，以免腐蚀下水管道。

有时应根据器皿被玷污的情况，选择适当的洗涤剂。例如被凡士林严重玷污的器皿，应用温热的洗液浸泡 20～30min；或用有机溶剂除去；被金属氧化物（如 Fe_2O_3）或碳酸盐玷污的器皿，可用热的粗盐酸作洗涤剂；储存过高锰酸钾溶液的器皿常沾有 MnO_2，可用粗 H_2SO_4（或 HCl）和草酸混合液洗涤；储存过银盐溶液并被玷污的器皿，可用硫代硫酸钠溶液清洗等。

由于高效洗涤剂洗涤效果好，实验室中也可用它来代替其他洗涤液，进行玻璃器皿的洗涤。

（二）滴定分析仪器的准备和使用

滴定分析是根据滴定时所消耗的标准溶液的体积及其浓度来计算分析结果的。因此，除了要准确地确定标准溶液的浓度外，还必须准确地测量它的体积。溶液体积测量的误差是滴定分析中误差的主要来源。体积测量如果不准确（如误差大于 0.2%），其他操作步骤即使做得都很准确也是徒劳的。因此，为了使分析结果能符合所要求的准确度，就必须准确地测量溶液的体积。要准确测量溶液的体积，一方面取决于所用容量仪器的容积是否准确；另一方面也取决于能否正确使用这些仪器。

在滴定分析中测量溶液准确体积所用的容量仪器有：滴定管、移液管和吸量管及容量瓶等。产品按其容量精密度分为 A 级和 B 级。滴定管、移液管、吸量管为"量出"式量器，我国目前统一用标有"Ex"表示"量出"，用于测定从量器中放出液体的体积；一般容量瓶为"量入"式量器，我国目前统一用标有"In"字样表示"量入"，用于测定注入量器中液体的体积。

1. 滴定管

滴定管是用于准确测量滴定时放出的操作溶液体积的量器，它是具有刻度的细长玻璃管，随其容量及刻度值的不同，滴定管分为常量滴定管、半微量滴定管、微量滴定管三种（表 3.2）。按要求不同，有"蓝带"滴定管、棕色滴定管（用于装高锰酸钾、硝酸银、碘等标准溶液）。按构造不同又分为普通滴定管和自动滴定管。按其用途不同又分为酸式滴定管及碱式滴定管。

表 3.2 滴定管的容量及刻度值

分类名称	容量/mL	刻度值/mL	分类名种	容量/mL	刻度值/mL
常量	50	0.1	微量	5	0.01 或 0.05
	20	0.1		2	
半微量	10	0.05		1	

带有玻璃磨口旋塞以控制液滴流出的是酸式滴定管（简称酸管），如图 3.1（a），用来盛放酸类或氧化性溶液。但不能装碱性溶液，因为磨口旋塞会被碱腐蚀而粘住不能转动。用带玻璃珠的乳胶管控制液滴，下端再连一尖嘴玻璃管的是碱式滴定管（简称碱管），如图 3.1（b），用于盛放碱性溶液和非氧化性溶液，不能装 $KMnO_4$、I_2、$AgNO_3$ 等溶液，以防将胶管氧化而变性。

1）使用前的准备

（1）洗涤。

酸式滴定管的洗涤：无明显油污不太脏的酸式滴定管，可用肥皂水或洗涤剂冲洗，若较脏而又不易洗净时，则用铬酸洗液浸泡洗涤，每次倒入 10～15mL 洗液于滴定管中，两手平端滴定管，并不断转动；直至洗液布满全管为止，洗净后将一部分洗液从管口放回原瓶，然后打开旋塞，将剩余的洗液从出口管放回原瓶中。滴定管先用自来水冲洗，再用蒸馏水润洗几次，若油污严重，可倒入温洗液浸泡一段时间（或根据具体情况，使用针对性洗涤液进行清洗），然后按上述手续洗涤干净。洗涤时，应注意保护玻璃旋塞，防止碰坏。洗净的滴定管内壁应完全被水均匀润湿，不挂水珠。

碱式滴定管的洗涤：碱式滴定管的洗涤方法与酸管相同，但在需用洗液洗涤时要注意洗液不能直接接触乳胶管。为此，可取下乳胶管，将碱式滴定管倒立夹在滴定管架上，管口插入装有洗液的烧杯中，用洗耳球插在管口上反复吸取洗液进行洗涤，然后用自来水冲洗滴定管，并用蒸馏水润洗几次。

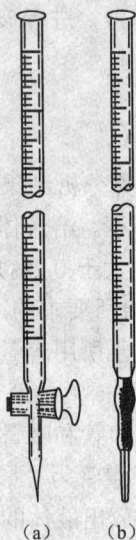

图 3.1　滴定管

（a）酸式滴定管；（b）碱式滴定管

（2）涂油、试漏。

酸式滴定管使用前应检查旋塞转动是否灵活，与滴定管是否密合，如不合要求，则取下旋塞，用滤纸片擦干净旋塞和旋塞槽，用手指蘸少量凡士林（或真空活塞油脂）在旋塞的两头涂上薄薄的一层，在离旋塞孔的两旁少涂凡士林，以免凡士林堵住旋塞孔，如图 3.2 所示（如果凡士林堵塞小孔，可用细铜丝轻轻将其捅出。如果还不能除净，则用热洗液浸泡一定时间，或用有机溶剂除去）。把旋塞直接插入旋塞槽内。插时，旋塞孔应与滴定管平行，径直插入旋塞槽，此时不要转动旋塞，这样可以避免将油脂挤到旋塞孔中去。然后，向同一方向不断旋转旋塞，直到旋塞和旋塞槽上的油脂全部透明为止。旋转时，应有一定的向旋塞小头方向挤的力，以免来回移动旋塞，使孔受堵。最后用小乳胶圈套在玻璃旋塞小头槽内，以防塞子滑出而损坏。

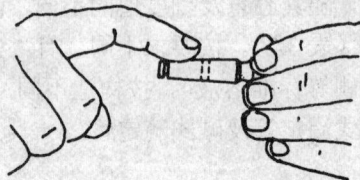

图 3.2　旋塞涂油操作

经上述处理后，旋塞应转动灵活，油脂层没有纹路，旋塞呈均匀透明状态，可进行试漏。检查滴定管是否漏水时，可将酸式滴定管旋塞关闭用水充满至"0"刻度，把滴定管直立夹在滴定管架上静置 2min，观察刻度线液面是否下降，滴定管下端管口及旋塞两端是否有水渗出，可用滤纸在旋塞两端察看，将旋塞转动 180°，再静置 2min，察看是否有水渗出。若前后 2 次均无水渗出，旋塞转动也灵活，即可使用。如果漏水，则应该重新进行涂油操作。

碱式滴定管使用前应检查乳胶管是否老化、变质，要求乳胶管的玻璃珠大小合适，能灵活控制液滴，玻璃珠过大，则不便操作；过小，则会漏水。如不合要求，应重新装配玻璃珠和乳胶管。

（3）装溶液与赶气泡。

准备好的滴定管，即可装操作溶液（即标准溶液或被标定的溶液）。

装操作溶液前，应将试剂瓶中的溶液摇匀，使凝结在瓶内壁上的水珠混入溶液，这在天气比较热，室温变化比较大时更有必要。混匀后将操作溶液直接倒入滴定管中，不得用其他容器（如烧杯、漏斗）来转移，此时，左手前三指持滴定管上部无刻度处，并可稍微倾斜，右手拿住细口瓶往滴定管中倒溶液，如用小试剂瓶，可用右手握住瓶身（瓶签向手心）倾倒溶液于管中，大试剂瓶则仍放在桌上。手拿瓶颈使瓶慢慢倾斜，让溶液慢慢沿滴定管内壁流下。

先用摇匀的操作溶液将滴定管润洗 3 次（第一次 10mL 左右，大部分可由上口放出，第二次、第三次各 5mL 左右，可以从出口管放出），以除去管内残留水分，确保操作溶液浓度不变。为此，注入操作溶液 10mL，然后两手平端滴定管（注意把住玻璃旋塞）慢慢转动溶液，一定要使操作溶液流遍全管内壁，并使溶液接触管壁 1～2min。每次都要打开旋塞冲洗出口管，将润洗溶液从出口管放出，并尽量把残留液放尽。最后，关好旋塞，将操作溶液倒入，直到充满至"0"刻度以上为止。

对于碱管，仍要注意玻璃珠下方的洗涤。

装好溶液的滴定管，使用前必须注意检查滴定管的出口管是否充满溶液，旋塞附近或胶管内有无气泡。为使溶液充满出口管和除去气泡，在使用酸管时，右手拿滴定管上部无刻度处，并使滴定管倾斜约 30°，左手迅速打开旋塞使溶液冲出排除气泡（下面用烧杯承接溶液），这时出口管中应不再留有气泡。若气泡仍未排出，可重复操作。也可打开旋塞，同时抖动滴定管，使气泡排出。如仍不能使溶液充满出口管，可能是出口管未洗净，必须重新洗涤。

在使用碱管时，装满溶液后，应将其垂直地夹在滴定管架上，左手拇指和食指拿住玻璃珠所在部位，并使乳胶管向上弯曲，出口管斜向上方，然后在玻璃珠部位往一旁轻轻捏挤胶管，使溶液从管口喷出（图 3.3），气泡即随之排出，再一边捏乳胶管一边把乳胶管放直，注意当乳胶管放直后，再松开拇指和食指，否则出口仍会有气泡，最后把管外壁擦干。

排除气泡后，装入操作液至"0"刻度以上，并调节液面处于 0.00mL 处备用。

2）滴定管的使用

（1）滴定管的操作。

进行滴定时，应该将滴定管垂直地夹在滴定管架上。

酸管的使用：左手无名指和小指向手心弯曲，轻轻地贴着出口管，用其余的三指控制活塞的转动（图 3.4），但应注意不要向外拉旋塞以免推出旋塞造成漏液，也不要过分往里扣，以免造成旋塞转动困难而不能操作自如。

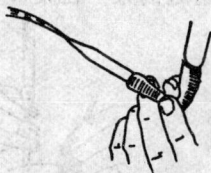

图 3.3　碱式滴定管排除气泡　　　图 3.4　操纵旋塞的姿势　　　图 3.5　碱式滴定管使用

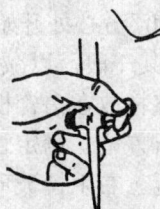

碱管的使用：左手无名指及小指夹住出口管，拇指与食指在玻璃珠所在部位往一旁捏挤乳胶管，玻璃珠移至手心一侧，使溶液从玻璃珠旁边空隙处流出（图 3.5），注意：

① 不要用力捏玻璃珠，也不能使玻璃珠上下移动。

② 不要捏到玻璃珠下部的乳胶管，以免空气进入而形成气泡，影响读数。

③ 停止滴定时，应先松开拇指和食指，最后才松开无名指与小指。

无论使用哪种滴定管，都必须掌握三种滴液方法：

① 逐滴连续滴加，即一般的滴定速度，"见滴成线"的方法。

② 只加一滴，要做到需加一滴就能只加一滴的熟练操作。

③ 使液滴悬而不落，即只加半滴，甚至不到半滴的方法。

（2）滴定操作。

滴定前后都要记取读数，终读数与初读数之差就是溶液的体积。

滴定操作一般在锥形瓶中进行，也可在烧杯内进行，最好以白瓷板作背景。滴定开始前用洁净小烧杯内壁轻碰滴定管尖端，以把悬在滴定管尖端的液滴除去。

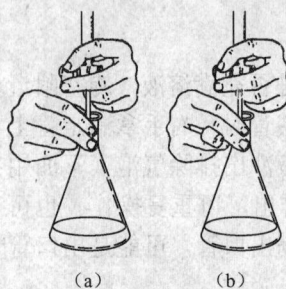

（a）　　　（b）

图 3.6　锥形瓶的摇动

在锥形瓶中滴定时，用右手前三指拿住瓶颈，其余两指辅助在下侧，调节滴定管高度，使瓶底离滴定台高约 2～3cm，使滴定管的下端伸入瓶口约 1cm，左手按前述方法控制滴定管旋塞滴加溶液，右手运用腕力摇动锥形瓶，边滴加边摇动使溶液随时混合均匀，反应及时进行完全，两手操作姿势如图 3.6（a）所示。

若使用碘瓶等具塞锥形瓶滴定，瓶塞要夹在右手的中指与无名指之间 [图 3.6（b）]，不要放在其他地方。

滴定操作应注意下述几点：

① 摇瓶时，应微动腕关节，使溶液向同一方向做圆周运动，但勿使瓶口接触滴定管，溶液也不得溅出。

② 滴定时左手不能离开旋塞让溶液自行流下。

③ 注意观察液滴落点周围溶液颜色的变化。开始时应边摇边滴，滴定速度可稍快（每秒 3～4 滴为宜），但不要流成水流。接近终点时，应改为加一滴，摇几下，最后，每加半滴，即摇动锥形瓶，直至溶液出现明显的颜色变化，准确到达终点为止。滴定时，不要去看滴定管上部的体积，而不顾滴定反应的进行。加半滴溶液的方法如下：微微转动旋塞，使溶液悬挂在出口管嘴上，形成半滴（有时还可控制不到半滴），用锥形瓶内壁将其粘落，再用洗瓶以少量蒸馏水吹洗瓶壁。

用碱管滴加半滴溶液时，应先松开拇指和食指，将悬挂的半滴溶液粘在锥形瓶内壁上，以避免出口管尖端出现气泡。

④ 每次滴定最好都从"0.00"mL 处开始（或从"0"mL 附近的某一固定刻度线开始），这样可固定使用滴定管的某一段，以减少体积误差。

在烧杯中进行滴定时，将烧杯放在白瓷板上，调节滴定管高度，使滴定管伸入烧杯内 1cm 左右。滴定管下端应在烧杯中心的左后方处，但不要靠壁太近。右手持玻璃棒在右前方搅拌溶液，在左手滴加溶液的同时，搅拌棒应做圆周运动，但不要接触烧杯壁和底。如图 3.7 所示。

当加半滴溶液时，用搅拌棒下端承接悬挂的半滴溶液，不要接触滴定管尖，其他注意点同上。

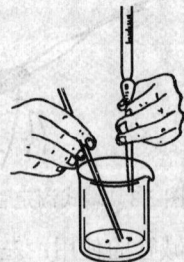

图 3.7　在烧杯中滴定操作

（3）滴定管的读数。

滴定管读数不准确是滴定分析误差的主要来源之一。因此，正确读数应遵循下列原则：

① 装满或放出溶液后，必须等 1～2min，待附着在内壁上的溶液流下后，再进行读数。如果放出溶液的速度较慢（例如滴定到最后阶段，每次只加半滴溶液时），等 0.5～1min 即可读数。每次读数前要检查一下管壁是否挂水珠，管尖是否有气泡，是否挂水珠。若在滴定后挂有水珠读数，是无法读准确的。

② 读数时应将滴定管从滴定管架上取下，用右手大拇指和食指捏住滴定管上部无刻度处，其他手指从旁辅助，使滴定管保持垂直，然后读数。若把滴定管夹在滴定管架上读数，应使滴定管保持垂直（一般不采用，因为很难确保滴定管垂直）。

③ 由于水的附着力和内聚力的作用，滴定管内的液面呈弯月形，无色或浅色溶液的弯月面比较清晰，读数时，应读弯月面下缘实线的最低点，即视线在弯月面下缘实线最低处且与液面成一水平，如图 3.8 所示。对于有色溶液，其弯月面是不移清晰的，读数时，可读液面两侧最高点，即视线应与液面两侧最高点成水平。例如对 $KMnO_4$、I_2 等有色溶液的读数就应如此。注意初读数与终读数应采用同一标准。

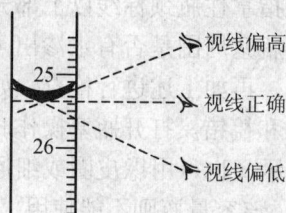

图 3.8　滴定管读数　　　　　图 3.9　读数卡

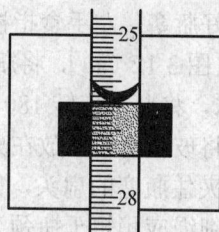

④ 读数要求读到小数点后第二位，即估计到 ±0.01mL，如读数为 25.33mL，数据应立刻记录在本上。

⑤ 为了便于读数，可以在滴定管后衬一黑白两色的读数卡。读数时，使黑色部分在弯月面下约 1mm 左右，弯月面的反射层即全部成为黑色，如图 3.9 所示。读此黑色弯月面下缘的最低点。但对深色溶液须读两侧最高点时，可以用白色卡作为背景。

⑥ 使用"蓝带"滴定管时，液面呈现三角交叉点，读取交叉点与刻度相交之点的读数，如图 3.10 所示。

⑦ 滴定至终点时应立即关闭旋塞，并注意不要使滴定管中的溶液有稍许流出，否则终读数便包括流出的半滴溶液。

滴定结束后，滴定管内剩余的溶液应弃去，不得将其倒回原试剂瓶中，以免玷污整瓶操作溶液。随即洗净滴定管，倒置在滴定管架上。

2. 容量瓶

容量瓶是用于测量容纳液体体积的一种量器。是一种"量入式量器"（瓶上标有"E"或"In"字样）。它是细颈梨形的平底玻璃瓶，带有玻璃磨口塞或塑料塞，如图 3.11 所示。瓶颈上刻有环形标线。在指定温度下，当溶液充满至标线时，所容纳的液体体积等于瓶上标示的体积。主要是用于配制标准溶液，试样溶液。也可用于将准确容积的浓溶液稀释成准确容积的稀溶液，此过程通常称为"定容"。常用的容量瓶有 10、25、50、100、250、500、1000mL 等各种规格。

图 3.10　蓝带滴定管读数　　　　　图 3.11　容量瓶

1）容量瓶的准备

容量瓶在使用前要洗涤干净，洗涤方法与滴定管相同。洗净的容量瓶内壁应用蒸馏水均匀润湿，不挂水珠，否则要重洗。

带玻璃磨口塞的容量瓶使用前要检查瓶塞是否漏水。检查方法如下：注入自来水至标线附近，盖好瓶塞，左手食指按住瓶塞，其余手指拿住瓶颈标线以上部分，右手指尖托住瓶底边缘[图 3.12（a）]，将瓶倒立 2min，观察瓶塞周围是否有水渗出（可用滤纸查看），如不漏水，将瓶塞旋转 180°后，再将瓶倒立，再如上述进行检查，如不漏水，即可使用。不可将玻璃磨口塞放在桌面上，以免玷污和搞错。打开瓶塞操作时，可用右手的食指和中指夹住瓶塞的扁头，如图 3.12（b）所示（也可用橡皮圈或细尼龙绳将瓶塞系在瓶颈上，细绳应稍短于瓶颈），如果瓶塞漏水，该容量瓶则不能使用。

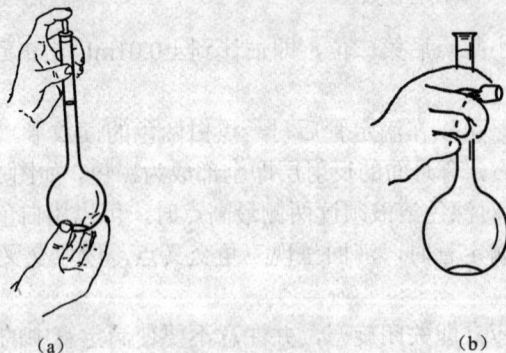

（a）　　　　　　　　　　　　　　　　（b）

图 3.12　容量瓶的操作

（a）检查漏水和混匀溶液操作；（b）瓶塞不离手及溶液平摇操作

2）容量瓶的使用

用容量瓶配制标准溶液或试样溶液时，最常用的方法是将准确称取的待溶固体物质放于小烧杯中，加水或其他溶剂将其溶解，然后将溶液定量地转移至容量瓶中。在转移过程中，用一玻璃棒插入容量瓶内，玻璃棒的下端靠近瓶颈内壁，上部不要碰瓶口，烧杯嘴紧靠玻璃棒，使溶液沿玻璃棒和内壁慢慢流入。要避免溶液从瓶口溢出（图 3.13），待溶液全部流完后，将烧杯沿玻璃棒稍向上提，同时使烧杯直立，使附着在烧杯嘴的一滴溶液流回烧杯中，并将玻璃棒放回烧杯中。注意勿使溶液流至烧杯外壁引起损失。用洗瓶吹洗玻璃棒和烧杯内壁 5 次以上，洗涤液按上述方法移入容量瓶，使残留在烧杯中的少许溶液定量地转移至容量瓶中。然后加蒸馏水稀释，当加水至容量瓶的 3/4 左右时，用右手将容量瓶拿起，按水平方向旋摇几周[图 3.12（b）]，使溶液初步混匀。继续加水至距离标线约 1cm 处，等 1～2 min 使附在瓶颈内壁的溶液流下后，再用细长的滴管滴加蒸馏水（注意切勿使滴管接触溶液）至弯月面下缘与标线相切，也可用洗瓶加水至标线，盖上瓶塞。用左手食指按住瓶塞，右手指尖托住瓶底边缘[图 3.12（a）]将容量瓶倒置并摇荡，再倒转过来，使气泡上升到顶，如此反复 10 次左右，使溶液充分混匀，最后，放正容量瓶，打开瓶塞，使瓶塞壁周围的溶液流下。重新盖好瓶塞，再倒转振荡 3～5 次使溶液全部混匀。

图 3.13 溶液转入容量瓶操作

若用容量瓶把浓溶液定量稀释，则用移液管移取一定体积的浓溶液，放入容量瓶中，稀释至标线，按上述方法摇匀，可得到准确浓度的稀溶液。

热溶液必须冷至室温后，再移入容量瓶中，稀释至标线，否则会造成体积误差。

不要用容量瓶长期存放溶液，如溶液要准备使用较长时间，应转移到磨口试剂瓶中保存，试剂瓶应用配好的溶液充分洗涤、润洗后，方可使用。

容量瓶不能放在烘箱内烘干也不能加热。如需使用干燥的容量瓶时，可将容量瓶洗净，再用乙醇等有机溶剂荡洗后凉干或用电吹风的冷风吹干。用后的容量瓶应立即用水冲洗干净。如长期不用，磨口处应洗净擦干，并用纸片将磨口隔开。

3. 移液管和吸量管

移液管和吸量管都是准确移取一定量溶液的量器，移液管又称吸管，是一根细长而中间有膨大部分（称为球部）的玻璃管，管颈上部刻有环形标线，膨大部分标有它的容积和标定时的温度[图 3.14（a）]，在标明的温度下，先使溶液吸入管中，溶液弯月面下缘与移液管标线相切，再让溶液按一定方法自由流出，则流出的溶液的体积与管上标明的体积相同。常用的移液管有 5、10、25、50、100mL 等规格。

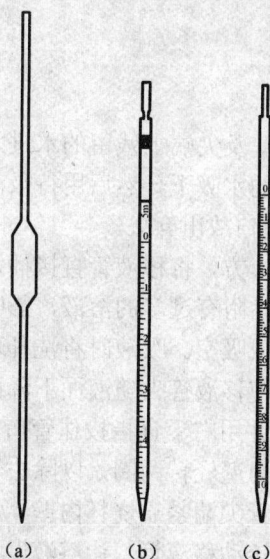

图 3.14 移液管和吸量管
（a）移液管；（b）、（c）吸量管

吸量管也称分度吸管，是具有分刻度的玻璃管[图 3.14（b）、（c）]，它可以准确量取标示范围内任意体积的溶液。使用时，将溶液吸入，读取与液面相切的刻度（如"0"刻度），然后将溶液放出至适当刻度，两刻度之差即为放出溶液的体积。分度吸管的类型、规格见表 3.3。

表 3.3　分度吸管的类型、规格

类型		级别	标称容量/mL	使用方法
完全流出式	慢流式	A、A₂及B级	1、2、5、10、25、50	液体自标线流至管下口A级、A₂级等待15s，B级和快流式等待3s，（流液口要保留残液）
	快流式		1、2、5、10	
吹 出 式		B级	0.1、0.2、0.25、0.5	液体自标线流至管下端，随即将管下端残液全部吹出
			1、2、5、10	
不完全流出式		A、A₂及B级	0.1、0.2、0.25、0.5	液体自标线流至最低标线上约5mm处，A级A₂级等待15s，B级等待3s，然后调至最低标线

1) 移液管和吸量管的准备

移液管和吸量管在使用前都应该洗净，使整个内壁和下部的外壁不挂水珠。为此，可先用自来水冲洗一次，再用铬酸洗液洗涤。以左手持洗耳球，将食指和拇指放在洗耳球的上方，右手拿住移液管或吸量管标线以上的地方，将洗耳球紧接在移液管口上（图3.15）排除洗耳球中的空气，将移液管插入洗液瓶中，左手拇指和食指慢慢放松将洗液缓慢吸入移液管球部或吸量管全管约1/3处，用右手食指按住管口移去洗耳球，把管横置，左手扶住管的下端，慢慢开启右手食指，一边转动移液管，一边使管口降低，让洗液布满全管进行润洗，最后将洗液从上口放回原瓶，然后用自来水充分冲洗，再用洗耳球吸取蒸馏水润洗3次，并用洗瓶冲洗管的下部的外壁。如果内壁污染严重，则应把移液管或吸量管放入盛有洗液的大量筒中，浸泡15min至数小时，取出再用自来水冲洗、蒸馏水润洗。

图 3.15　吸取溶液

移液管和吸量管的尖端容易碰坏，操作要小心。

2) 使用方法

在用洗净的移液管或吸量管移取溶液前，为避免移液管管壁及尖端上残留的水进入所要移取的溶液中，使溶液浓度改变，应先用滤纸将尖端内外的水吸干，然后用待吸溶液润洗3次（按洗涤移液管的方法进行），但用过的溶液应从下口放出弃去。

移取溶液时，用右手的大拇指和中指拿住移液管管颈标线上方，将移液管直接插入待吸溶液液面下1～2cm处，不要伸入太深，以免移液管外壁黏附有过多的溶液，影响量取溶液体积的准确性；也不要伸入太浅，以免液面下降后造成吸空。吸液时将洗耳球紧接在移液管口上，并注意容器中液面和移液管尖的位置，应使移液管尖随液面下降而下降。当管内液面上升至标线稍高位置时，迅速移去洗耳球，并用右手食指按住管口，将移液管向上提，使其离开液面，并使管的下部沿待吸液容器内壁轻转两圈，以除去管外壁上的溶液，另取一干净小烧杯，将移液管放入烧杯中，使管尖端紧靠烧杯内壁，烧杯稍倾斜，移液管垂直，微微松开食指，并用拇指和中指轻轻转动移液管，让溶液慢慢流出，液面下降，直到溶液的弯月面与标线相切时（注意：观察时眼睛与移液管的标线应处在同一水平位置上），立刻用食指按住管口，使溶液不再流出。取出移液管，左手改拿接受容器，将接受容器倾斜。将移液管放入接受容器中，使管尖与容器内壁紧贴成45°左右，并使移液管保持垂直，松开右手食指，使溶液自由地沿壁流下，如图3.16所示。待液面下降到管尖后，再等待15s后取出移液管。注意，除非在管上特别注明"吹"

的以外，管尖最后残留的溶液切勿吹入接受器中。因为在校正移液管的容量时，就没有把这滴溶液计算在内。此种移液管称非吹式移液管。但必须指出，由于管口尖部做得不很圆滑，因此留存在管尖部位的体积可能会由于靠接受容器内壁的管尖部位方位不同而有大小的变化，为此，可在等 15s 后，将管身往左右旋转一下，这样管尖部分每次留存的体积将会基本相同，不会导致平行测定时的过大误差。

　　用吸量管吸取溶液时，吸取溶液和调节液面至上端标线的操作与移液管相同。放液时用食指控制管口，使液面慢慢下降，至与所需刻度相切时按住管口，将溶液移至接收容器。

　　若吸量管的分度刻至管尖，管上标有"吹"字（吹出式），并且需要从最上面的标线放至管尖时，则在溶液流到管尖后，随即从管口轻轻吹一下即可。若无"吹"字的吸量管（完全流出式），不必吹出残留在管尖的溶液。

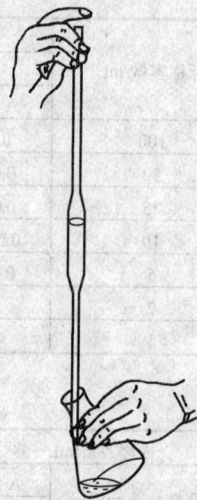

　　还有一种吸量管，分度刻到离管尖尚差 1～2cm（不完全流出式），如图 3.14（c）。使用这种吸量管时，应注意不要使液面下降到刻度以下（表 3.3）。

图 3.16　移取溶液姿势

　　在同一实验中应尽可能使用同一根吸量管的同一段体积，并且尽可能使用上段，而不用末端收缩部分。

　　移液管和吸量管用完后应立即用自来水冲洗，再用蒸馏水冲洗干净，放在移液管架上。

　　移液管和吸量管都不能放在烘箱中烘烤。

知识链接

玻璃仪器的校准

（一）玻璃量器的允差

　　滴定分析用的玻璃量器是按一定规格生产的，玻璃量器上所标出的刻度和容量数值，叫做标准温度（20℃）时的标称容量。

　　量器按其标称容量准确度的高低和流出时间分成 A、A_2、B 三种等级。凡分级的量器，上面都有相应的等级标志。A 级的准确度比 B 级一般高 1 倍。A_2 级的准确度介于 A、B 之间，不同等级的量器其容量允差不同，容量允差就是量器的实际容量和标称容量之间允许存在的差值。

　　根据国家计量总局批准的计量器具检定规程《基本玻璃量器》JJGl96—1979 中规定各类量器的容量允差见表 3.4、表 3.5。

表 3.4 滴定管和吸管的容量允差（20℃）

标称容量/mL	容量允差/±mL							
	滴定管			分度吸管			吸管	
	A 级	A₂ 级	B 级	A 级	A₂ 级	B 级	A 级	B 级
100	0.1	0.15	0.2				0.08	0.16
50	0.05	0.075	0.1	0.1	0.15	0.2	0.05	0.1
25	0.04	0.06	0.08	0.05	0.075	0.1	0.03	0.06
10	0.025	0.038	0.05	0.05	0.075	0.1	0.02	0.04
5	0.01	0.015	0.02	0.025	0.038	0.05	0.015	0.03
2				0.01	0.015	0.02	0.01	0.02
1				0.008	0.012	0.016	0.007	0.015

表 3.5 容量瓶的容量允差（20℃）

标称容量/mL		1000	500	200	250	100	50	25	10	5
容量允差/mL	A 级	0.4	0.25		0.15	0.1	0.05	0.03	0.02	
	B 级	0.8	0.5		0.3	0.2	0.1	0.06	0.04	

A 级品用于要求较为准确的分析工作，B 级品多用于工业分析。

目前我国生产的量器的准确度，可以满足一般分析工作的要求，无须校准。但由于温度变化或试剂的浸蚀等原因，量器的容量与标称容量往往不完全相符，超过允差范围。故在准确度要求较高的分析工作中，必须对所用量器进行校准。

（二）校准方法

容量量器的校准常采用称量法，亦称衡量法。在实际工作中，有时只需对量器进行相对校准，即容量比较法。

1. 称量法（衡量法）

A 级、A₂ 级量器和 0.5mL 以下 B 级吸管采用称量法校准。

称量法是用称量容量量器所"放出"或"容纳"的纯水质量，根据水在某温度下的密度，算出容量量器在标准温度 20℃时的容量。

$$V_t = \frac{m_t}{\rho_t} \tag{3.1}$$

式中　V_t —— t℃时水的容量，mL；

m_t ——在空气中 t℃时，以砝码称得水的质量，g；

ρ_t ——在空气中 t℃时水的密度，g/cm。

测量容量的单位是"L"，即在真空中质量为 1kg 的纯水，在 3.98℃时和标准大气压下所占的容积。实际工作时不可能在真空中进行称量，也不可能在 3.98℃进行分析。所以，一般规定以 20℃作为标准温度，我国生产的量器，其容量都是以 20℃为标准温度标定的。例如，一个标有 20℃容量为 1L 的容量瓶，表示在 20℃时，它的容量为 1L（即真空中 1kg 纯水在 3.98℃时所占的容量）。

由于实际称量是在空气中进行的，因此在将质量换算成容量时，应该考虑下列三方面因素。

（1）水的密度随温度变化而改变。

（2）在空气中称量时，因空气浮力使水质量改变。

（3）温度对玻璃仪器热胀冷缩的影响。

对于前面两个因素，物体在空气中以砝码所称得的质量与物体在真空中的质量可校正如下：

$$m_0 = m_t + \rho \left(\frac{m_t}{\rho_1} - \frac{m_t}{\rho_2} \right) \tag{3.2}$$

式中　m_0 ——物体在真空中的质量，g；

　　　m_t ——物体在空气中的质量，g；

　　　ρ ——空气的密度，应为 0.0012 g/cm^3；

　　　ρ_1 ——物体的密度，g/cm^3；

　　　ρ_2 ——黄铜砝码密度应为 8.4 g/cm^3。

将物体在真空中的质量 m_0，除以该温度时水的密度 ρ_t，即得容器的容积，由于玻璃容器的容积受温度影响，20℃时容器的容积应按下式计算。

$$V_{20} = V_t + 0.000025 V_t (20 - t) \tag{3.3}$$

式中　V_{20} ——容器在 20℃时的体积；

　　　V_t ——容器在 t℃时的体积；

　　　0.000025——一般玻璃的体膨胀系数。

例如：在 22℃时，1000mL 的容量瓶的校准，称得其质量为 997.00g。

已知 22℃时水的密度（ρ_1）为 0.9978 g/cm^3；

黄铜砝码的密度（ρ_2）为 8.4 g/cm^3；

空气密度（ρ）为 0.0012 g/cm^3。

将上述数据代入式（3.2）中，得到

$$m_{20} = 997.00 + 0.0012 \times \left(\frac{997.00}{0.998} - \frac{997.00}{8.4} \right)$$

$$= 997.00 + 1.06$$

$$= 998.06 \text{（g）}$$

22℃时水的密度为 0.99780 g/cm^3，因此容量瓶在 22℃时的体积是：

$$V = \frac{998.06}{0.99780} = 1000.26 \text{（mL）}$$

再按式（3.3）得 20℃时容量瓶的体积：

$$V_{20} = V_t + 0.000025 V_t (20 - t)$$

$$= 1000.26 + 0.00025 \times 1000.26 (20 - t)$$

$$= 1000.26 - 0.05$$

$$= 1000.21 \text{（mL）}$$

若把上述三项因素考虑在内，可以得到一个总校准值。此值表示玻璃容器（20℃）中容量为 1mL 水在不同温度下，于空气中用黄铜砝码称得的质量，列于表 3.6 中。

表 3.6　在不同温度下玻璃容器中 1mL 水在空气中用黄铜砝码称得的质量

温度/℃	r/（g/mL）	温度/℃	r/（g/mL）	温度/℃	r/（g/mL）
5	0.99852	17	0.99766	29	0.99518
6	0.99851	18	0.99751	30	0.99491
7	0.99850	19	0.99735	31	0.99468
8	0.99848	20	0.99718	32	0.99434
9	0.99844	21	0.99700	33	0.99405
10	0.99839	22	0.99680	34	0.99375
11	0.99832	23	0.99660	35	0.99344
12	0.99823	24	0.99638	36	0.99312
13	0.99814	25	0.99617	37	0.99280
14	0.99804	26	0.99593	38	0.99246
15	0.99793	27	0.99569	39	0.99212
16	0.99780	28	0.99544	40	0.99177

利用表 3.6 中的数值即可将各温度下水的质量换算成 20℃时的容积，其计算式为

$$V_{20} = \frac{m_t}{r_t} \qquad\qquad (3.4)$$

式中　r_t——玻璃容器容量为 1mL 的水在 t℃于空气中用黄铜砝码称得水的质量，g/mL。

【例 3.1】　在 18℃称量 25mL 移液管放出的纯水质量为 24.90g，计算该移液管在 20℃的容积和校准值。

解：查表（3.6）知道 18℃时 1mL 水的质量为 0.9975g/mL，故移液管在 20℃时的容积为

$$V_{20} = \frac{24.90}{0.9975} = 24.96\,(\text{mL})$$

其校准值　$\triangle V = 24.96 - 25 = -0.04$（mL）

【例 3.2】　在 25℃时校准滴定管，称得纯水质量为 10.08g，其标称容量为 10.10mL，求此滴定管实际容量和校准值。

解：查表（3.6）知道 25℃时 1mL 水的质量为 0.99617g/mL，

其实际容量为

$$V_{20} = \frac{10.08}{0.99617} = 10.12\,(\text{mL})$$

校准值为：$10.12 - 10.10 = +0.02$（mL）

称量法校准 50mL 滴定管的操作方法如下。

将要校准的滴定管洗净，装入蒸馏水调至"0"刻度，同时准备一个容量为 50mL 的磨口具塞锥形瓶，洗净烘干，称其质量。从滴定管向锥形瓶中按刻度值依次放出 10、20、30、40、50mL 的水，依次称其质量，按式（3.3）计算校准值，表 3.7 为校准滴定管的一个实例。

表 3.7 50mL 滴定管校准实例

水温 25℃ r_{25} =0.99617 (g/mL)锥形瓶质量 29.20g

滴定管读数/mL	瓶+水质量/g	标称容量/mL	水的质量/g	实际容量/mL	校准值/mL	总校准值/mL
0.03	29.20 (空瓶)					
10.13	39.28	10.10	10.08	10.12	+0.02	+0.02
20.10	49.19	9.97	9.91	9.95	−0.02	0.00
30.17	59.17	10.07	10.08	10.12	+0.05	+0.05
40.20	69.24	10.03	9.97	10.01	−0.02	+0.03
49.99	79.07	9.79	9.83	9.87	+0.08	+0.11

滴定管读数和总校准值可绘成校准曲线，在一定时间内使用，如图 3.17 所示。

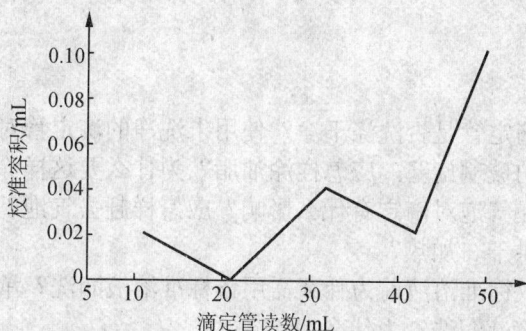

图 3.17 滴定管校准曲线

2. 相对校准法（容量比较法）

相对校准法是相对比较两容器所盛液体容积的比例关系。

B 级量器可采用容量比较法校准。

容量瓶、移液管均可应用称量法校准，但在实际工作中，由于移液管和容量瓶经常配合使用，有时并不一定要确知它的准确容量，而是要确知移液管和容量瓶之间的相对关系是否正确。因此，它们之间容量的相对校准比分别校准显得更为重要，故常用校准过的移液管来校准容量瓶，确定其比例关系。

例如，25mL 移液管与 250mL 容量瓶相对校准，是以移液管为准，确定两者的比例是否为 1∶10，其方法如下。

将 25mL 移液管和 250mL 容量瓶洗净，将容量瓶晾干，用 25mL 移液管准确移取蒸馏水 10 次于容量瓶中，仔细观察弯月面下缘是否与容量瓶上的标线相切，标线一致可使用原标线，如不一致，则另做标记。经校准后的移液管和容量瓶应配套使用，每更换一次仪器即应校准一次。

（三）校准时注意事项

量器进行容量校准时应注意以下各点：

（1）被检量器必须用热铬酸洗液、发烟硫酸或盐酸等充分清洗，当水面下降（或上升）时与器壁接触处形成正常弯月面，水面上部器壁不应有挂水滴等玷污现象。

（2）严格按照容量器皿使用方法读取体积读数。

（3）水和被检量器的温度尽可能接近室温，温度测量精确至 0.1℃。

（4）校准滴定管时，充水至最高标线以上约 5mm 处，然后慢慢地将液面准确地调至零位，全开旋塞，按规定的流出时间让水流出，当液面流至被检分度线上约 5mm 处时，等待 30s，然后在 10s 内将液面准确地调至被检分度线上。

（5）校准移液管时，水自标线流至出口端不流时再等 15s，此时管口还保留一定的残留液。

（6）校准完全流出式吸量管时同上。

（7）校准不完全流出式吸量管时，水自最高标线流至最低标线上约 5mm 处，等待15s，然后调至最低标线。

思考与练习

（1）应怎样检查滴定管是否洗涤干净？使用未洗净的滴定管对滴定有什么影响？

（2）酸式滴定管的玻璃旋塞，应怎样涂油脂？为什么要这样涂？

（3）滴定管中存在气泡对滴定有什么影响？应怎样赶去气泡？

（4）容量瓶可否烘干、加热？

（5）吸量管在吸取标准溶液前为什么需用该标准溶液润洗？承受溶液的容器（如锥形瓶）能否用该标准溶液润洗？为什么？

（6）使用移液管的操作要领是什么？为何要垂直流下液体？为何放完液体后要停一定时间？最后留于管尖的半滴液体应如何处理？为什么？

（7）吸量管和移液管有何区别？使用吸量管时应注意些什么？

（8）影响滴定分析量器校准的主要因素有哪些？

（9）称量用的锥形瓶为何要用"具塞"的？不具塞行不行？

（10）从滴定管放纯水于称量用锥形瓶中时应注意些什么？

（11）在校准滴定管时，为什么具塞磨口锥形瓶的外壁必须干燥？锥形瓶的内壁是否一定要干燥？

（12）为什么移液管和容量瓶之间的相对校准比两者分别校准更为重要？

（13）进行容量器皿校准时，应注意哪些问题？

任务二　掌握滴定分析法

任务目标

终极目标：熟练掌握滴定分析的计算和应用。

促成目标：（1）掌握滴定分析法的有关概念。

　　　　　（2）认识基准物质。

　　　　　（3）掌握标准溶液配制方法。

　　　　　（4）能够进行滴定分析计算。

工作任务

【活动一】 认识滴定分析法

分组：1～2 人一组。

活动目的：了解滴定分析法。

活动程序：

（1）查找相关资料，了解什么是滴定分析法？滴定分析法有哪些分类？滴定反应的条件有哪些？滴定方式有哪些？

（2）二组合并，展开讨论，对相关知识进行归纳和总结。

【活动二】 掌握滴定分析法的计算

分组：1 人一组。

活动目的：掌握滴定分析的计算方法。

仪器和试剂：分析天平、酸式滴定管、烧杯、锥形瓶、草酸钠（基准物）、高锰酸钾。

活动程序：

（1）思考并尝试计算下面例题：

用基准草酸钠标定高锰酸钾溶液。称取 $0.2215g Na_2C_2O_2$ 溶于水后加入适量硫酸酸化，然后用高锰酸钾溶液滴定，用去 30.67mL。求高锰酸钾溶液物质的量浓度？

（2）3～4 人一组讨论和比较计算结果。

（3）讨论在计算此类滴定分析题中应注意哪些问题。

知识探究

（一）滴定分析

1. 滴定分析法的有关概念

滴定分析法是将一种已知准确浓度的试剂溶液即标准溶液，通过滴定管滴加到待测组分的溶液中，直到标准溶液和待测组分恰好完全定量反应为止。这时加入标准溶液物质的量与待测组分的物质的量符合反应式的化学计量关系，然后根据标准溶液的浓度和所消耗的体积，算出待测组分的含量。这一类分析方法称为滴定分析法。滴加的溶液称为滴定剂，滴加溶液的操作过程称为滴定。当滴加的标准溶液与待测组分恰好定量反应完全时的点，称为化学计量点。

通常利用指示剂颜色的突变或仪器测试来判断化学计量点的到达而停止滴定操作的点称为滴定终点。实际分析操作中滴定终点与理论上的化学计量点常常不能恰好吻合，它们之间往往存在很小的差别，由此而引起的误差称为终点误差。

滴定分析法是分析化学中重要的一类分析方法，它常用于测定含量≥1%的常量组分。此方法快速、简便，准确度高，在生产实际和科学研究中应用非常广泛。

滴定分析法主要包括酸碱滴定法、配位滴定法、氧化还原滴定法及沉淀滴定法等。

2. 滴定分析法的分类

根据滴定时反应类型的不同，滴定分析法可分为四类：

1）酸碱滴定法

这是以酸碱反应为基础的滴定分析法，其基本反应是：

$$H^+ + OH^- = H_2O$$

酸碱滴定法可用于测定酸性物质和碱性物质。

2）配位滴定法

这是以配位反应为基础的滴定分析法，滴定产物是配合物。常用的是以乙二胺四乙酸的钠盐（简称 EDTA）制成标准滴定溶液，测定各种金属离子。

$$M^{2+} + Y^{4-} = MY^{2-}$$

3）氧化还原滴定法

这是以氧化还原反应为基础的滴定分析法，可以测定具有氧化性、还原性物质及间接测定某些不具有氧化或还原性质的物质。例如，高锰酸钾标准滴定溶液测定亚铁盐。

$$5Fe^{2+} + MnO_4^- + 8H^+ = 5Fe^{3+} + Mn^{2+} + 4H_2O$$

4）沉淀滴定法

这是以沉淀反应为基础的滴定分析法。例如，银量法可以测定 Ag^+、CN^-、SCN^- 及卤素等离子。

$$Cl^- + Ag^+ = AgCl\downarrow$$

3. 滴定反应的条件

适用于滴定分析法的化学反应必须具备下列条件：

（1）反应必须定量地完成。即反应按一定的反应式进行完全，通常要求达到 99.9% 以上，无副反应发生。这是定量计算的基础。

（2）反应速率要快。对于速率慢的反应，应采取适当措施提高反应速率。

（3）能用比较简便的方法确定滴定终点。

凡能满足上述要求的反应均可适用于滴定分析。

4. 滴定方式

1）直接滴定法

用标准溶液直接进行滴定，利用指示剂或仪器测试指示化学计量点到达的滴定方式，称为直接滴定法。通过标准溶液的浓度及所消耗滴定剂的体积，计算出待测物质的含量。例如，用 HCl 溶液滴定 NaOH 溶液，用 $K_2Cr_2O_7$ 溶液滴定 Fe^{2+} 等。直接滴定法是最常用和最基本的滴定方式。如果反应不能完全符合上述滴定反应的条件时，可以采用下述几种方式进行滴定。

2）返滴定法

通常是在待测试液中准确加入适当过量的标准溶液，待反应完全后，再用另一种标准溶液返滴剩余的第一种标准溶液，从而测定待测组分的含量，这种方式称为返滴定法。

例如，Al^{3+}与乙二胺四乙酸二钠盐（简称 EDTA）溶液反应速率慢，不能直接滴定，常采用返滴定法，即在一定的 pH 条件下，于待测的 Al^{3+}试液中加入过量的 EDTA 溶液，加热至 $50\sim60℃$，促使反应完全。溶液冷却后加入二甲酚橙指示剂，用标准锌溶液返滴剩余的 EDTA 溶液，从而计算试样中铝的含量。

3）置换滴定法

此方法是先加入适当的试剂与待测组分定量反应，生成另一种可被滴定的物质，再用标准溶液滴定反应产物，然后由滴定剂消耗量，反应生成的物质与待测组分的关系计算出待测组分的含量，这种方法称为置换滴定法。例如，用 $K_2Cr_2O_7$ 标定 $Na_2S_2O_3$ 溶液的浓度时，是以一定量的 $K_2Cr_2O_7$ 在酸性溶液中与过量 KI 作用，析出相当量的 I_2，以淀粉为指示剂，用 $Na_2S_2O_3$ 溶液滴定析出的 I_2，进而求得 $Na_2S_2O_3$ 溶液的浓度。

4）间接滴定法

某些待测组分不能直接与滴定剂反应，但可通过其它的化学反应，间接测定其含量。例如，溶液中 Ca^{2+} 没有氧化还原的性质，但利用它与 $C_2O_4^{2-}$ 作用形成 CaC_2O_4 沉淀，过滤后，加入 H_2SO_4 使沉淀物溶解，用 $KMnO_4$ 标准溶液与 $C_2O_4^{2-}$ 作用，采用氧化还原滴定法可间接测定 Ca^{2+} 的含量。

由于返滴定法、置换滴定法、间接滴定法的应用，更加扩展了滴定分析的应用范围。

（二）基准物质和标准溶液

1. 基准物质

能用于直接配制或标定标准溶液的物质，称为基准物质。在实际应用中大多数标准溶液是先配制成近似浓度，然后用基准物质来标定其准确的浓度。

基准物质应符合下列要求：

（1）物质必须具有足够的纯度，其纯度要求$\geq99.9\%$，通常用基准试剂或优级纯物质。

（2）物质的组成（包括其结晶水含量）应与化学式相符合。

（3）试剂性质稳定。

（4）基准物质的摩尔质量应尽可能大，这样称量的相对误差就较小。

能够满足上述要求的物质称为基准物质。在滴定分析法中常用的基准物质有邻苯二甲酸氢钾（$KHC_8H_4O_4$）、$Na_2B_4O_7 \cdot 10H_2O$、无水 Na_2CO_3、$CaCO_3$、金属锌、铜、$K_2Cr_2O_7$、KIO_3、As_2O_3、NaCl 等，如表 3.8 所示。

表 3.8　常用基准物质的干燥条件及其应用

基准物质		干燥后的组成	干燥条件，温度/℃	标定对象
名称	分子式			
碳酸氢钠	$NaHCO_3$	Na_2CO_3	$270\sim300$	酸
十水合碳酸钠	$NaHCO_3 \cdot 10H_2O$	Na_2CO_3	$270\sim300$	酸
硼砂	$Na_2B_4O_7 \cdot 10H_2O$	$Na_2B_4O_7 \cdot 10H_2O$	放在装有 NaCl 和蔗糖饱和溶液的密闭器皿中	酸
二水合草酸	$H_2C_2O_4 \cdot 2H_2O$	$H_2C_2O_4 \cdot 2H_2O$	室温空气干燥	碱或 $KMnO_4$
邻苯二甲酸氢钾	$KHC_8H_4O_4$	$KHC_8H_4O_4$	$110\sim120$	碱

基准物质		干燥后的组成	干燥条件，温度/℃	标定对象
名称	分子式			
重铬酸钾	$K_2Cr_2O_7$	$K_2Cr_2O_7$	140～150	还原剂
溴酸钾	$KBrO_3$	$KBrO_3$	130	还原剂
碘酸钾	KIO_3	KIO_3	130	还原剂
金属铜	Cu	Cu	室温干燥器中保存	还原剂
三氧化二砷	As_2O_3	As_2O_3	室温干燥器中保存	氧化剂
草酸钠	$Na_2C_2O_4$	$Na_2C_2O_4$	105～110	氧化剂
碳酸钙	$CaCO_3$	$CaCO_3$	110	EDTA
金属锌	Zn	Zn	室温干燥器中保存	EDTA
氧化锌	ZnO	ZnO	900～1000	EDTA
氯化钠	NaCl	NaCl	500～600	$AgNO_3$
氯化钾	KCl	KCl	500～600	$AgNO_3$
硝酸银	$AgNO_3$	$AgNO_3$	220～250	氯化物

2. 标准溶液

配制标准溶液的方法一般有两种，即直接法和间接法。

1）直接法

准确称取一定量的基准物质，溶解后定量转移入容量瓶中，加蒸馏水稀释至一定刻度，充分摇匀。根据称取基准物的质量和容量瓶的容积，计算其准确浓度。

2）间接法

对于不符合基准物质条件的试剂，不能直接配制成标准溶液，可采用间接法。即先配制近似于所需浓度的溶液，然后用基准物质或另一种标准溶液来标定它的准确浓度。例如，HCl 易挥发且纯度不高，只能粗略配制成近似浓度的溶液，然后以无水碳酸钠为基准物质，标定 HCl 溶液的准确浓度。

（三）滴定分析中的计算

1. 滴定度

滴定度是指 1mL 滴定剂溶液相当于待测物质的质量（单位为 g），用 $T_{待测物/滴定剂}$ 表示。滴定度的单位为 g/mL。

在生产实际中，对大批试样进行某组分的例行分析，若用 T 表示很方便，如滴定消耗 VmL 标准溶液，则被测物质的质量为

$$m = TV \tag{3.5}$$

例如，氧化还原滴定分析中，用 $K_2Cr_2O_7$ 标准溶液测定 Fe 的含量时，$T_{Fe/K_2Cr_2O_7} = 0.003489$g/mL，欲测定一试样中的铁含量，消耗滴定剂为 24.75mL，则该试样中含铁的质量为

$$m = TV = 0.003489 \times 24.75 = 0.08635\,(g)$$

有时滴定度也可用每毫升标准溶液中所含溶质的质量（单位为 g）来表示。例如 $T_{NaOH} = 0.0040$g/mL，即每毫升 NaOH 标准溶液中含有 NaOH 0.0040g。这种表示方法在配制专用标准溶液时广泛应用。

2. 滴定分析计算的依据

在滴定分析中，滴定剂 A 与被滴定组分 B 之间的反应是按化学计量关系进行的。

$$aA + bB = cC + dD \tag{3.6}$$

在确定基本单元后，可根据被滴定组分的物质的量 n_B 与滴定剂的物质的量 n_A 相等的原则进行计算。在实际分析中，基本单元多以反应的具体情况来确定。例如，酸碱反应以结合一个 H^+ 或相当滴定一个 H^+ 为依据，氧化还原反应则以给出或接受一个电子的特定组合为依据。按式（3.6），

$$n\left(\frac{1}{b}A\right) = n\left(\frac{1}{a}B\right)$$

例如，在酸性溶液中，用 $H_2C_2O_4$ 作为基准物质标定 $KMnO_4$ 溶液的浓度，其反应为

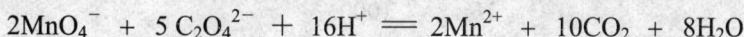

$$2MnO_4^- + 5C_2O_4^{2-} + 16H^+ = 2Mn^{2+} + 10CO_2 + 8H_2O$$

选择 $\frac{1}{5}KMnO_4$ 为 $KMnO_4$ 的基本单元，$\frac{1}{2}H_2C_2O_4$ 为 $H_2C_2O_4$ 的基本单元，在化学计量点时，

$$n\left(\frac{1}{5}KMnO_4\right) = n\left(\frac{1}{2}H_2C_2O_4\right)$$

在置换滴定法和间接滴定法中，涉及两个以上的反应时，也是用待测物的物质的量与滴定剂的物质的量相等的关系计算。

3. 计算示例

1）两种溶液间的计算

当滴定剂 A 与待测物 B 两种溶液反应到达化学计量点时，两者物质的量相等，

$$n_A = n_B \tag{3.7}$$
$$c_A V_A = c_B V_B \tag{3.8}$$

这个关系式也适用于溶液浓度的调整。

【例 3.3】 $c_{HCl} = 0.1217\,mol/L$ 的 HCl 溶液 20.00mL，恰与 21.03mL NaOH 溶液反应达化学计量点，求 c_{NaOH}。

解：反应为 $HCl + NaOH = NaCl + H_2O$

达计量点时 $c_{HCl} \times V_{HCl} = c_{NaOH} \times V_{NaOH}$

$$0.1217 \times 20.00 = 21.03 \times c_{NaOH}$$

$$c_{NaOH} = 0.1158(mol/L)$$

【例 3.4】 $c_{Na_2S_2O_3}$ 为 0.2100 mol/L 的 $Na_2S_2O_3$ 溶液 250.0mL 欲稀释成 0.1000mol/L 的溶液，需加水多少毫升？

解：溶液稀释前后，溶质的质量不变，即溶质的物质的量不变，$n_前 = n_后$

设加入水的量为 VmL 则

$$0.2100 \times 250.0 = 0.1000 \times (250.0 + V)$$

$$V = 275.0(mL)$$

2）溶液与被滴定物质量之间的计算

当被滴定物质 B 按物质的质量 m_B，与溶液 A 反应的关系式为

$$\frac{m_B}{M_B} = c_A g \frac{V_A}{1000} \tag{3.9}$$

式中　m_B——质量，g；

　　　M_B——摩尔质量，g/mol；

　　　c——摩尔浓度，mol/L；

　　　V_A——体积，mL。

利用此公式可进行滴定剂的浓度或待测组分质量的计算。若用于配制标准滴定溶液，则

$$\frac{m_A}{M_A} = c_A g \frac{V_A}{1000} \tag{3.10}$$

【例 3.5】 欲配制 0.10 mol/L HCl 溶液 500mL，应取密度为 1.19 g/mL，其中 HCl 含量为 37% 的浓盐酸多少 mL？

解： 浓盐酸的物质的量浓度为

$$c_{HCl} = \frac{m_{HCl}}{M_{HCl}V_{HCl}} = \frac{1.19 \times 1000 \times 0.37}{36.46 \times 1} = 12(\text{mol}/\text{L})$$

根据配制前后的盐酸溶液，HCl 的物质的量不变，即

$$12 \times V = 1.10 \times 500$$

$$V = 4.2\,(\text{mL})$$

【例 3.6】 称取硼砂 $Na_2B_4O_7 \cdot 10H_2O$ 0.4853g，用以标定 HCl 溶液，反应达化学计量点时，消耗 HCl 溶液 24.75mL，求 c_{HCl}。

解： 滴定反应为

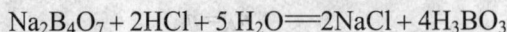

$$Na_2B_4O_7 + 2HCl + 5\,H_2O = 2NaCl + 4H_3BO_3$$

硼砂基本单元为 $\frac{1}{2}Na_2B_4O_7 \cdot 10H_2O$，

$$M_{\frac{1}{2}Na_2B_4O_7 \cdot H_2O} = 190.7\,(\text{g/mol})$$

$$24.75 \times c_{HCl} = \frac{0.4853}{190.7} \times 1000$$

$$c_{HCl} = 0.1028(\text{mol}/\text{L})$$

【例 3.7】 已知硫酸的密度 1.84g/mL，其中 H_2SO_4 含量约为 95%，今取该硫酸 3.0mL 配制成 500mL 溶液，求该溶液的 $c_{H_2SO_4}$ 和 $c_{\frac{1}{2}H_2SO_4}$。

解： 由公式 $c_A = \frac{m_A}{M_A g V_A}$ 计算

$$c_{H_2SO_4} = \frac{1.84 \times 1000 \times 0.95 \times 3.0}{98.08 \times 500} = 0.11\,(\text{mol}/\text{L})$$

由 $M_{H_2SO_4} = 2M_{\frac{1}{2}H_2SO_4}$，可得

$$c_{\frac{1}{2}H_2SO_4} = 2c_{H_2SO_4} = 0.22\,(\text{mol}/\text{L})$$

3）待测组分含量的计算

设 G 为试样的质量（g），与试样中待测组分 B 反应的滴定剂体积为 V_A、浓度为 c_A，则待测组分 B 的质量 m_B 为

$$m_B = c_A \times \frac{V_A}{1000} \times M_B \tag{3.11}$$

待测组分 B 的含量则是

$$\omega_B = \frac{c_A \times \dfrac{V_A}{1000} \times M_B}{G} \tag{3.12}$$

【例3.8】 硫酸试样 1.525g，于 250mL 容量瓶中稀释至刻度，摇匀。移取 25.00mL，用 c_{NaOH} 为 0.1044 mol/L 的 NaOH 标准滴定溶液滴定，消耗 25.43mL 达计量点。求试样中 H_2SO_4 的含量。

解： $M_{\frac{1}{2}H_2SO_4} = 49.04 (\text{g/mol})$

被滴定的试样量为

$$G = 1.525 \times \frac{25}{250}$$

H_2SO_4 的含量为

$$\omega_{H_2SO_4} = \frac{0.1044 \times 25.43 \times \dfrac{49.04}{1000}}{1.525 \times \dfrac{25}{250}} \times 100\%$$

【例3.9】 称取碳酸钙试样 0.1800 g，加入 50.00mL c_{HCl} 为 0.1020 mol/L 的 HCl 溶液，反应完全后，用 c_{NaOH} 为 0.1002 mol/L 的 NaOH 溶液滴定剩余的 HCl，消耗 18.10mL。求 $CaCO_3$ 的含量？若以 CaO 计，含量为多少？

解： 试样反应式及滴定反应式为

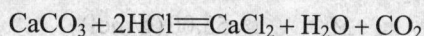

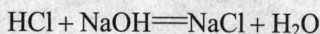

$$CaCO_3 + 2HCl = CaCl_2 + H_2O + CO_2$$

$$HCl + NaOH = NaCl + H_2O$$

$$M_{\frac{1}{2}CaCO_3} = 50.04 (\text{g/mol})$$

$$n_{\frac{1}{2}CaCO_3} = c_{HCl}V_{HCl} - c_{NaOH}V_{NaOH}$$

$$\omega_{CaCO_3} = \frac{(0.1020 \times 50.00 - 0.1002 \times 18.10) \times \dfrac{50.04}{1000}}{0.1800} \times 100\%$$

$$= 91.46\%$$

若以 CaO 计，$M_{\frac{1}{2}CaO} = 28.04 (\text{g/mol})$，其含量为

$$\omega_{CaO} = 91.46\% \times \frac{28.04}{50.04} = 51.25\%$$

【例3.10】 重铬酸钾试样 0.1500g 溶解后，在酸性条件下加过量 KI，待反应完全后，稀释，用 $c_{Na_2S_2O_3}$ 为 0.1040 mol/L 的 $Na_2S_2O_3$ 溶液滴定，消耗 29.20mL。求试样中 $K_2Cr_2O_7$

的含量。

解： 试样反应与滴定反应为

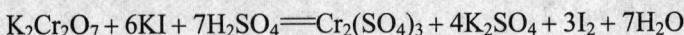

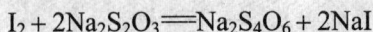

$$K_2Cr_2O_7 + 6KI + 7H_2SO_4 = Cr_2(SO_4)_3 + 4K_2SO_4 + 3I_2 + 7H_2O$$

$$I_2 + 2Na_2S_2O_3 = Na_2S_4O_6 + 2NaI$$

按 $Na_2S_2O_3$ 溶液的浓度 $c_{Na_2S_2O_3}$ 看，是以给出一个电子的特定组合为基本单元的，因此 $K_2Cr_2O_7$ 的基本单元应为 $\frac{1}{6}K_2Cr_2O_7$，即

$M_{\frac{1}{6}K_2Cr_2O_7}$ 为 49.03 g/mol

$$\omega_{K_2Cr_2O_7} = \frac{0.1040 \times 29.20 \times \dfrac{49.03}{1000}}{0.1500} \times 100\%$$

$$= 99.26\%$$

4）滴定度与物质的量浓度间的换算

滴定度是指 1mL 标准溶液 A 相当于待测组分 B 的质量。

由式 $\dfrac{m_B}{M_B} \times 1000 = c_A V_A$，当 $V_A = 1$ mL 时，

$$m_B = c_A M_B \times 10^{-3}$$

即

$$T_{B/A} = c_A M_B \times 10^{-3} \tag{3.13}$$

$$c_A = \frac{T_{B/A} \times 10^3}{M_B} \tag{3.14}$$

【例 3.11】 计算 $c_{HCl} = 0.1000$ mol/L 的 HCl 溶液对 Na_2CO_3 的滴定度。已知其反应为

$$2HCl + Na_2CO_3 = 2NaCl + CO_2 + H_2O$$

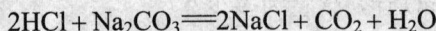

解： 根据反应可得

$$M_{\frac{1}{2}Na_2CO_3} = 53.00 \,(g/mol)$$

$$T_{Na_2CO_3/HCl} = 0.1000 \times 53.00 \times 10^{-3} = 0.005300 \,(g/mL)$$

【例 3.12】 NaOH 标准滴定溶液的滴定度 $T_{HNO_3/NaOH} = 0.006031$ g/mL，求 c_{NaOH}。已知 $M_{HNO_3} = 63.01$ mol/L。

解： $c_{NaOH} = \dfrac{0.006031 \times 10^3}{63.01} = 0.09571 \,(mol/L)$

知识链接

滴定分析的误差

滴定分析中的误差可分为测量误差、滴定误差及浓度误差。

（一）测量误差

测量误差是由于测量仪器不准确或观察刻度不准确所造成的误差。测量仪器不准确是指刻度不准和仪器容积随温度而发生变化。只要将仪器校准，提高实验技能，加强责任心即可减少误差。

若在 t℃时使用标准温度（20℃）下校正过的测量仪器，其容积可按下式计算：

$$V_t = V_{20} + \beta V_{20}(t-20) \tag{3.15}$$

式中　V_t——t℃时测量仪器的容积，mL；

　　　V_{20}——20℃时测量仪器的容积，mL；

　　　β——玻璃的膨胀系数，其值为 0.000025。

例如，标准温度 20℃时 250.00mL 容量瓶，在 26℃使用时，按上式计算其容积为 250.04mL。

（二）滴定误差

滴定误差是指滴定过程中所产生的误差，主要有以下几种：

（1）滴定终点与反应的化学计量点不吻合。正确选择指示剂可以减少这类误差。

（2）指示剂消耗标准滴定溶液。例如，酸碱滴定法中使用的指示剂本身就是弱酸或弱碱，也要消耗少量标准滴定溶液才能改变颜色。因此，应尽量控制指示剂的用量。必要时可用空白试验进行校正。

（3）标准滴定溶液用量的影响。滴定近终点时应半滴半滴地加入标准滴定溶液，以减少误差。若半滴（0.02mL）产生的误差按相对误差 ±0.1% 计，滴定时标准滴定溶液的用量应为：

$$V = \frac{0.02}{0.1\%} \times 100\% = 20\,(\text{mL})$$

在滴定分析中，一般消耗标准滴定溶液为 30mL 左右。

（4）杂质的影响。试液中有消耗标准滴定溶液的杂质时，应设法消除。

（三）浓度误差

浓度误差是指标准滴定溶液浓度不当或随温度变化而改变所带来的误差。

（1）标准滴定溶液的浓度不能过浓或过稀。过浓时稍差一滴就会给结果造成较大的误差；而过稀时终点不灵敏。一般分析中，标准滴定溶液常用浓度以 0.05～1.0 mol/L 为宜。

（2）标准滴定溶液的体积随温度变化而改变，其浓度也随之发生变化。

用直接法配制的溶液，其浓度应按校正后的容积计算。

已标定好的标准滴定溶液，当温度改变时，其浓度可按下式计算：

$$c = \frac{c_0}{1 + \beta(t-t_0)} \tag{3.16}$$

式中　c——t℃使用时标准滴定溶液的浓度，mol/L；

c_0——t_0℃标定溶液测得的浓度，mol/L；

β——溶液的体膨胀系数。

对于用非水溶剂配制的溶液，如冰醋酸等溶剂受温度影响较大，必须按照上式进行浓度校正。

滴定分析中的系统误差，主要是在标定溶液和用标准滴定溶液滴定待测组分含量的过程中引入的。当两者操作条件完全相同时，系统误差可以互相抵消。

思考与练习

（1）什么是滴定分析法？它的主要分析方法有哪些？

（2）能用于滴定分析的化学反应必须具备哪些条件？

（3）什么是化学计量点和滴定终点？二者有何区别？

（4）滴定分析的方式有哪些？各适用于什么情况？

（5）制备标准滴定溶液有几种方法？各适用于什么情况？

（6）下列各试剂，可采用什么方法配制标准滴定溶液？

H_2SO_4，KOH，$KMnO_4$，$K_2Cr_2O_7$，$KBrO_3$，I_2，$Na_2S_2O_3 \cdot 5H_2O$

（7）什么是基准物质?它应具备哪些条件？它有什么用途？

（8）标定 NaOH 溶液时，邻苯二甲酸氢钾（$M_{KHC_8H_4O_4}$ 204.23g/mol）和草酸（$M_{H_2C_2O_4 \cdot 2H_2O}$ 126.07 g/mol）都可以作基准物质，你认为选择哪一种更好？为什么？

（9）若将 $H_2C_2O_4 \cdot 2H_2O$ 基准物长期保存于放有硅胶的干燥器中，用它标定 NaOH 溶液的浓度时，结果是偏高还是偏低？分析纯的 NaCl 不作任何处理，就用以标定 $AgNO_3$ 溶液的浓度，结果偏高还是偏低？为什么？

（10）什么是滴定度?它与物质的量浓度如何进行换算？举例说明？

（11）说明下列字母的含义及单位：

m，M，n，c，T_A，$T_{B/A}$，G

（12）滴定分析计算的基本原则是什么？如何确定反应物的基本单元？

（13）滴定分析误差的来源有哪些？怎样消除？

（14）用基准 Na_2CO_3 标定 HCl 溶液时，下列各情况对 HCl 的浓度会产生什么影响（结果偏高、偏低或没有影响）？

① 配制 HCl 溶液时没有混匀。

② 称取 Na_2CO_3 时，有少许撒在天平盘上。

③ 称取 Na_2CO_3 时，称得质量为 0.1834 g，记录时误记为 0.1824 g。

④ 在将 HCl 溶液倒入滴定管前，没有用 HCl 溶液涮洗滴定管。

⑤ 滴定开始之前忘记调节零点，溶液的液面高于零点。

⑥ 锥形瓶中的 Na_2CO_3 用蒸馏水溶解时，多加 50mL 水。

（15）欲配制 1 mol/LNaOH 溶液 500mL，应称取多少克固体 NaOH?

（答：20g）

（16）4.18 g Na_2CO_3 溶于 75.0mL 水中，Na_2CO_3 物质的量浓度为多少？

（答：0.526 mol/L）

（17）称取基准物 Na_2CO_3 0.1580g，标定 HCl 溶液的浓度，消耗 V_{HCl} 24.80mL，计算此 HCl 溶液的浓度为多少？

（答：0.1202 mol/L）

（18）称取 0.3280g $H_2C_2O_4 \cdot 2H_2O$ 标定 NaOH 溶液，消耗 V_{NaOH} 25.78mL，求 c_{NaOH} 为多少？

（答：0.2018 mol/L）

（19）称取铁矿石试样 m_s 0.3669g，用 HCl 溶液溶解后，经预处理使铁呈 Fe^{2+} 状态，用 $K_2Cr_2O_7$ 标准溶液标定，消耗 $K_2Cr_2O_7$ 体积为 28.62mL，计算以 Fe、Fe_2O_3 和 Fe_3O_4 表示的质量分数各为多少？

（答：52.28%；74.74%；72.25%）

（20）计算下列溶液的滴定度，以 g/mL 表示：
① 0.2615 mol/L HCl 溶液，用来测定 $Ba(OH)_2$ 和 $Ca(OH)_2$；
② 0.1032 mol/L NaOH 溶液，用来测定 H_2SO_4 和 CH_3COOH。

（答：0.02240 g/mL；0.009687 g/mL；0.005060 g/mL；0.006197 g/mL）

（21）称取草酸钠基准物 0.2178g 标定 $KMnO_4$ 溶液的浓度，用去 $KMnO_4$ 溶液 25.48mL，计算 $KMnO_4$ 溶液的浓度为多少？

（答：0.02552 mol/L）

（22）用硼砂($Na_2B_4O_7 \cdot 10H_2O$) 0.4709 g 标定 HCl 溶液，滴定至化学计量点时，消耗 V_{HCl} 25.20mL，求 c_{HCl} 为多少？

提示：$Na_2B_4O_7 + 2HCl + 5H_2O = 4H_3BO_3 + 2NaCl$

（答：0.09800 mol/L）

（23）已知 H_2SO_4 质量分数为 96%，相对密度为 1.84，欲配制 0.5 L 0.10 mol/L H_2SO_4 溶液，试计算需多少毫升 H_2SO_4？

（答：2.8mL）

（24）$CaCO_3$ 试样 0.2500 g，溶解于 25.00mL 0.2006 mol/L 的 HCl 溶液中，过量 HCl 用 15.50mL 0.2050 mol/L 的 NaOH 溶液进行返滴定，求此试样中 $CaCO_3$ 的质量分数？

（答：36.78%）

（25）应称取多少克邻苯二甲酸氢钾以配制 500mL 0.1000 mol/L 的溶液？再准确移取上述溶液 25.00mL 用于标定 NaOH 溶液，消耗 V_{NaOH} 24.84mL，问 c_{NaOH} 应为多少？

（答：12.21g；0.1066 mol/L）

（26）称取 0.4830g $Na_2B_4O_7 \cdot 10H_2O$ 基准物，标定 H_2SO_4 溶液的浓度，以甲基红作指示剂，消耗 H_2SO_4 溶液 20.84mL，求 H_2SO_4 溶液浓度。

（答：0.06077 mol/L）

（27）分析不纯的碳酸钙（$CaCO_3$，其中不含干扰物质），称取试样 0.3000 g，加入浓度为 0.2500 mol/L 的 HCl 标准溶液 25.00mL，煮沸除去 CO_2，用 0.2012 mol/L 的 NaOH 溶液返滴定过量的 HCl 溶液，消耗 NaOH 溶液 5.84mL，计算试样中 $CaCO_3$ 的质量分数。

（答：84.66%）

（28）测定氮肥中 NH_3 的含量。称取试样 1.6160g，溶解后在 250mL 容量瓶中定容，移取 25.00mL，加入过量 NaOH 溶液，将产生的 NH_3 导入 40.00mL $c_{\frac{1}{2}H_2SO_4}$ 0.1020 mol/L 的 H_2SO_4 标准溶液吸收，剩余的 H_2SO_4 需 17.00mL 0.09600 mol/LNaOH 溶液中和。计算氮肥中 NH_3 的质量分数。

（答：25.79%）

（29）称取大理石试样 0.2303 g，溶于酸中，调节酸度后加入过量的 $(NH_4)_2C_2O_4$ 溶液，使 Ca^{2+} 沉淀为 CaC_2O_4。过滤、洗净，将沉淀溶于稀 H_2SO_4 中。溶解后的溶液用 $c_{\frac{1}{5}KMnO_4}$ 0.2012 mol/L 的 $KMnO_4$ 标准溶液滴定，消耗 22.30mL，计算大理石中 $CaCO_3$ 的质量分数。

（答：97.39%）

项 目 四

酸碱滴定法

项目说明

通过本项目的培训，了解并掌握酸碱滴定法的相关理论及其应用。

教学目标

（1）了解酸碱质子理论、酸碱指示剂的作用原理。

（2）理解缓冲溶液的构成及其作用原理。

（3）掌握常见酸碱溶液 pH 的计算方法。

（4）掌握一元酸碱滴定终点的确定并能正确选择指示剂。

（5）掌握酸碱标准溶液的配制和标定。

（6）把酸碱滴定法应用到实际生产过程中。

（7）掌握多元酸碱滴定终点的确定及指示剂的选择。

素质目标

（1）养成良好的实验室工作习惯。

（2）养成求真务实、科学严谨的工作态度。

（3）发现问题，并主动去解决问题。

（4）把所学到的理论知识应用到实际生产过程中。

任务一　掌握酸碱理论及pH的计算

任务目标

终极目标：熟练掌握酸碱质子理论及不同溶液 pH 的计算方法。

促成目标：（1）利用酸碱质子理论判断酸、碱及两性物质。

（2）掌握不同溶液 pH 的计算方法。

（3）利用同离子效应和缓冲溶液理论解释实验现象。

工作任务

【活动一】 认识酸碱电离理论和酸碱质子理论关于酸、碱的概念

分组：每 2 人一组。

活动目的：获得酸碱电离理论和酸碱质子理论中酸、碱的相关资料。

活动程序：查找相关期刊、书籍、网络资源，找一找酸碱电离理论和酸碱质子理论的相关知识，记录下来；然后每 3～4 组合并为一大组，相互交流，指出物质 HAc、Ac^-、H_2S、HS^-、NH_3、NH_4^+、NO_2^-、HCl、Cl^-、NaOH、OH^- 的酸碱性并填入表 4.1 中。

表 4.1　电离理论和质子理论中的酸、碱

电离理论		质子理论	
酸	碱	酸	碱

【活动二】 掌握弱酸、弱碱的解离常数和解离度、同离子效应和缓冲溶液的概念及相关知识

分组：每 2 人一组。

活动目的：获得弱酸、弱碱的解离常数、解离度、同离子效应和缓冲溶液的相关资料。

活动程序：查找相关期刊、书籍、网络资源，找一找弱酸、弱碱的解离常数、解离度、同离子效应和缓冲溶液的相关知识，记录下来；并通过知识探究中的例子得出不同溶液 pH 的计算方法。然后每 3～4 组合并为一大组，相互交流，并完成表 4.2 的表格。

表 4.2　几种溶液 pH 的计算式

溶　液	计算公式
一元弱酸（或弱碱）	
多元弱酸（或弱碱）	
两性物质	
同离子效应	
缓冲溶液	

知识探究

由于酸碱滴定法的基础是酸碱反应，因此首先应掌握溶液中酸碱平衡的基本理论知识、基本概念、计算公式等，然后再着重学习酸碱滴定法的基本原理及其应用。

（一）酸碱质子理论

1. 酸碱定义及其共轭关系

1923 年，布朗斯特在酸碱电离理论的基础上，提出了酸碱质子理论。酸碱质子理论认为：凡是能给出质子 H^+ 的物质是酸；凡是能接受质子的物质是碱。当某种酸 HA 失去质子后形成酸根 A^-，它自然对质子具有一定的亲和力，故 A^- 是碱。由于一个质子的转移，HA 与 A^- 形成一对能互相转化的酸碱，这种关系用下式表示：

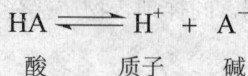

$$HA \rightleftharpoons H^+ + A^-$$

$$\text{酸} \qquad \text{质子} \qquad \text{碱}$$

例如：

$$HCl \rightleftharpoons H^+ + Cl^- \qquad\qquad H_2O + H^+ \rightleftharpoons H_3O^+$$

$$HAc \rightleftharpoons H^+ + Ac^- \qquad\qquad NH_3 + H^+ \rightleftharpoons NH_4^+$$

$$NH_4^+ \rightleftharpoons H^+ + NH_3 \qquad\qquad HCO_3^- + H^+ \rightleftharpoons H_2CO_3$$

$$HCO_3^- \rightleftharpoons H^+ + CO_3^{2-} \qquad\qquad HPO_4^{2-} + H^+ \rightleftharpoons H_2PO_4^-$$

可见，对质子酸、碱来说，酸内含碱，碱可变酸，所以质子酸、碱是相互依存的，又是可以互相转化的。它们之间这种"酸中有碱，碱能变酸"的关系被称之为质子酸碱的共轭关系。在上述反应式中，左边的酸是右边碱的共轭酸，而右边的碱则是左边酸的共轭碱；相应的一对酸碱，称为共轭酸碱对。

2. 酸碱反应实质

酸碱质子理论认为，酸碱反应的实质是两个共轭酸碱对之间的质子传递的反应。在水溶液中酸碱的离解是质子转移反应，如 HCl 在水溶液中的离解，HCl 给出质子（H^+）后，生成其共轭碱 Cl^-；而 H_2O 接受 H^+ 生成其共轭酸 H_3O^+。该反应是由两个酸碱半反应组成的，每一个酸碱半反应中就有一对共轭酸碱对，如下所示

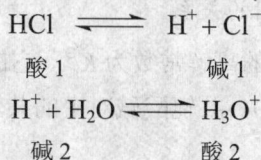

$$HCl \rightleftharpoons H^+ + Cl^-$$

$$\text{酸 1} \qquad\qquad \text{碱 1}$$

$$H^+ + H_2O \rightleftharpoons H_3O^+$$

$$\text{碱 2} \qquad\qquad \text{酸 2}$$

$$\overline{\qquad\qquad\qquad\qquad\qquad\qquad\qquad}$$

$$HCl + H_2O \rightleftharpoons H_3O^+ + Cl^-$$

$$\text{酸 1} \quad \text{碱 2} \qquad \text{酸 2} \quad \text{碱 1}$$

同样，NH_3 在水溶液中的离解反应是由下列两个酸碱半反应组成的

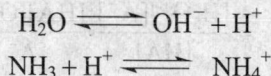

$$H_2O \rightleftharpoons OH^- + H^+$$

$$NH_3 + H^+ \rightleftharpoons NH_4^+$$

在这里，H_2O 给出质子而产生 OH^-，H_2O 是酸，H_2O 与 OH^- 是一对共轭酸碱；而 NH_3 接受了 H_2O 给出的质子，NH_3 是碱，NH_4^+ 与 NH_3 是另一对共轭酸碱。在水溶液中，NH_3 与 H_2O 之间发生的质子转移反应可表示为

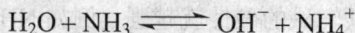

$$H_2O + NH_3 \rightleftharpoons OH^- + NH_4^+$$

由上可见，在酸的离解反应中，H_2O 是质子的接受体，H_2O 是碱；在氨与水的反应中，H_2O 是质子的给予体，H_2O 又是酸。水是两性物质。

$$H_2O + H_2O \rightleftharpoons OH^- + H_3O^+$$

酸 1　　碱 2　　　　碱 1　　酸 2

按照酸碱质子理论，酸碱反应也可以在非水溶剂、无溶剂等条件下进行。由此可见，质子理论不仅扩大了酸碱的范围，而且还扩大了酸碱反应的范围。

酸碱的强弱取决于酸碱本身给出质子或接受质子能力的强弱。物质给出质子的能力越强，其酸性就越强；反之就越弱。同样地，物质接受质子的能力越强，其碱性就越强；反之越弱。

（二）酸碱平衡中有关组分浓度的计算

1. 酸的浓度和酸度

酸的浓度是指某种酸的物质的量浓度 c，酸度是指溶液中 H^+ 的浓度，以 $[H^+]$ 表示。

强酸和强碱，在水溶液中完全电离为对应的阳离子和阴离子。因此，由强酸或强碱溶液的浓度 c 即可直接得出 $[H^+]$ 或 $[OH^-]$。

对于弱酸和弱碱，其浓度 c 是溶液中已离解酸和未离解酸两部分浓度之和。例如，HAc 溶液的浓度为 c，在溶液中离解达平衡时：

$$HAc \rightleftharpoons H^+ + Ac^-$$

平衡浓度：$[HAc]$、$[H^+]$、$[Ac^-]$

溶液的浓度（分析浓度）：c

$$c = [HAc] + [H^+] = [HAc] + [Ac^-]$$

HAc 溶液的酸度则为 HAc 离解平衡时的 $[H^+]$。

当溶液的酸度数值较小时，常用 pH 表示；碱度则用 pOH 表示。

2. 共轭酸碱对的离解常数间的关系

共轭酸碱对中酸在水溶液中的离解常数为 $K_a^\ominus$，它的共轭碱的离解常数为 $K_b^\ominus$（常见弱酸、弱碱的离解常数见附录一）。共轭酸碱对中的共轭酸的 $K_a^\ominus$ 和共轭碱 $K_b^\ominus$ 之间的关系可从下面的推导得出。

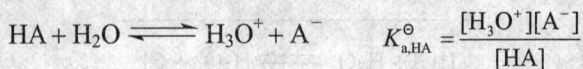

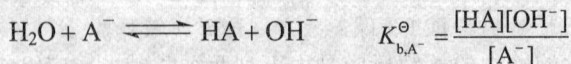

$$HA + H_2O \rightleftharpoons H_3O^+ + A^- \qquad K_{a,HA}^\ominus = \frac{[H_3O^+][A^-]}{[HA]}$$

$$H_2O + A^- \rightleftharpoons HA + OH^- \qquad K_{b,A^-}^\ominus = \frac{[HA][OH^-]}{[A^-]}$$

$$K_{a,HA}^\ominus \cdot K_{b,A^-}^\ominus = \frac{[H_3O^+][A^-]}{[HA]} \cdot \frac{[HA][OH^-]}{[A^-]} = K_w^\ominus$$

$$K_w^\ominus = K_a^\ominus g K_b^\ominus$$

在共轭酸碱对中，如果酸越易给出质子，酸性越强，则其共轭碱的碱性就越弱。例如，$HClO_4$、HCl 都是强酸，它们的共轭碱 ClO_4^-、Cl^- 都是极弱的碱。反之，酸越弱，给出质子的能力越弱，则其共轭碱的碱性就越强。例如 NH_4^+、HS^- 等是弱酸，它们的共

轭碱 NH_3 是较强的碱，S^{2-} 则是强碱。

实际工作中，也常用离解度表示弱酸和弱碱的离解能力。离解度是离解平衡时弱电解质的离解百分数，常以 α 表示之。若以 c_0 表示弱酸或弱碱的原始浓度，c 表示已离解的弱酸或弱碱的浓度，则

$$\alpha = \frac{c}{c_0} \times 100\%$$

α 和 $K^\ominus$ 都能表示弱酸（或弱碱）的离解能力的大小。$K^\ominus$ 是平衡常数的一种形式，只与温度有关，不随浓度而变化；离解度是转化率的一种形式，其大小除与弱酸的本性有关外，还与溶液的浓度、温度等因素有关。

在温度、浓度相同的条件下，离解度大的酸为较强的酸，离解度小的酸为较弱的酸。离解常数和离解度之间是相互联系的。以弱酸 HA 的离解平衡为例

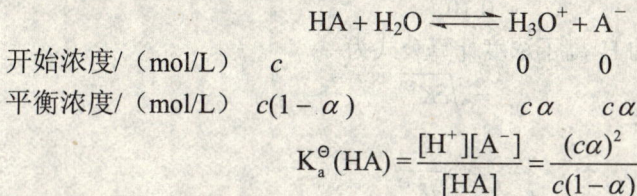

$$HA + H_2O \rightleftharpoons H_3O^+ + A^-$$

开始浓度/（mol/L）　　　c　　　　　　　　　0　　　　0

平衡浓度/（mol/L）　　$c(1-\alpha)$　　　　　$c\alpha$　　　$c\alpha$

$$K_a^\ominus(HA) = \frac{[H^+][A^-]}{[HA]} = \frac{(c\alpha)^2}{c(1-\alpha)}$$

当 $c / K_a^\ominus(HA) \geqslant 500$ 时，$\alpha < 10^{-2}$，$1-\alpha \approx 1$，则

$$K_a^\ominus(HA) \approx c\alpha^2, \quad \alpha = \sqrt{\frac{K_a^\ominus(HA)}{c}} \tag{4.1}$$

式（4.1）表示了弱酸溶液的浓度、离解度和离解常数间的关系，叫做稀释定律。它表明，在一定温度下，离解常数 $K^\ominus$ 保持不变，溶液被稀释时离解度 α 值将增大。

3. 酸碱溶液 pH 的计算

1）一元弱酸（碱）溶液 pH 的计算

实际上，在弱酸溶液中，同时存在着弱酸和水的 2 种离解平衡。如在 HAc 水溶液中有下列 2 个离解平衡

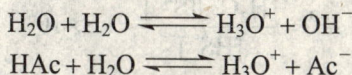

$$H_2O + H_2O \rightleftharpoons H_3O^+ + OH^-$$

$$HAc + H_2O \rightleftharpoons H_3O^+ + Ac^-$$

二者之间相互联系，相互影响，它们都能离解生成 H_3O^+。由于 HAc 是比 H_2O 强的酸，在通常情况下，HAc 浓度并不很稀时，如 $c_{HAc} > 1.0 \times 10^{-5}$ mol/L，H_3O^+ 主要是由 HAc 离解而产生的，水离解产生的 H_3O^+ 浓度小于 10^{-7} mol/L，HAc 离解产生的 $c_{H_3O^+} \geqslant 10^{-7}$ mol/L。这样，计算 HAc 溶液中 $[H_3O^+]$ 时，就可以不考虑水的离解平衡。

【例 4.1】 计算 25℃时，0.10 mol/LHAc 溶液的 pH 及 HAc 的离解度。（已知 $K_{a,HAc}^\ominus = 1.75 \times 10^{-5}$）

解：设已离解的 HAc 浓度为 x mol/L

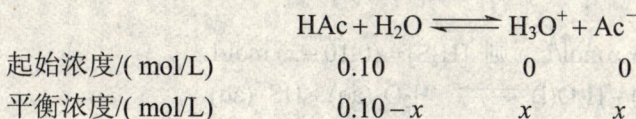

$$HAc + H_2O \rightleftharpoons H_3O^+ + Ac^-$$

起始浓度/(mol/L)　　　　　0.10　　　　　0　　　　0

平衡浓度/(mol/L)　　　　$0.10 - x$　　　x　　　x

$$K_{a,\,HAc}^{\ominus} = \frac{[H_3O^+][Ac^-]}{[HAc]}$$

$$K_{a,\,HAc}^{\ominus} = \frac{x^2}{0.10 - x}$$

求解一元二次方程较麻烦，一般认为，当 $c / K_a^{\ominus} \geqslant 500$ 时，$c \geqslant x$。此处 $0.10 - x \approx 0.10$

$$x = \sqrt{0.10 K_a^{\ominus}}$$

$$x = 1.3 \times 10^{-3}\ (\text{mol}/\text{L})$$

即

$$c_{H_3O^+} = 1.3 \times 10^{-3}$$

$$pH = -\lg[H_3O^+] = -\lg(1.3 \times 10^{-3}) = 2.89$$

$$a_{HAc} = \frac{1.3 \times 10^{-3}}{0.10} \times 100\%$$

对于一元弱酸，其溶液的 H^+ 离子浓度计算公式为

$$c_{H^+} = \sqrt{c K_a^{\ominus}}$$

对于一元弱碱，则有

$$c_{OH^-} = \sqrt{c K_b^{\ominus}}$$

2）多元酸碱溶液 pH 的计算

多元酸（碱）的离解平衡是分步进行的。一元酸（碱）的离解平衡原理，也适用于多元酸（碱）的离解平衡。现以二元弱酸——氢硫酸（H_2S）为例来讨论多元酸（碱）的离解平衡。

氢硫酸（H_2S）的离解反应是分两步进行的，并有各自的离解平衡和相应的平衡常数。

第一步离解　　　　　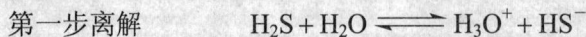 $H_2S + H_2O \rightleftharpoons H_3O^+ + HS^-$

$$K_1^{\ominus} = \frac{[H_3O^+][HS^-]}{[H_2S]} = 1.1 \times 10^{-7}$$

第二步离解　　　　　$HS^- + H_2O \rightleftharpoons H_3O^+ + S^{2-}$

$$K_2^{\ominus} = \frac{[H_3O^+][S^{2-}]}{[HS^-]} = 1.3 \times 10^{-15}$$

$K_2^{\ominus}$ 约为 $K_1^{\ominus}$ 的十万分之一，说明第二步离解比第一步离解困难得多。这是因为：带 2 个负电荷的 S^{2-} 对 H^+ 的吸引比带一个负电荷的 HS^- 对 H^+ 的吸引要强得多；第一步离解出来的 H^+ 对第二步离解产生抑制作用。所以，多元弱酸溶液中的 H^+ 主要来源于第一步离解。当近似计算 H^+ 浓度时，忽略第二步离解而只考虑第一步离解并不会引起误差。

【例 4.2】　计算 0.10 mol/L 的 H_2S 饱和溶液中 H^+ 和 S^{2-} 离子浓度。

解：有关的离解平衡和酸的离解常数的表达式已如上所示，c_{H^+} 和 c_{HS^-} 可由 $K_1^{\ominus}$ 表达式确定，因为 $K_2^{\ominus}$ 和 $K_1^{\ominus}$ 相比非常小，在计算[H^+]时可以略去第二步离解，只考虑第一步离解。

令平衡时　　$[H^+] = [HS^-] = x$ mol/L，则 $[H_2S] = (0.10 - x)$ mol/L

$$H_2S(aq) + H_2O(l) \rightleftharpoons H_3O^+(aq) + HS^-(aq)$$

起始浓度/（mol/L）　　　　　0.10　　　　　　　　　0　　　　　0
平衡浓度/（mol/L）　　　　　0.10 − x　　　　　　　　x　　　　　x

$$K_1^{\ominus} = \frac{x^2}{0.10-x} = 1.1 \times 10^{-7}$$

因为　　$\frac{c}{K_1^{\ominus}} = \frac{0.10}{1.1 \times 10^{-7}} > 500$，所以 $0.10 - x \approx 0.10$

故　　$\frac{x^2}{0.10} \approx 1.1 \times 10^{-7}$，$x = 1.1 \times 10^{-4}$

$$[\text{H}^+] = 1.1 \times 10^{-4}\ (\text{mol/L})$$

$[\text{S}^{2-}]$可由第二步离解平衡计算，设第二步离解出的 $[\text{S}^{2-}] = y$ mol/L

$$\text{HS}^-(\text{aq}) + \text{H}_2\text{O}(\text{l}) \rightleftharpoons \text{H}_3\text{O}^+(\text{aq}) + \text{S}^{2-}(\text{aq})$$

起始浓度/（mol/L）　x　　　　　　　　　　x　　　　　0
平衡浓度/（mol/L）　x − y　　　　　　　　x + y　　　　y

$$K_2^{\ominus} = \frac{(x+y)y}{x-y} = 1.3 \times 10^{-15}$$

$$y = K_2^{\ominus} \frac{x-y}{x+y}$$

因为 $K_2^{\ominus} = K_1^{\ominus}$，$x ? y$，$[\text{HS}^-] = x - y \approx x$，$[\text{H}_3\text{O}^+] = x + y \approx x$

故　　　　　　$[\text{S}^{2-}] = y \approx K_2^{\ominus} = 1.3 \times 10^{-15}\ (\text{mol/L})$

计算表明：二元酸（如 H_2S）溶液中酸根离子浓度近似地等于 $K_2^{\ominus}$，而与弱酸的浓度关系不大。

除多元弱酸外，多元弱碱如 Al(OH)_3、中强酸如 H_3PO_4，在溶液中也是分步离解的。

3）酸碱两性物质溶液 pH 的计算

对于两性物质 NaHCO_3、K_2HPO_4、NaH_2PO_4 及邻苯二甲酸氢钾等在水溶液中，既可给出质子显出酸性，又可接受质子显出碱性。以 NaHA 为例，溶液中的质子离解平衡有

$$\text{HA}^- \rightleftharpoons \text{H}^+ + \text{A}^{2-}$$
$$\text{HA}^- + \text{H}_2\text{O} \rightleftharpoons \text{H}_2\text{A} + \text{OH}^-$$
$$\text{H}_2\text{O} \rightleftharpoons \text{H}^+ + \text{OH}^-$$

依多重平衡规则和一些假定（推导过程略去）有$[\text{H}^+]$的近似计算式

$$[\text{H}^+] = \sqrt{K_{a,1}^{\ominus} K_{a,2}^{\ominus}}$$

两性物质溶液的酸碱性由其共轭酸碱的 $K_a^{\ominus}$ 和 $K_b^{\ominus}$ 的相对大小决定。例如

NH_4F：由于 $K_a^{\ominus}(\text{HF}) > K_b^{\ominus}(\text{NH}_3 \cdot \text{H}_2\text{O})$，所以 NH_4F 溶液显酸性。

NH_4Ac：由于 $K_a^{\ominus}(\text{HAc}) \approx K_b^{\ominus}(\text{NH}_3 \cdot \text{H}_2\text{O})$，所以 NH_4Ac 溶液基本显中性。

NH_4CN：由于 $K_a^{\ominus}(\text{HCN}) < K_b^{\ominus}(\text{NH}_3 \cdot \text{H}_2\text{O})$，所以 NH_4CN 溶液显碱性。

（三）同离子效应

若在 HAc 溶液中加入 NaAc，由于 NaAc 与 HAc 含有相同离子 Ac^-，使得溶液中 c_{Ac^-} 增大，从而导致 HAc 的离解平衡向逆向移动。达到新的平衡时，溶液中 c_{HAc} 比原平衡中

c_{HAc} 大, 即 HAc 的离解度降低了。同理, 若在 $NH_3 \cdot H_2O$ 中加入 NH_4Cl, 也会使 $NH_3 \cdot H_2O$ 的离解度降低。这种在弱酸或弱碱溶液中, 加入含有相同离子的易溶的强电解质, 使得弱酸或弱碱的离解度降低的现象称为同离子效应。

【例 4.3】 在 0.10 mol/L HAc 溶液中加入少量 NaAc, 使其浓度为 0.10 mol/L。计算该溶液的 $[H_3O^+]$ 浓度和 HAc 的离解度。

解: 设溶液中 $[H_3O^+] = x$ mol/L

$$HAc + H_2O \rightleftharpoons H_3O^+ + Ac^-$$

起始浓度/（mol/L）　　0.10　　　　　　　　　　0.10

平衡浓度/（mol/L）　　$0.10 - x$　　　　x　　$0.10 + x$

$$K_a^\ominus(HAc) = \frac{[H_3O^+][Ac^-]}{[HAc]}$$

$$1.75 \times 10^{-5} = \frac{x(0.10 + x)}{0.10 - x}$$

$$0.10 \pm x \approx 0.10, \quad x = [H_3O^+] = 1.75 \times 10^{-5}$$

$$a = \frac{1.75 \times 10^{-5}}{0.10} \times 100\% = 0.175\%$$

比较例 4.1 和例 4.3 的结果可知, 加入 NaAc 后, HAc 的离解度大大降低。

由上例的计算可导出, 有共同离子存在时, 一元弱酸溶液中 $[H_3O^+]$ 的计算公式。

设酸的（HA）浓度为 $c_{酸}$, 它的共轭碱（A^-）的浓度为 $c_{共轭碱}$。

$$HAc + H_2O \rightleftharpoons H_3O^+ + Ac^-$$

平衡浓度/（mol/L）$c_{酸} - x$　　　　x　　$c_{共轭碱} + x$

$$K_a^\ominus(HA) = \frac{[H_3O^+][A^-]}{[HA]}$$

由于 $K_a^\ominus(HA)$ 较小, 同时又存在同离子效应, 这时 x 很小, 可以认为

$$[HA] = c_{酸} - x \approx c_{酸}$$

$$[A^-] = c_{共轭碱} + x \approx c_{共轭碱}$$

则

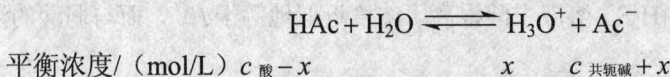

$$K_a^\ominus \approx \frac{x \cdot c_{共轭碱}}{c_{酸}}$$

$$x = K_a^\ominus \frac{c_{酸}}{c_{共轭碱}}$$

即

$$[H_3O^+] = K_a^\ominus \frac{c_{酸}}{c_{共轭碱}} \tag{4.2}$$

同理, 可以推导出弱碱及其共轭酸溶液中 $[OH^-]$ 的计算公式:

$$[OH^-] = K_b^\ominus \frac{c_{碱}}{c_{共轭酸}} \tag{4.3}$$

（四）缓冲溶液

1. 缓冲溶液及缓冲作用原理

能够抵抗外加少量强酸、强碱或稍加稀释，其自身 pH 不发生显著变化的性质，称为缓冲作用。具有缓冲作用的溶液称为缓冲溶液。

分析化学中要用到很多缓冲溶液，大多数是作为控制溶液酸度用的，有些则是测量其他溶液 pH 时作为参照标准用的，称为标准缓冲溶液。

缓冲溶液通常是由浓度较大的弱酸与其共轭碱（或浓度较大的弱碱与其共轭酸）组成的。例如，HAc-NaAc、NH_4Cl-NH_3 等。现以 HAc-NaAc 组成的缓冲溶液为例，说明缓冲作用的原理。此缓冲溶液的特点是：体系中同时含有大量的 HAc 分子和 Ac^- 离子，并存在着 HAc 的离解平衡。

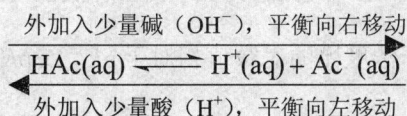

$$\xrightarrow{\text{外加入少量碱（}OH^-\text{），平衡向右移动}}$$
$$HAc(aq) \xrightleftharpoons{} H^+(aq) + Ac^-(aq)$$
$$\xleftarrow{\text{外加入少量酸（}H^+\text{），平衡向左移动}}$$

根据平衡移动原理，当外加适量酸时，溶液中的 Ac^- 可与外加的 H^+ 结合生成 HAc（故 Ac^- 被称为抗酸成分）；当外加适量碱时，溶液中未离解的 HAc 就继续离解以补充 H^+ 的消耗（故 HAc 被称为抗碱成分），从而维持体系的 pH 近似不变。

2. 缓冲溶液的 pH 的计算

必须指出的是，缓冲溶液的缓冲作用是有一定限度的。只有当外加入的强酸或强碱的量与缓冲溶液中的共轭碱或共轭酸的量相对较小的情况下，溶液才会有缓冲作用。否则，缓冲作用将会受到破坏甚至失去缓冲作用。

由上述讨论可知，缓冲溶液是一个具有同离子效应的体系。给定的弱酸及其共轭碱所配制的缓冲溶液的 pH 有一定的范围，将式（4.2）取负对数得

$$pH = pK_a^\ominus - \lg\frac{c_{酸}}{c_{共轭碱}}$$

这就是计算缓冲溶液中 pH 的最简式，也是常用公式。实际上，这种计算就是同离子效应的平衡组分的计算。

同理，对碱性缓冲溶液有如下计算式

$$pOH = pK_b^\ominus - \lg\frac{c_{碱}}{c_{共轭酸}}$$

$$pH = 14 - pK_b^\ominus + \lg\frac{c_{碱}}{c_{共轭酸}}$$

【例 4.4】 计算由 0.100 mol/LHAc 和 0.100 mol/LNaAc 组成的缓冲溶液的 pH。若在此溶液中加入 HCl 或 NaOH 达 0.001 mol/L 时，溶液 pH 变化多少？

解：缓冲溶液的 pH

$$pH = -\lg(1.8 \times 10^{-5}) - \lg\frac{0.100}{0.100} = 4.74$$

若加入 HCl 达 0.001mol/L 时，

$$[HAc] = 0.100 + 0.001 = 0.101$$
$$[Ac^-] = 0.100 - 0.001 = 0.099$$
$$pH = 4.74 - \lg \frac{0.101}{0.099} = 4.73$$

若加入 NaOH 达 0.001 mol/L 时，

$$[HAc] = 0.100 - 0.001 = 0.099$$
$$[Ac^-] = 0.100 + 0.001 = 0.101$$
$$pH = 4.74 - \lg \frac{0.099}{0.101} = 4.75$$

从计算式及实例可以看出：缓冲溶液的 pH 与组成缓冲溶液的弱酸或弱碱的离解常数（ $pK_a^\ominus$ 或 $pK_b^\ominus$ ）有关，也与弱酸及其共轭碱或弱碱及其共轭酸的浓度比 $\left(\frac{c_{酸}}{c_{共轭碱}} 或 \frac{c_{碱}}{c_{共轭酸}} \right)$ 有关。由于浓度比的对数值相对于 $pK_a^\ominus$ 或 $pK_b^\ominus$ 来说是一个较小数值，所以缓冲溶液的 pH 主要由 $pK_a^\ominus$ 或 $pK_b^\ominus$ 决定。

对于同一种缓冲溶液， $pK_a^\ominus$ 或 $pK_b^\ominus$ 为常数，溶液的 pH 则随溶液的浓度比而改变。因此适当地改变浓度比值，就可以在一定范围内配制不同 pH 的缓冲溶液。

3. 缓冲容量和缓冲范围

缓冲溶液的缓冲作用是有一定限度的。当加入强酸的量接近缓冲体系中弱酸盐的量，或加入强碱的量接近体系中弱碱盐的量时，缓冲溶液的缓冲能力将消失。换句话说，只有在加入有限量的酸或碱时，溶液的 pH 才能基本保持不变。所以，每一种缓冲溶液只具有一定的缓冲能力。

缓冲容量是衡量缓冲溶液缓冲能力大小的尺度，一般以每升缓冲溶液中加入一个单位量的强酸或强碱所引起溶液的 pH 变化（ ΔpH）来表示。 ΔpH 越小，缓冲容量越大。也有用使一升缓冲溶液的 pH 改变一个单位所需加入强酸或强碱的量来表示。所需酸或碱的量越多，缓冲容量越大。

缓冲容量的大小与缓冲溶液组分的总浓度有关，其浓度越大，缓冲容量就越大。此外，也与缓冲溶液中各组分的浓度比有关，其比值越接近 1，缓冲容量越大。当比值等于 1 时，缓冲能力最大，故在选用缓冲溶液时应注意其缓冲范围。

缓冲溶液的缓冲作用都有一定的范围，缓冲溶液所能控制的 pH 范围称为该缓冲溶液的有效作用范围，简称缓冲范围。在实际应用中，常采用弱酸及其共轭碱的浓度比为 $c_a : c_b = 10 : 1$ 和 $c_a : c_b = 1 : 10$ 作为缓冲溶液 pH 的缓冲范围。由计算可知：

当 $c_a : c_b = 10 : 1$ 时， $pH = pK_a^\ominus - 1$

当 $c_a : c_b = 1 : 10$ 时， $pH = pK_a^\ominus + 1$

因而缓冲溶液 pH 的缓冲范围为 $pH = pK_a^\ominus \pm 1$ 。例如 HAc-NaAc 缓冲范围为 $pH = 4.74 \pm 1$ ，即 $pH = 3.74 \sim 5.74$ 为 HAc-NaAc 溶液的缓冲范围。

常用缓冲溶液种类很多，要根据实际情况，选用不同的缓冲溶液。注意所选用的缓冲溶液应对分析过程没有干扰；所需控制的 pH 应在缓冲溶液的缓冲范围之内，即选择缓冲体系的酸（碱）的 $pK_a^\ominus$（$pK_b^\ominus$）应等于或接近所要求控制的 pH；缓冲组分的浓度要大一些（一般在 0.01～1 mol/L 之间），以保证足够的缓冲容量；组分浓度比接近 1 较为合适。

知识链接

常见食物的酸碱性

我们日常所食用的食物都有不同的酸碱性，见表 4.3。了解食物的酸碱性，可根据自己的需要，有选择地食用。

表4.3　一些食物的近似 pH

食物	pH	食物	pH	食物	pH
醋	2.4～3.4	啤酒	4.0～5.0	卷心菜	5.2～5.4
李、梅	2.8～3.0	番茄	4.0～4.4	白薯	5.3～5.6
苹果	2.9～3.3	香蕉	4.5～4.7	面粉、小麦	5.5～6.5
草莓	3.0～3.5	辣椒	4.6～5.2	马铃薯	5.6～6.0
柑橘	3.0～4.0	南瓜	4.8～5.2	豌豆	5.8～6.4
桃	3.4～3.6	甜菜	4.9～5.5	谷物	6.0～6.5
杏	3.6～4.0	胡萝卜	4.9～5.3	牡蛎	6.1～6.6
梨	3.6～4.0	蚕豆	5.0～6.0	牛奶	6.3～6.6
葡萄	3.5～4.5	菠菜	5.1～5.7	饮用水	6.5～8.0
果酱	3.5～4.0	萝卜	5.2～5.6	虾	6.8～7.0

思考与练习

（1）找出下列物质中相应的共轭酸碱对，并用质子理论分析下列物质中哪种物质为最强的酸？哪种物质碱性最强？

HAc，HF，HCl，$(CH_2)_6N_4$，NaAc，NH_3，H_3PO_4，F^-，Cl^-，$(CH_2)_6N_4H^+$

（2）下列混合溶液中，哪些可组成缓冲溶液？

① 10mL0.1 mol/L HCl 和 10mL0.1 mol/L NaCl；

② 10mL0.1 mol/L HCl 和 10mL0.1 mol/L NaAc；

③ 10mL0.2 mol/L HAc 和 10mL0.1 mol/L NaOH；

④ 10mL0.2 mol/L HCl 和 10mL0.1 mol/L NaAc。

（3）计算下列溶液的 pH：

① 0.05 mol/L NaAc；　　　　　②0.05 mol/L NH_4Cl；

③ 0.05 mol/L H_3BO_3；　　　　④0.05 mol/L NaCl；

⑤ 0.05 mol/L $NaHCO_3$。

（答：8.72；5.28；5.28；7.00；8.31）

（4）欲配制 500mLpH 为 5.00，且 Ac^- 浓度为 1.00 mol/L 的 HAc-NaAc 缓冲溶液，

需密度为 1.05g/L 含 HAc 98.5%的乙酸多少毫升？固体 NaAc 多少克？

（答：16.30mL；41g）

（5）若配制 pH 10.0 的缓冲溶液 1.0 L，用去 15 mol/L NH_3 水 350mL，问需要 NH_4Cl 多少克？

（答：51g）

任务二　常见酸碱标准溶液的配制和标定

任务目标

终极目标： 熟练掌握盐酸和氢氧化钠标准溶液的配制和标定。

促成目标： （1）了解指示剂的作用原理。

（2）掌握不同溶液 pH 的计算方法。

（3）确定滴定终点。

（4）正确选择指示剂。

（5）熟练掌握酸碱滴定管和分析天平的使用。

（6）能够独立解决滴定过程中遇到的一些问题。

工作任务

【活动一】　用无水碳酸钠作基准物质标定盐酸

分组： 2 人一组。

活动目的： 练习和掌握用无水碳酸钠作基准物质标定盐酸浓度的方法。

仪器和试剂： 托盘天平、称量瓶、半自动分析天平、250mL 烧杯、250mL 容量瓶、25.00mL 移液管、250mL 锥形瓶、甲基橙指示剂（1g/L）、10mL 量筒（或量杯）、1L 试剂瓶、酸式滴定管、盐酸（密度 1.19g/L）、无水 Na_2CO_3（基准物）。

活动程序：

（1）在托盘天平上粗略地称量出称量瓶和无水 Na_2CO_3 的质量。

（2）按递减法在分析天平上准确称量无水 Na_2CO_3 1.2～1.5g，置于 250mL 烧杯中。

（3）加 50mL 蒸馏水溶解，定量转入 250mL 容量瓶中，用水稀释至刻度，摇匀。

（4）用移液管移取 25.00mL 上述 Na_2CO_3 标准溶液于 250mL 锥形瓶中，再加入 1 滴甲基橙指示剂。

（5）用洁净的量筒（或量杯）量取 9mL 浓盐酸，注入预先盛有适量水的试剂瓶中，加水稀释之 1L，摇匀。

（6）用 HCl 溶液滴定至溶液刚好由黄色变为橙色即为终点，记下所消耗的 HCl 溶液体积。平行滴定 4 次。

根据如下公式计算 HCl 溶液的浓度。

$$c_{HCl} = \frac{2m_{Na_2CO_3}}{10V_{HCl} \times M_{Na_2CO_3}}$$

（7）填写表 4.4。

表 4.4　用无水碳酸钠作基准物质标定盐酸

次数 项目	1	2	3	4
称量瓶+Na_2CO_3（倾样前）/g				
称量瓶+Na_2CO_3（倾样后）/g				
Na_2CO_3 质量/g				
HCl 溶液用量/mL				
c_{HCl}/(mol/L)				
平均浓度/（mol/L）				
相对极差				

（8）每 3～4 小组合在一起讨论：

① 每小组的四个数据是否完全相同？为什么？

② 以 Na_2CO_3 标定 HCl 溶液，可否选用酚酞作指示剂？标定结果会怎样？

【活动二】　用无水碳酸钠作基准物质标定盐酸

分组： 2 人一组。

活动目的： 练习和掌握用无水碳酸钠作基准物质标定盐酸浓度的方法。

仪器和试剂： 托盘天平、称量瓶、半自动分析天平、250mL 烧杯、250mL 锥形瓶（4 个）、甲基橙指示剂（1g/L）、10mL 量筒（或量杯）、1L 试剂瓶、酸式滴定管、盐酸（密度 1.19g/L）、无水 Na_2CO_3（基准物）。

活动程序：

（1）用洁净的量筒（或量杯）量取 9mL 浓盐酸，注入预先盛有适量水的试剂瓶中，加水稀释之 1L，摇匀。

（2）用递减法准确称取无水碳酸钠 4 份，每份约 0.15～0.2g，放入 250mL 锥形瓶内。

（3）加 50mL 水溶解，摇匀，加 1 滴甲基橙指示剂。

（4）用 HCl 溶液滴定到溶液刚好由黄色变为橙色即为终点。记下所消耗的 HCl 溶液体积。平行滴定 4 次。

根据如下公式计算 HCl 溶液的浓度。

$$c_{HCl} = \frac{2m_{Na_2CO_3}}{V_{HCl} \times M_{Na_2CO_3}}$$

（5）填写表 4.5。

表 4.5　用无水碳酸钠作基准物质标定盐酸

项目 \ 次数	1	2	3	4
称量瓶+Na₂CO₃（倾样前）/g				
称量瓶+Na₂CO₃（倾样后）/g				
Na₂CO₃ 质量/g				
HCl 溶液用量/mL				
c_{HCl}/（ mol/L）				
平均浓度/（mol/L）				
相对极差				

（6）每 3～4 小组合在一起讨论：

① 每小组的 4 个数据是否完全相同？为什么？

② 以 Na₂CO₃ 标定 HCl 溶液，可否选用酚酞作指示剂？标定结果会怎样？

【活动三】　用硼砂作基准物质标定盐酸

分组：2 人一组。

活动目的：练习和掌握用硼砂作基准物质标定盐酸浓度的方法。

仪器和试剂：10mL 量筒（或量杯）、1 L 试剂瓶、250mL 锥形瓶（4 个）、甲基红指示剂、盐酸（密度 1.19g/L）、Na₂B₄O₇·10H₂O（基准物）。

活动程序：

（1）用洁净的量筒（或量杯）量取 9mL 浓盐酸，注入预先盛有适量水的试剂瓶中，加水稀释之 1L，摇匀。

（2）用递减法准确称取 0.4～0.5g Na₂B₄O₇·10H₂O 四份，分别放在 250mL 锥形瓶内。

（3）加 50mL 水溶解，摇匀，加 2 滴甲基红指示剂。

（4）用 HCl 溶液滴定到溶液刚好由黄色变为微红色即为终点。记下所消耗的 HCl 溶液体积。平行滴定 4 次。

硼砂用于标定 HCl 的反应式如下：

$$Na_2B_4O_7 + 2HCl + 5H_2O \longrightarrow 4H_3BO_3 + 2NaCl$$

根据如下公式计算 HCl 溶液的浓度。

$$c_{HCl} = \frac{2m_{Na_2B_4O_7 \cdot 10H_2O}}{V_{HCl} \times M_{Na_2B_4O_7 \cdot 10H_2O}}$$

（5）填写表 4.6。

表 4.6　用硼砂作基准物质标定盐酸

项目 \ 次数	1	2	3	4
称量瓶+Na₂B₄O₇·10H₂O（倾样前）/g				
称量瓶+ Na₂B₄O₇·10H₂O（倾样后）/g				
Na₂B₄O₇·10H₂O 质量/g				
HCl 溶液用量/mL				
c_{HCl}/（mol/L）				
平均浓度/（mol/L）				
相对极差				

（6）每 3～4 小组合在一起讨论：

① 组与组之间的数据有无差别？如有，原因是什么？

② 指示剂用量对标定实验有何影响？

【活动四】 用邻苯二甲酸氢钾作基准物质标定氢氧化钠溶液

分组： 2 人一组。

活动目的： 练习和掌握用邻苯二甲酸氢钾作基准物质标定氢氧化钠浓度的方法。

仪器和试剂： 托盘天平、称量瓶、半自动分析天平、250mL 锥形瓶（4 个）、1 L 试剂瓶、NaOH 固体、邻苯二甲酸氢钾（基准物，105～110℃烘至质量恒定）、酚酞指示液（10g/L）、碱式滴定管。

活动程序：

（1）在托盘天平上粗略地称量出称量瓶和邻苯二甲酸氢钾的质量。

（2）用递减法在分析天平上准确称量邻苯二甲酸氢钾 4 份，每份约 0.4～0.5g，分别置于 250mL 锥形瓶中。

（3）加 50mL 温热水溶解，冷却后加 2 滴酚酞指示剂。

（4）称取 4.0g 固体 NaOH，加适量水（新煮沸的冷蒸馏水）溶解，倒入具有橡皮塞的试剂瓶中，加水稀释至 1 L，摇匀。

（5）用 NaOH 溶液滴定至溶液刚好由无色呈现粉红色，并保持 0.5min 不褪色，记下所消耗的 NaOH 溶液体积，平行测定 4 次。

邻苯二甲酸氢钾与 NaOH 的反应如下：

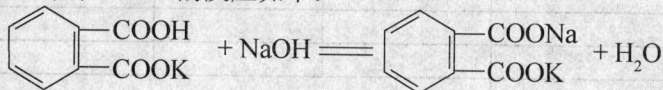

根据如下公式计算 NaOH 溶液的浓度。

$$c_{NaOH} = \frac{m_{KHC_8H_4O_4}}{V_{NaOH} \times M_{KHC_8H_4O_4}}$$

（6）填写表 4.7。

表 4.7　用邻苯二甲酸氢钾作基准物质标定 NaOH 溶液

项目 ＼ 次数	1	2	3	4
称量瓶+KHC_8H_4O_4（倾样前）/g				
称量瓶+ KHC_8H_4O_4（倾样后）/g				
KHC_8H_4O_4 质量/g				
NaOH 溶液用量/mL				
c_{NaOH}/(mol/L)				
平均浓度/（mol/L）				
相对极差				

（7）每 3～4 小组合在一起讨论：

① 怎样得到不含二氧化碳的蒸馏水？准确称取 0.4～0.5g 的要求是什么？

② 用酚酞作指示剂，滴定终点为浅粉红色，为什么要求 0.5min 不褪？

【活动五】　用已配好的盐酸标准溶液标定氢氧化钠溶液

分组： 2 人一组。

活动目的： 练习和掌握用盐酸标准溶液标定氢氧化钠溶液浓度的方法。

仪器和试剂： 碱式滴定管、酸式滴定管、托盘天平、1 L 试剂瓶、NaOH 固体、酚酞指示液（10g/L）、0.1 mol/L 的 HCl 标准滴定溶液。

活动程序：

（1）准确量取 30.00～35.00mL 的 c_{HCl} 为 0.1 mol/L 的 HCl 标准溶液。

（2）加 50mL 无二氧化碳的水及 2 滴酚酞。

（3）称取 4.0g 固体 NaOH，加适量水（新煮沸的冷蒸馏水）溶解，倒入具有橡皮塞的试剂瓶中，加水稀释至 1L，摇匀。

（4）用 NaOH 溶液滴定，近终点时加热至 80℃，继续滴定至溶液呈浅粉红色 0.5min 不褪为终点。平行滴定 4 次。

计算 NaOH 溶液的浓度。

要求两种方法测得的浓度之差值与平均值之比不得大于 0.2%，最后以标定结果为准。

（5）填写表 4.8。

表 4.8　用已配好的 HCl 标准溶液标定 NaOH 溶液

项目 ＼ 次数	1	2	3	4
NaOH 溶液体积/mL				
HCl 溶液用量/mL				
c_{NaOH}/(mol/L)				
平均浓度/（mol/L）				
相对极差				

（6）每 3～4 小组合在一起讨论：

① 在滴定完成后，为什么要将标准溶液加至滴定管零点，然后进行第二次滴定？

② 活动三和活动四哪种方法标定 NaOH 溶液更准确？为什么？

知识探究

酸碱滴定法是以酸碱反应为基础的滴定分析方法。它不仅能用于水溶液体系，也可用于非水溶液体系，故酸碱滴定法是滴定分析中广泛应用的方法之一。

（一）酸碱指示剂

1. 指示剂的作用原理

酸碱滴定一般是借助酸碱指示剂的颜色变化来指示反应的化学计量点。酸碱指示剂大多是结构复杂的有机弱酸或弱碱，其酸式和碱式结构不同，颜色也不同。当溶液的 pH 改变时，指示剂失去质子由酸式结构变为碱式结构，或得到质子由碱式结构变为酸式结构，它们的酸式及碱式具有不同的颜色。因此，结构上的变化将引起溶液的颜色发生变化。例如，酚酞是一种有机弱酸，在溶液中有如下平衡：

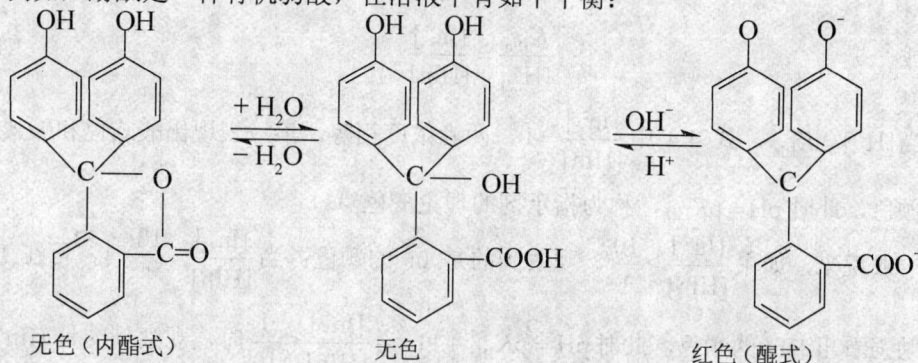

无色（内酯式）　　　　　　　　无色　　　　　　　　　红色（醌式）

酚酞在酸性溶液中无色，在碱性溶液中平衡向右移动，溶液由无色变为红色；反之，则溶液由红色变为无色。酚酞的醌式结构在浓碱溶液中会转变为无色的羧酸盐结构。

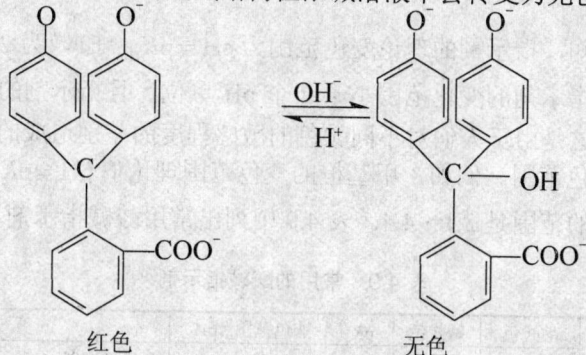

红色　　　　　　　　　　　无色

酚酞指示剂在 pH 8.0～10.0 时，它由无色逐渐变为红色。常见指示剂颜色变化的 pH 区间称为"变色范围"。

甲基橙是一种有机弱碱，在水溶液中有如下解离平衡：

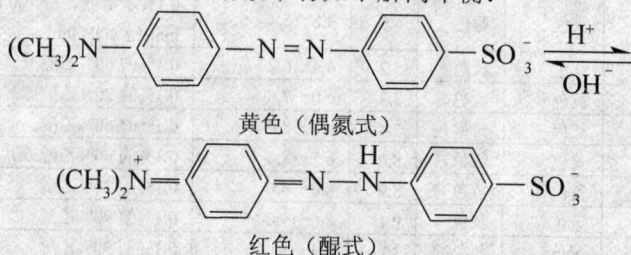

$$(CH_3)_2N \text{—} \text{—} N=N \text{—} \text{—} SO_3^- \quad \underset{OH^-}{\overset{H^+}{\rightleftharpoons}}$$

黄色（偶氮式）

$$(CH_3)_2\overset{+}{N} \text{—} =N\text{—}\overset{H}{N} \text{—} \text{—} SO_3^-$$

红色（醌式）

由平衡关系可见，当溶液中 H^+ 浓度增大时，反应向右移动，甲基橙主要以醌式存在，呈现红色；当溶液中 OH^- 浓度增大时，则平衡向左移动，以偶氮式存在，呈现黄色。当溶液的 pH<3.1 时甲基橙为红色，pH>4.4 则为黄色。因此 pH 3.1～4.4 为甲基橙的变色范围。

2. 指示剂的变色范围

为了进一步说明指示剂颜色变化与酸度的关系，现以 HIn 表示指示剂酸式，以 In^- 代表指示剂碱式，在溶液中指示剂的解离平衡用下式表示：

$$HIn \rightleftharpoons H^+ + In^-$$

$$K_{HIn} = \frac{[H^+][In^-]}{[HIn]}$$

或　　　　　　　　　　$$\frac{K_{HIn}}{[H^+]} = \frac{[In^-]}{[HIn]}$$　　　　　　　　　　　　（4.4）

当 $[H^+] = K_{HIn}$，式 4.4 中 $\frac{[In^-]}{[HIn]} = 1$，两者浓度相等，溶液表现出酸式色和碱式色的中间颜色，此时 $pH = pK_{HIn}$，称为指示剂的理论变色点。

一般说来，如果 $\frac{[In^-]}{[HIn]} > \frac{10}{1}$，观察到的是 In^- 的颜色；当 $\frac{[In^-]}{[HIn]} = \frac{10}{1}$ 时，可在 In^- 颜色中勉强看出 HIn 的颜色，此时 $pH = pK_{HIn} + 1$；当 $\frac{[In^-]}{[HIn]} < \frac{1}{10}$ 时，观察到的是 HIn 的颜色；当 $\frac{[In^-]}{[HIn]} = \frac{1}{10}$ 时，可在 HIn 颜色中勉强看出 In^- 的颜色，此时 $pH = pK_{HIn} - 1$。

由上述讨论可知，指示剂的理论变色范围为 $pH = pK_{HIn} \pm 1$，为 2 个 pH 单位。但实际观察到的大多数指示剂的变化范围小于 2 个 pH 单位，且指示剂的理论变色点不是变色范围的中间点。这是由于人们对不同颜色的敏感程度的差别造成的。另外溶液的温度也影响指示剂的变色范围。例如，甲基橙的变色范围理论值 $pH = pK_{HIn} \pm 1 = 3.4 \pm 1$，但实际上视觉可观察的范围是 3.1～4.4。表 4.9 中列出常用酸碱指示剂及其变色范围。

表 4.9　常用的酸碱指示剂

指示剂	酸式色	碱式色	pK_a	变色范围（pH）	用法
百里酚蓝（第一次变色）	红色	黄色	1.6	1.2～2.8	0.1%的 20%乙醇
甲基黄	红色	黄色	3.3	2.9～4.0	0.1%的 90%乙醇
甲基橙	红色	黄色	3.4	3.1～4.4	0.05%的水溶液
溴酚蓝	黄色	紫色	4.1	3.1～4.6	0.1%的 20%乙醇或其钠盐
溴甲酚绿	黄色	蓝色	4.9	3.8～5.4	0.1%水溶液，每 100 mg 指示剂加 0.05 mol/LNaOH 9mL
甲基红	红色	黄色	5.2	4.4～6.2	0.1%的 60%乙醇或其钠盐水溶液
溴百里酚蓝	黄色	蓝色	7.3	6.0～7.6	0.1%的 20%乙醇或其钠盐水溶液
中性红	红色	黄橙色	7.4	6.8～8.0	0.1%的 60%乙醇
酚红	黄色	红色	8.0	6.7～8.4	0.1%的 60%乙醇或其钠盐水溶液
百里酚蓝（第二次变色）	黄色	蓝色	8.9	8.0～9.6	0.1%的 20%乙醇
酚酞	无色	红色	9.1	8.0～9.6	0.1%的 90%乙醇
百里酚酞	无色	蓝色	10.0	9.4～10.6	0.1%的 90%乙醇

3. 混合指示剂

在酸碱滴定中，有时需要将滴定终点控制在很窄的 pH 范围内，此时可采用混合指示剂。混合指示剂是用一种酸碱指示剂和另一种不随 pH 变化而改变颜色的染料，或者用两种指示剂混合配制而成。混合指示剂的特点是变色范围窄，变色更敏锐，有利于判断终点，减少滴定误差，提高分析的准确度。

例如，溴甲酚绿（pK_a 4.9）和甲基红（pK_a 5.2）两者按 3:1 混合后，在 pH<5.1 的溶液中呈酒红色，而在 pH>5.1 的溶液中呈绿色，且变色非常敏锐。又如甲基橙和靛蓝二磺酸钠组成的混合指示剂，靛蓝二磺酸钠为蓝色染料，对甲基橙颜色起衬托作用。该混合指示剂与甲基橙比较，颜色变化如下：

溶液酸度	甲基橙＋靛蓝二磺酸钠	甲基橙
pH ≥ 4.4	绿色	黄
pH ＝ 4.0	浅灰色	橙
pH ≤ 3.1	紫色	红

在配制混合指示剂时，应严格控制两种组分的比例，否则颜色变化将不显著。实验室中使用的 pH 试纸，就是基于混合指示剂的原理而制成的。

还应指出，滴定分析中指示剂加入量的多少也会影响变色的敏锐程度。况且，指示剂本身就是有机弱酸或弱碱，也要消耗滴定剂，影响分析结果的准确度。因此，一般地讲，指示剂应适当少用，变色会明显一些，引入的误差也小一些。

常用的几种混合指示剂列于表 4.10。

表 4.10 几种常用的混合指示剂

指示剂组成	变色点（pH）	酸式色	碱式色	备注
1 份 0.1%甲基橙水溶液 1 份 0.25%靛蓝磺酸钠水溶液	4.1	紫	黄绿	pH 4.1 灰色
3 份 0.1%溴甲酚绿乙醇溶液 1 份 0.2%甲基红乙醇溶液	5.1	酒红	绿	pH 5.1 灰色
1 份 0.1%溴甲酚绿钠盐水溶液 1 份 0.1%氯酚红钠盐水溶液	6.1	黄绿	蓝紫	
1 份 0.1%中性红乙醇溶液 1 份 0.1%次甲基蓝乙醇溶液	7.0	蓝紫	绿	
1 份 0.1%甲酚红钠盐水溶液 3 份 0.1%百里酚蓝钠盐水溶液	8.3	黄	紫	
1 份 0.1%百里酚蓝的 50%乙醇溶液 3 份 0.1%酚酞的 50%乙醇溶液	9.0	黄	紫	黄→绿→紫

（二）酸碱滴定曲线及指示剂的选择

酸碱滴定过程中，随着滴定剂不断地加入到被滴定溶液中，溶液的 pH 不断地变化，根据滴定过程中溶液 pH 的变化规律，选择合适的指示剂，才能正确地指示滴定终点。表示滴定过程中溶液 pH 随标准滴定溶液用量变化而改变的曲线称为滴定曲线。下面讨论各种类型的酸碱滴定过程中 pH 的变化规律和指示剂的选择原则。

1. 强碱滴定强酸或强酸滴定强碱

现以浓度为 0.1000 mol/L 的 NaOH 溶液滴定 20.00mL 浓度为 0.1000 mol/L 的 HCl 溶液为例，讨论强碱强酸滴定曲线和指示剂的选择。

1）滴定开始前

溶液的酸度即为 HCl 溶液的酸度。

$$[H^+] = 0.1000 \text{ mol/L} \qquad pH = 1.00$$

2）滴定开始至化学计量点前

随着 NaOH 溶液的加入，溶液中 H^+ 浓度减小，溶液的酸度取决于剩余 HCl 的量。例如，当滴入 NaOH 溶液 19.98mL 时，

$$[H^+]=\frac{20.00-19.98}{20.00+19.98}\times0.1000=5\times10^{-5}(mol/L)$$

$$pH=4.3$$

其他各点的 pH 仍按上述方法计算。

3）化学计量点时

当加入 NaOH 溶液 20.00mL 时，NaOH 与 HCl 恰好完全反应达化学计量点，溶液呈中性。

$$[H^+]=[OH^-]=1.00\times10^{-7}(mol/L)$$

$$pH=7.00$$

4）化学计量点后

化学计量点后，NaOH 溶液过量，溶液的 pH 由过量的 NaOH 决定。当加入 NaOH 溶液 20.02mL 时，已有 0.02mL 过量，

$$[OH^-]=\frac{20.02-20.00}{20.02+20.00}\times0.1000=5.00\times10^{-5}(mol/L)$$

$$pOH=4.30 \qquad pH=9.70$$

化学计量点后的各点，均可按此方法逐一计算。

将滴定过程中 pH 变化数据列于表 4.11 中。以溶液的 pH 为纵坐标，以加入 NaOH 溶液的体积（mL）为横坐标，可描绘出滴定曲线，如图 4.1 所示。

表 4.11　用 0.1000 mol/L NaOH 溶液滴定 20.00mL0.1000 mol/L HCl 溶液

加入 NaOH 溶液		过量 NaOH 溶液体积/mL	剩余 HCl 溶液体积/mL	pH	
α/%	mL				
0	0.00		20.00	1.00	
90.0	18.00		2.00	2.28	
99.0	19.80		0.20	3.30	
99.9	19.98		0.02	4.3 A	滴定
100.0	20.00		0.00	7.00	突跃
100.1	20.02	0.02		9.7 B	
101.0	20.20	0.20		10.70	
110.0	22.00	2.00		11.70	
200.0	40.00	20.00		12.50	

注：符号 α 为滴定度，其定义为：$\alpha=\dfrac{加入碱的物质的量}{酸起始的物质的量}$。

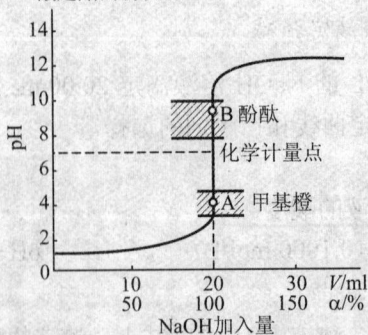

图 4.1　0.1000moL/L NaOH 滴定 20.00 mL 0.1000 moL/L HCl 的滴定曲线

　　从表 4.11 的数据和图 4.1 的滴定曲线可以看出：从滴定开始到加入 19.80mLNaOH 溶液时，溶液的 pH 变化缓慢，只改变 2.3 个单位；再加入 0.18mL（共 19.98mL）NaOH 溶液，pH 就改变一个单位，变化速度加快了。再滴入 0.02mL（约半滴，共 20.00mL）NaOH 溶液，正好是化学计量点，此时 pH 迅速增至 7.00。若再滴入 0.02mLNaOH 溶液，pH 变为 9.70。此后过量 NaOH 溶液所引起的 pH 变化又越来越小。

　　因此，1 滴溶液就使溶液 pH 增加 5 个多 pH 单位，从图 4.1 和表 4.11 的 A 点至 B 点可知，在化学计量点前后 0.1%，滴定曲线上出现了一段垂直线，这称为滴定突跃。指示剂的选择主要以滴定突跃为依据，凡在 pH 4.3～9.7 内变色的，如甲基橙、甲基红、酚酞、溴百里酚蓝、苯酚红等，均能作为此类滴定的指示剂。

　　例如，当滴定至甲基橙由红色突变为橙色时，溶液的 pH 约为 4.4，这时加入 NaOH 的量与化学计量点时应加入量的差值不足 0.02mL，终点误差＜−0.1%，符合滴定分析的要求。若改用酚酞为指示剂，溶液呈微红色时 pH 略＞8.0，此时 NaOH 的加入量超过化学计量点时应加入的量也不到 0.02mL，终点误差也＜＋0.1%，仍然符合滴定分析的要求。因此，选择变色范围处于或部分处于滴定突跃范围内的指示剂，都能够准确地指示滴定终点。这是正确选择指示剂的原则。也是本小节的一个重要结论。

　　以上讨论的是 0.1000 mol/L NaOH 溶液滴定 0.1000 mol/L HCl 溶液的情况。如改变 NaOH 溶液浓度，化学计量点的 pH 仍然是 7.0，但滴定突跃的长短却不同，如图 4.2 所示，酸碱溶液浓度越大，滴定曲线化学计量点附近的滴定突跃越长，可供选择的指示剂越多。如滴定剂溶液的浓度越小，则化学计量点附近的滴定突跃就越短，可供选择的指示剂就越少，指示剂的选择就受到限制。例如，若用 0.01000 mol/L NaOH 溶液滴定 0.01000 mol/L HCl 溶液，滴定突跃减小为 5.3～8.7，若仍用甲基橙作指示剂，终点误差将＞1%，只能用酚酞、甲基红等，才能符合滴定分析的要求。用 NaOH 溶液滴定其他强酸溶液（如 HNO_3 溶液），情况相似，指示剂的选择也相似。

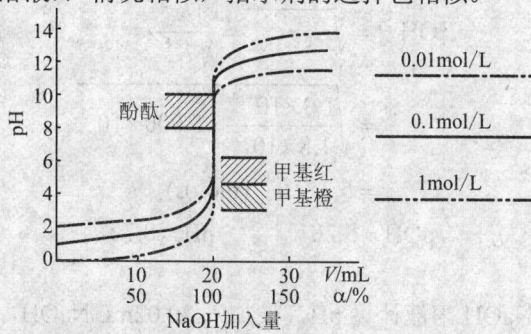

图 4.2　不同浓度 NaOH 溶液滴定不同浓度 HCl 溶液的滴定曲线

　　2. 强碱滴定一元弱酸

　　现以 0.1000 mol/L NaOH 溶液滴定 20.00mL 0.1000 mol/L HAc 溶液为例如，讨论强碱滴定弱酸的情况，滴定过程中溶液 pH 可计算如下。已知 HAc 的解离常数 $K_a^{\ominus} = 1.8 \times 10^{-5}$。

　　1）滴定开始前

　　溶液的 pH 根据 HAc 解离平衡来计算：

$$[H^+] = \sqrt{cK_a^\ominus} = 1.35 \times 10^{-3} \text{(mol/L)} \qquad pH = 2.87$$

2）滴定开始至化学计量点前

这阶段溶液的 pH 应根据剩余的 HAc 及反应产物 Ac⁻ 所组成的缓冲溶液计算。现设滴入 NaOH 19.98mL，与 HAc 中和后形成 NaAc，剩余 HAc 0.02mL 未被中和。pH 计算如下：

溶液中剩余的 HAc 浓度为

$$c_{酸} = \frac{0.020 \times 0.1000}{20.00 + 19.98} = 5.00 \times 10^{-5} \text{(mol/L)}$$

同理可得反应生成的 Ac⁻ 浓度为

$$c_{碱} = \frac{0.1000 \times 19.98}{20.00 + 19.98} = 5.00 \times 10^{-2} \text{(mol/L)}$$

$$[H^+] = K_a^\ominus \frac{c_{酸}}{c_{共轭碱}}$$

$$= \frac{5.00 \times 10^{-5}}{5.00 \times 10^{-2}} \times 1.8 \times 10^{-5}$$

$$= 2 \times 10^{-8} \text{(mol/L)}$$

$$pH = 7.7$$

3）化学计量点时

NaOH 与 HAc 完全中和，反应产物为 NaAc，根据共轭碱的解离平衡计算如下：

$$Ac^- + H_2O \rightleftharpoons HAc + OH^-$$

$$[C_{Ac^-}] = \frac{0.1000 \times 20.00}{20.00 + 20.00} = 5.000 \times 10^{-2} \text{(mol/L)}$$

$$[OH^-] = \sqrt{K_b^\ominus \cdot c_{Ac^-}} = \sqrt{\frac{K_w^\ominus}{K_a^\ominus} \cdot c_{Ac^-}}$$

$$= \sqrt{\frac{1.0 \times 10^{-14}}{1.8 \times 10^{-5}} \times 5.000 \times 10^{-2}}$$

$$= 5.3 \times 10^{-6} \text{(mol/L)}$$

$$pOH = 5.28 \qquad pH = 8.72$$

4）化学计量点后

此时根据过量的 NaOH 溶液计算 pH，设加入 20.02mL NaOH，溶液中 OH⁻ 浓度为

$$[OH^-] = \frac{0.02 \times 0.1000}{20.00 + 20.02}$$

$$= 5 \times 10^{-5} \text{(mol/L)}$$

$$pOH = 4.3 \qquad pH = 9.7$$

上述计算结果列于表 4.12。根据表 4.12 值绘制的滴定曲线，如图 4.3 的 I 所示。图中的虚线是强碱滴定强酸曲线的前半部分。

表 4.12 0.1000 mol/L NaOH 溶液滴定 20.00mL0.1000 mol/L HAc 溶液

加入 NaOH 溶液		过量 NaOH 溶液体积/mL	剩余 HAc 溶液体积/mL	pH
α/%	体积/mL			
0	0.00		20.00	2.87
50.0	10.00		10.00	4.74
90.0	18.00		2.00	5.70
99.0	19.80		0.20	6.74
99.9	19.98		0.02	7.7 A
100.0	20.00		0.00	8.72
100.1	20.02	0.02		9.7B
101.0	20.20	0.20		10.70
110.0	22.00	2.00		11.70
200.0	40.00	20.00		12.50

滴定突跃 (7.7 A ~ 9.7B)

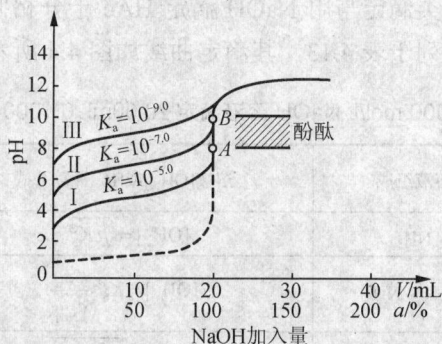

图 4.3 NaOH 溶液滴定不同弱酸溶液的滴定曲线

将 NaOH 滴定 HAc 的滴定曲线与 NaOH 滴定 HCl 的滴定曲线相比较，可以看到它们有以下不同点：

第一，由于 HAc 是弱酸，滴定前，溶液中的 H$^+$浓度比同浓度的 HCl 的 H$^+$浓度要低，因此起始的 pH 要高一些。

第二，化学计量点之前，溶液中未反应的 HAc 与反应产物 NaAc 组成了 HAc-Ac$^-$缓冲体系，溶液的 pH 由该缓冲体系决定，pH 的变化相对较缓。

第三，化学计量点附近，溶液的 pH 发生突变，滴定突跃为 pH7.7～9.7，相对滴定 HCl 而言，滴定突跃小得多。

第四，化学计量点时，溶液中仅含 NaAc，为一碱性物质，pH 为 8.72，因而化学计量点时溶液呈碱性。

需着重注意两个问题：

第一，强碱滴定弱酸时，滴定突跃范围较小，指示剂的选择受到限制，只能选择在弱碱性范围内变色的指示剂，如酚酞、百里酚酞等。若仍选择在酸性范围内变色的指示剂，如甲基橙，溶液变色时，HAc 被中和的百分数还不到 50%，显然，指示剂选择错误。滴定弱酸，一般都是先计算出化学计量点时的 pH，选择那些变色点尽可能接近化学计量点的指示剂来确定终点，而不必计算整个滴定过程的 pH 变化。

第二，强碱滴定弱酸时的滴定突跃大小，决定于弱酸溶液的浓度和它的解离常数 $K_a^{\ominus}$

两个因素。如要求滴定误差≤0.1%，必须使滴定突跃超过 0.3 pH 单位，此时人眼才可以辨别出指示剂颜色的变化，滴定就可以顺利地进行。由图 4.3 可以看出，浓度为 0.1000 mol/L，$K_a^\ominus = 10^{-7}$ 的弱酸还能出现 0.3 pH 单位的滴定突跃。对于 $K_a^\ominus = 10^{-8}$ 的弱酸，其浓度若为 0.1000 mol/L 将不能目视直接滴定。通常，以 $cK_a^\ominus \geqslant 10^{-8}$ 作为弱酸能被强碱溶液直接目视准确滴定的判据。这是本小节的另一个重要结论。

对于那些 $cK_a^\ominus < 10^{-8}$，即在水溶液中不能直接滴定的弱酸，可以利用化学反应使其转化为解离常数较大的弱酸后再测定，也可以采用非水滴定法测定。

3. 强酸滴定弱碱

强酸滴定弱碱，以 HCl 溶液滴定 NH_3 溶液即属此例。滴定反应为

$$NH_3 + H^+ \Longrightarrow NH_4^+$$

随着 HCl 的滴入，溶液组成经历 NH_3、到 $NH_4^+ - NH_3$、再到 NH_4Cl 的变化过程，pH 亦逐渐由高到低变化。这类滴定与用 NaOH 滴定 HAc 十分相似。现仍采取分 4 个阶段的思路，将具体计算结果列于表 4.13，其滴定曲线如图 4.4 所示。

表 4.13　用 0.1000 mol/L NaOH 溶液滴定 20.00mL 0.1000 mol/L HCl 溶液

加入 HCl 溶液		溶液组成	溶液[OH⁻]或[H⁺]计算公式	pH	
α/%	mL				
0	0.00	NH_3	$[OH^-] = \sqrt{cK_b^\ominus}$	11.13	
90.0	18.00	$NH_4^+ + NH_3$	$[OH^-] = K_b^\ominus \cdot \dfrac{c_{NH_3}}{c_{NH_4^+}}$	8.30	
99.9	19.98			6.3	滴定突跃
100.0	20.00	NH_4^+	$[H^+] = \sqrt{\dfrac{K_w^\ominus}{K_b^\ominus} \cdot c_{NH_4^+}}$	5.28	
100.1	20.02	$NH_4^+ + H^+$	$[H^+] \approx c_{HCl\,(过量)}$	4.3	
110.0	22.00			2.32	
200.0	40.00			1.48	

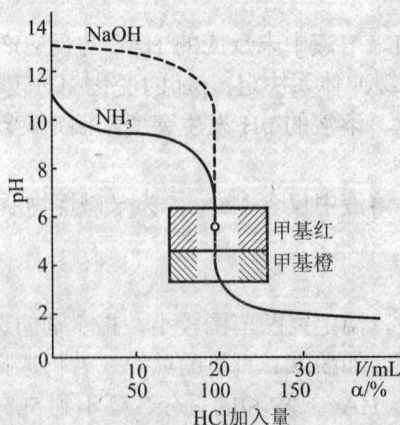

图 4.4　0.1000 mol/L HCl 滴定 20.00 mL 0.1000 mol/L NH_3 的滴定曲线

强酸滴定弱碱的化学计量点及滴定突跃都在弱酸性范围内，可选用甲基红、溴甲酚绿为指示剂。在滴定剂浓度为 0.1mol/L 情况下不能采用甲基橙为指示剂，否则终点误差将增大。

强酸滴定弱碱时，当碱的浓度一定时，$K_b^\ominus$ 越大即碱性越强，滴定曲线上滴定突跃范围也越大；反之，突跃范围越小。与强碱滴定弱酸的情况相似。因此，强酸滴定弱碱时，只有当 $cK_b^\ominus \geqslant 10^{-8}$，此弱碱才能用标准酸溶液直接目视滴定。

4. 多元酸碱的滴定

相对一元酸碱而言，滴定多元酸碱应考虑的问题要多一些，例如，多元酸碱是分步解离的，滴定反应也能分步进行吗？能准确滴定至哪一级？化学计量点的 pH 如何计算？怎样选择指示剂确定滴定终点？下面分别讨论之。

1）多元酸的滴定

现以 NaOH 溶液滴定 H_3PO_4 溶液为例。多元酸 H_3PO_4 的解离平衡如下：

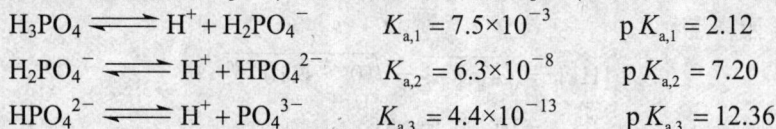

$$H_3PO_4 \rightleftharpoons H^+ + H_2PO_4^- \qquad K_{a,1} = 7.5\times10^{-3} \qquad pK_{a,1} = 2.12$$

$$H_2PO_4^- \rightleftharpoons H^+ + HPO_4^{2-} \qquad K_{a,2} = 6.3\times10^{-8} \qquad pK_{a,2} = 7.20$$

$$HPO_4^{2-} \rightleftharpoons H^+ + PO_4^{3-} \qquad K_{a,3} = 4.4\times10^{-13} \qquad pK_{a,3} = 12.36$$

用 NaOH 溶液滴定 H_3PO_4 溶液时，滴定反应能否按下式分步进行：

第一步，NaOH 将 H_3PO_4 定量中和至 $H_2PO_4^-$：

$$H_3PO_4 + NaOH \Longrightarrow NaH_2PO_4 + H_2O$$

第二步，NaOH 再将 $H_2PO_4^-$ 中和至 HPO_4^{2-}：

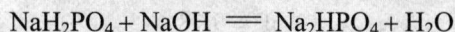

$$NaH_2PO_4 + NaOH \Longrightarrow Na_2HPO_4 + H_2O$$

能否在第一步中和反应定量完成后才开始第二步中和反应，这取决于 $K_{a,1}$ 和 $K_{a,2}$ 的比值。如果 $K_{a,1}/K_{a,2} > 10^4$，则用 NaOH 溶液滴定多元酸时，出现第一个滴定突跃，完成第一步反应；同样地，如果 $K_{a,2}/K_{a,3} > 10^4$，则出现第二个滴定突跃，完成第二步反应。对于 H_3PO_4 而言，$K_{a,1}/K_{a,2} = 10^{5.08}$，$K_{a,2}/K_{a,3} = 10^{5.6}$，比值都大于 10^4，即 NaOH 滴定 H_3PO_4 的反应可以分步进行。

与滴定一元弱酸相类似，多元弱酸能被准确滴定至某一级，也决定于酸的浓度与酸的某级解离常数之乘积，当满足 $cK_{a,i} > 10^{-8}$ 时，就能够被准确滴定至那一级。就 H_3PO_4 来说，其 $K_{a,1}$、$K_{a,2}$ 都大于 10^{-7}，当酸的浓度大于 0.1 mol/L 时，H_3PO_4 的第一、第二级 H^+ 都能被直接滴定，但 H_3PO_4 的 $K_{a,3}$ 为 $10^{-12.36}$，HPO_4^{2-} 就不可能直接被滴定至 PO_4^{3-}，因此不会出现第三个滴定突跃。

NaOH 溶液滴定 H_3PO_4 的过程中，pH 的准确计算较为复杂，这里不做介绍。图 4.5 给出了 NaOH 溶液滴定 H_3PO_4 溶液的滴定曲线。与 NaOH 滴定一元弱酸相比，此曲线显得较为平坦，这是由于在滴定过程中溶液先后形成 H_3PO_4-$H_2PO_4^-$ 和 $H_2PO_4^-$-HPO_4^{2-} 两个缓冲体系的缘故。

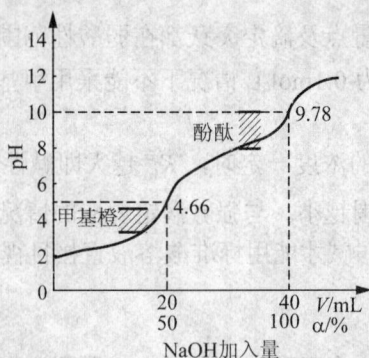

图 4.5　NaOH 溶液滴定 H_3PO_4 溶液的滴定曲线

通常，分析工作者只计算化学计量点的 pH，并据此选择合适的指示剂。

NaOH 溶液滴定 H_3PO_4 至第一化学计量点时，溶液组成主要为 $H_2PO_4^-$，是两性物质，用最简式计算 H^+ 浓度：

第一化学计量点

$$[H^+]_1 = \sqrt{K_{a,1}K_{a,2}} = \sqrt{10^{-2.12} \times 10^{-7.20}}$$

$$= 10^{-4.66} (mol/L)$$

$$pH = 4.66$$

同理，对于第二化学计量点时的主要存在形式 HPO_4^{2-}，也是两性物质，其

$$[H^+]_2 = \sqrt{K_{a,2}K_{a,3}} = \sqrt{10^{-7.20} \times 10^{-12.36}}$$

$$= 10^{-9.78} (mol/L)$$

$$pH = 9.78$$

第一化学计量点可以选择甲基橙（由橙色→黄色）或甲基红（由红色→橙色）作指示剂。但用甲基橙时终点出现偏早，最好选用溴甲酚绿和甲基橙混合指示剂，其变色点 pH 为 4.3，可较好地指示第一化学计量点的到达。

同理，对于第二化学计量点，最好选用酚酞和百里酚酞混合指示剂，因其变色点 pH 为 9.9，在终点时变色明显。

2）多元碱的滴定

多元碱的滴定和多元酸的滴定相类似。前述有关多元酸滴定的结论，也适用于多元碱的滴定。当 $K_{b,1}/K_{b,2} > 10^4$ 时，可以分步滴定；当 $cK_{b,i} > 10^{-8}$ 时，则多元碱能够被滴定至第 i 级。

例如用 0.1000 mol/L HCl 滴定 0.1000 mol/L Na_2CO_3，反应分两步进行：

$$CO_3^{2-} + H_2O \xrightleftharpoons{K_{b,1}} HCO_3^- + OH^- \qquad\qquad K_{b,1} = K_w / K_{a,2} = 1.8 \times 10^{-4}$$

$$HCO_3^- + H_2O \xrightleftharpoons{K_{b,2}} H_2CO_3 + OH^- \qquad\qquad K_{b,2} = K_w / K_{a,1} = 2.4 \times 10^{-8}$$

由于 $K_{b,1}/K_{b,2} = 10^{3.88} \approx 10^4$，勉强可以分步滴定，但是确定第二化学计量点的准确度稍差。HCl 溶液滴定 Na_2CO_3 溶液的滴定曲线如图 4.6 所示。从图可见，用 HCl 溶液滴定 Na_2CO_3 到达第一化学计量点时，生成 $NaHCO_3$，属两性物质。此时 pH 可按下式计算：

$$[H^+]_1 = \sqrt{K_{a,1}K_{a,2}} = \sqrt{4.2 \times 10^{-7} \times 5.6 \times 10^{-11}}$$

$$= 4.85 \times 10^{-9} \text{ (mol/L)}$$

$$pH = 8.32$$

第二化学计量点时,产物为 $H_2CO_3(CO_2 + H_2O)$,其饱和溶液的浓度约为 0.04 mol/L。

$$[H^+]_2 = \sqrt{cK_a} = \sqrt{0.04 \times 4.2 \times 10^{-7}}$$

$$= 1.3 \times 10^{-4} \text{ (mol/L)}$$

$$pH = 3.89$$

根据指示剂选择的原则,上述情况第一化学计量点时可选用酚酞为指示剂,第二化学计量点宜选择甲基橙作指示剂。

但是,在滴定中以甲基橙为指示剂时,因过多产生 CO_2,可能会使滴定终点出现过早,变色不敏锐,因此快到第二化学计量点时应剧烈摇动,必要时可加热煮沸溶液以除去 CO_2,冷却后再继续滴定至终点,以提高分析的准确度。

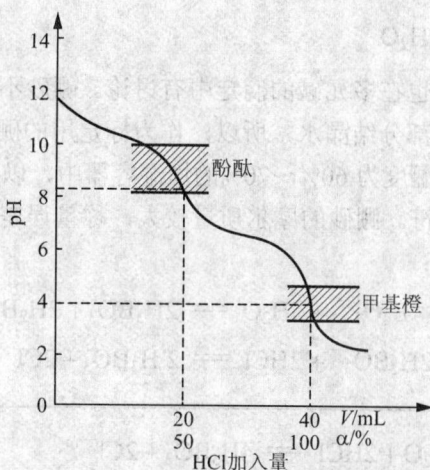

图 4.6 HCl 溶液滴定 Na_2CO_3 溶液的滴定曲线

(三)酸标准溶液的配制和标定

酸碱滴定法中常用的酸标准滴定溶液有 HCl 和 H_2SO_4。H_2SO_4 标准滴定溶液稳定性较好,但它的第二级离解常数较小,因而滴定突跃相应也小些;在需要较浓的溶液或分析过程中需要加热时使用 H_2SO_4 溶液。HNO_3 具有氧化性,本身稳定性也较差,所以应用很少。盐酸溶液,因其价格低廉,易于得到,并且稀盐酸溶液无氧化还原性质,酸性强且稳定,因此用得较多。但市售盐酸中 HCl 含量不稳定,且常含有杂质,应采用间接法配制,再用基准物质标定,确定其准确浓度。常用无水 Na_2CO_3 或硼砂($Na_2B_4O_7 \cdot 10H_2O$)等基准物质进行标定。

市售盐酸,密度为 1.19g/L,含 HCl 约 37%,其物质的量浓度约为 12 mol/L。因此,需将浓 HCl 稀释成所需近似浓度,然后用基准物质进行标定。考虑到浓盐酸中 HCl 的挥发性,配制时所取浓 HCl 的量应适当多一些。

1. 无水 Na_2CO_3

Na_2CO_3 标定 HCl 的反应为

$$Na_2CO_3 + 2HCl \Longrightarrow 2NaCl + CO_2 + H_2O$$

在多元碱的滴定中已述及化学计量点时 pH3.89，选甲基橙作指示剂，近终点时应煮沸赶除 CO_2，冷后继续滴定至终点。若用甲基红和溴甲酚绿混合指示剂，变色点 pH 约 5.1，终点时溶液由绿变为暗红色。近终点时也应煮沸赶除 CO_2。

Na_2CO_3 易吸潮，使用前应放在坩埚中于 270～300℃加热至质量恒定，然后置干燥器中备用。

例如，设欲标定的盐酸浓度约为 0.1 mol/L，欲使消耗盐酸体积 20～30mL，根据滴定反应可算出称取 Na_2CO_3 的质量应为 0.11～0.16g。滴定时可采用甲基橙为指示剂，溶液由黄色变为橙色即为终点。

2. 硼砂 $Na_2B_4O_7 \cdot 10H_2O$

硼砂标定 HCl 的原理也在多元碱的滴定中有讨论。硼砂不易吸潮，容易精制，但湿度低于 39%时能风化失去部分结晶水，所以，作为标定用的硼砂应保存在盛有 NaCl 和蔗糖的饱和溶液保持相对湿度为 60%～70%的恒湿容器中，以确保其所含的结晶水数量与计算时所用的化学式相符。硼砂的摩尔质量较大，称量误差小，此点优于 Na_2CO_3。

硼砂标定 HCl 的反应：

$$B_4O_7^{2-} + 5H_2O \Longrightarrow 2H_3BO_3 + 2H_2BO_3^-$$

$$2H_2BO_3^- + 2HCl \Longrightarrow 2H_3BO_3 + 2Cl^-$$

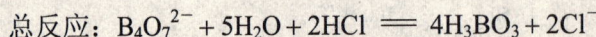

总反应：$B_4O_7^{2-} + 5H_2O + 2HCl \Longrightarrow 4H_3BO_3 + 2Cl^-$

1 个 $B_4O_7^{2-}$ 与水作用产生 $2H_2BO_3^-$ 和 $2H_3BO_3$，其中仅有 2 个 $H_2BO_3^-$ 能被 HCl 作用，故 1 $B_4O_7^{2-} \sim 2 H_2BO_3^- \sim 2H^+$。

由于反应产物 H_3BO_3，若化学计量点时 H_3BO_3 的浓度为 5.0×10^{-2} mol/L，已知 H_3BO_3 的 $K_a = 5.7 \times 10^{-10}$，则化学计量点时$[H^+]$计算式为

$$[H^+] = \sqrt{cK_a} = \sqrt{5.0 \times 10^{-2} \times 5.7 \times 10^{-10}}$$

$$= 5.3 \times 10^{-6} \text{ (mol/L)}$$

$$pH = 5.27$$

滴定时可选择甲基红为指示剂，溶液由黄色变为红色即为终点。

例如，设待标定的盐酸浓度约为 0.1mol/L，欲使消耗的盐酸溶液体积为 20～30mL，可算出应称取硼砂的质量为 0.38～0.57g。由于硼砂的摩尔质量（381.4g/L）较 Na_2CO_3 大，标定同样浓度的盐酸所需的硼砂质量也比 Na_2CO_3 多，因而称量的相对误差就小，所以硼砂作为标定盐酸的基准物优于 Na_2CO_3。

除上述两种基准物质外，还有 $KHCO_3$、酒石酸氢钾等基准物质用于标定盐酸溶液。

（四）碱标准溶液的配制和标定

氢氧化钠是最常用的碱溶液。固体氢氧化钠具有很强的吸湿性，易吸收 CO_2 和水分，生成少量 Na_2CO_3，且含少量的硅酸盐、硫酸盐和氯化物等，因而不能直接配制成标准溶液，只能用间接法配制，再以基准物质标定其浓度。常用邻苯二甲酸氢钾基准物质标定。

邻苯二甲酸氢钾的分子式为 $C_8H_4O_4HK$，摩尔质量为 204.2g/L，属有机弱酸盐，在水溶液中呈酸性，因 $cK_{a,2} > 10^{-8}$，故可用 NaOH 溶液滴定。滴定的产物是邻苯二甲酸钾钠，它在水溶液中能接受质子，显示碱的性质。滴定反应为

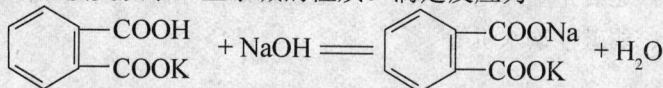

例如，设邻苯二甲酸氢钾溶液开始时浓度为 0.10 mol/L，到达化学计量点时，体积增加 1 倍，邻苯二甲酸钾钠的浓度 $c = 0.050$ mol/L。化学计量点时 pH 应按下式计算：

$$[OH^-] = \sqrt{cK_{b,1}} = \sqrt{\frac{cK_w}{K_{a,2}}} = \sqrt{\frac{0.050 \times 1.0 \times 10^{-14}}{2.9 \times 10^{-6}}}$$

$$= 1.3 \times 10^{-5} \ (mol/L)$$

$$pOH = 4.88 \qquad pH = 9.12$$

此时溶液呈碱性，可选用酚酞或百里酚蓝为指示剂。

除邻苯二甲酸氢钾外，还有草酸、苯甲酸、硫酸肼（$N_2H_4 \cdot H_2SO_4$）等基准物质用于标定 NaOH 溶液。

知识链接

人体内物质的 pH

正常人体内的酸碱度（pH）稳定在 7.35～7.45 之间，是偏碱性的，之所以这么稳定，原因在于人体有三大调节系统，分别为体内缓冲系统调节、肺调节、肾脏调节。在体内缓冲系统调节中，最重要的是碳酸氢盐系统，它的"工作原理"就是，体内酸多了，有碱性物质来中和；碱多了，又有酸性物质来中和。而肺调节，就是当体内酸性物质增多时，人会加快呼吸，将酸性的二氧化碳更多地呼出去，反之则呼吸变缓。肾脏也很重要，它能吸收碱性的碳酸氢盐，并排泌酸性产物。

人体的血液不可能靠吃、睡就"变酸"，只有当以上三大调节系统出了问题，比如尿毒症、糖尿病酮症、慢性阻塞性肺病等情况下，人体内的酸碱平衡才会被打乱，出现代谢性或呼吸性酸中毒。在医学上，如果体液 pH 低于 7.35，就属于"酸中毒"，而这是严重的疾病，必须治疗。"酸中毒"主要有一过性和长期性两种，一过性酸中毒可以迅速恢复，比如暂时性呼吸道梗阻，机体产生无氧代谢，导致血液偏酸；长期性酸中毒主要有两种原因，一是肾小管酸中毒，多由药物、风湿免疫疾病、干燥综合征等疾病引起，

二是肾功能受损，导致体内的酸性物质排不出去。如果血液偏酸，要立刻就医，光通过饮食、休息自我调节是不可能缓解的。

人体出现酸碱不平衡的状态，通常是患病所致，例如，在快速减肥或罹患糖尿病时，人体内产生的酸性物质明显增多，甚至出现酸中毒。

正常人根本就不可能成为酸性体质人，因为不管是在医学临床还是在研究中，只要一个人的身体偏酸，也就是我们医学上所说的处于酸中毒状态，不出几天就必定会死亡。需要注意的是，小便的酸碱度与血液的酸碱度不是一回事。尿液的酸碱度是肾脏"调节"的结果，它的 pH 不能代表血液的 pH。并且，血液酸碱度不是自己在家能检测的。医学上要求抽动脉血，还要完全隔绝空气，家里显然没这个条件。所以不能盲目相信市场上卖的弱碱性杯子、弱碱性饮水机等。

思考与练习

（1）什么是滴定突跃？滴定突跃的长短与哪些因素有关？酸碱滴定中指示剂的选择原则是什么？

（2）若用已吸收少量水的无水碳酸钠标定 HCl 溶液的浓度，问所标出的浓度偏高还是偏低？

（3）若硼砂未能保存在相对湿度60%，而是保存在相对湿度30%的容器中，采用该硼砂标定 HCl 溶液时，问所标定的浓度是偏高还是偏低？

（4）计算下列滴定中化学计量点的 pH，并指出选用何种指示剂指示终点：

① 0.2000 mol/L NaOH 滴定 20.00mL 0.2000 mol/L HCl；

② 0.2000 mol/L HCl 滴定 20.00mL 0.2000 mol/L NaOH；

③ 0.2000 mol/L NaOH 滴定 20.00mL 0.2000 mol/L HAc；

④ 0.2000 mol/L HCl 滴定 20.00mL 0.2000 mol/L NH$_3$。

（答：7.00；7.00；8.88；5.12）

（5）某一元弱酸（HA）1.250g，用水溶解后稀释至50.00mL，可用41.20mL 0.9000 mol/L的标准溶液滴定至化学计量点。当加入 NaOH 溶液 8.24mL 时，该溶液的 pH 为 4.30，求：①弱酸（HA）的相对分子质量？②HA 的离解常数 K_a（HA）？③滴定至化学计量点时溶液的 pH。

（答：33.71；1.25×10^{-5}；8.75）

（6）用 0.1000 mol/L NaOH 溶液滴定 20.00mL 0.1000 mol/L 甲酸溶液时，化学计量点时 pH 为多少？应选择何种指示剂指示终点？滴定突跃为多少？

（答：8.23；6.74～9.70）

（7）称取无水 Na$_2$CO$_3$ 基准物 0.1500g，标定 HCl 溶液时消耗 HCl 溶液体积25.60mL，计算 HCl 溶液的浓度为多少？

（答：0.1106 mol/L）

任务三　酸碱滴定法的应用

任务目标

终极目标：能够把所学知识应用到生产实践中；能够独立设计实验方案和完成实验。

促成目标：

（1）掌握称量液体试样的方法和混合指示剂的使用方法。

（2）熟练掌握滴定管的使用方法。

（3）严格按照操作步骤规范操作。

工作任务

【活动一】　工业硫酸纯度的测定

分组：1～2 人一组。

活动目的：能掌握工业硫酸纯度的测定原理及利用正确的操作方法，测出合理的实验数据。巩固分析数据的处理方法，得出正确的实验结果。

仪器和试剂：酸碱滴定管，胶帽滴瓶、托盘天平、电子天平、250mL 容量瓶、25mL 移液管、锥形瓶、0.1 mol/L NaOH 标准滴定溶液、甲基红-亚甲基蓝混合指示剂。

活动程序：

（1）用胶帽滴瓶按递减法准确称取工业硫酸试样 0.15～0.2g（约 30～40 滴），放入预先装有 100mL 水的 250mL 容量瓶中。

（2）手摇冷却至室温，用水稀释至刻度，再充分摇匀。

（3）用移液管自容量瓶中移取 25mL 试液，置于锥形瓶中，加 2 滴混合指示剂。

（4）以 c_{NaOH} 为 0.1 mol/L 的 NaOH 标准滴定溶液滴定至溶液由红紫色变为灰绿色为终点。平行测定 2～3 次。

（5）另称工业硫酸试样一份，按同样方法平行测定 2～3 次。

（6）计算 H_2SO_4 的百分含量。并记录数据于表 4.14 中。

表 4.14　工业硫酸纯度的测定

项目 ＼ 次数	1		2	
滴瓶+样（取样前）/g				
滴瓶+样（取样后）/g				
样重/g				
NaOH 浓度/（mol/L）　NaOH 溶液用量/mL	1	2	1	2
H_2SO_4 百分含量/%				
平均值/%				
相对极差				

（7）每 3～4 小组合在一起讨论：

① 称取硫酸试样时，为什么先在容量瓶中放一些水，再注入试样？

② 用移液管移取配好的硫酸试液前，为什么要涮洗几次？

③ 承接硫酸试液的锥形瓶，是否也要先用该试液涮洗？为什么？

④ 用 NaOH 标准滴定溶液滴定 H_2SO_4，还可选用哪些指示剂？终点颜色如何变化？

【活动二】 混合碱的分析

分组：1～2 人一组。

活动目的： 能够熟练掌握 HCl 标准溶液的配制和标定方法；能掌握在同一份溶液中用双指示剂法测定混合碱中 NaOH 和 Na_2CO_3 含量的操作技术；巩固数据的处理方法，分析得出正确的实验结果。

仪器和试剂： 酸碱滴定管、称量瓶、托盘天平、电子天平、量筒、250mL 容量瓶、250mL 烧杯、25.00mL 移液管、锥形瓶、0.1 mol/L HCl 标准滴定溶液、甲基橙指示剂、酚酞指示剂。

活动程序：

（1）利用任务一的方法配制 0.1 mol/L HCl 标准溶液；

（2）用称量瓶以递减法准确称取混合碱试样 1.3～1.5g 于 250mL 烧杯中，加少量新煮沸的冷蒸馏水，搅拌使其完全溶解；

（3）转移到一洁净的 250mL 容量瓶中，用新煮沸的冷蒸馏水稀释至刻度，充分摇匀；

（4）用移液管吸取 25.00mL 上述试液 3 份，分别置于 250mL 锥形瓶中，加 50mL 新煮沸的蒸馏水，再加 1～2 滴酚酞指示剂；

（5）用 HCl 标准溶液滴定至溶液由红色刚变为无色，即为第一终点，记下 V_1；

（6）再加入 1～2 滴甲基橙指示剂于此溶液中，此时溶液呈黄色；

（7）继续用 HCl 标准溶液滴定，直至溶液出现橙色，即为第二终点，记下 V_2；

（8）平行测定 3 份，根据 V_1 和 V_2 计算 NaOH 和 Na_2CO_3 的百分含量。并记录数据于表 4.15 中。

表 4.15　用双指示剂法测定混合碱中 NaOH 和 Na_2CO_3 的含量

次数　　　　项目	1		2		3	
称量瓶+样品（倾样前）/g						
称量瓶+样品（倾样后）/g						
样品质量/g						
HCl 溶液用量/mL	V_1	V_2	V_1	V_2	V_1	V_2
NaOH 百分含量/%						
Na_2CO_3 百分含量/%						
平均值/%						
相对极差						

注：（1）如果待测试样为混合碱溶液，则直接用移液管准确吸取 25.00mL 试液 3 份，分别加新煮沸的冷蒸馏水，按同法进行测定。测定结果以 g/mL 来表示。

（2）滴定速度宜慢，近终点时每加一滴后摇匀，至颜色稳定后再加第二滴。否则，因为颜色变化较慢，容易过量。

（9）每 3～4 小组合在一起讨论：

① 什么叫"双指示剂法"？

② 什么叫混合碱？

③ Na_2CO_3 和 $NaHCO_3$ 的混合物能不能采用"双指示剂法"测定其含量？测定结果的计算公式如何表示？

【活动三】 工业醋酸含量的测定（设计实验）

分组：1～2 人一组。

活动目的：通过独立设计实验方案和完成实验，考察滴定分析操作掌握情况及分析结果的准确度。

活动程序：

（1）设计并写出实验方案，内容包括：

① 方法原理。

② 仪器：规格，数量。

③ 试剂：规格，浓度，配制量，配制方法。

④ 实验步骤：取样量及方法，制备滴定试液，指示剂，标准滴定溶液，终点颜色变化等。

⑤ 实验记录。

⑥ 分析结果计算公式。

（2）实验方案经教师审阅批准后，方可进行实验。

（3）写出实验报告。

（4）提示：

工业醋酸浓度较大，估算取样量时应考虑到这一点。

知识探究

酸碱滴定法可用来测定各种酸、碱以及能够与酸碱起作用的物质，还可以间接测定一些既非酸又非碱的物质。下面举几个常见的例子加以说明。

（一）工业硫酸或工业醋酸纯度的测定

硫酸是化学工业的重要产品，是工业的基本原料，广泛应用于化工、轻工、制药、国防及科研等。

硫酸是强酸，可用 NaOH 标准滴定溶液滴定，其反应为

$$H_2SO_4 + 2NaOH = Na_2SO_4 + 2H_2O$$

可选用甲基橙、甲基红或甲基红-亚甲基蓝混合指示剂（pH 5.2 红紫～pH 5.6 绿）指示终点。

硫酸具有腐蚀性，而且能够灼伤皮肤。取用和称量试样时，严禁溅出。还应注意，应将称得的试样注入水中，冷却后进行滴定。

醋酸是有机化工产品，也是基本有机化工的重要原料，主要用于合成树脂、醋酸纤维、合成药物等，又可作有机溶剂。

醋酸为弱酸，以 NaOH 标准滴定溶液滴定，选酚酞作指示剂。其含量可以用质量分数表示，也可以用每升溶液含 HAc 的克数（g/L）表示。

（二）混合碱的分析

混合碱是指 NaOH 与 Na_2CO_3 或 Na_2CO_3 与 $NaHCO_3$ 的混合物。分析方法有氯化钡法和双指示剂法。本小节主要讲述双指示剂法。双指示剂法是利用两种指示剂进行连续滴定，根据两个终点所消耗酸标准滴定溶液的体积，计算各组分的含量。

1. 烧碱中 NaOH 和 Na_2CO_3 含量的测定

NaOH 俗称烧碱，在生产和储存过程中，常因吸收空气中的 CO_2 而含有少量 Na_2CO_3。用酸碱滴定法测定 NaOH 含量的同时，Na_2CO_3 也参与反应，因而称为混合碱分析。

在烧碱试液中，先以酚酞为指示剂，用 HCl 标准滴定溶液滴定至终点（近于无色），消耗 V_1 mL。这时溶液中 NaOH 全部被中和，Na_2CO_3 被中和至 $NaHCO_3$。

$$NaOH + HCl = NaCl + H_2O$$

$$Na_2CO_3 + HCl = NaHCO_3 + NaCl$$

再以甲基橙为指示剂，继续用 HCl 标准滴定溶液滴定，消耗 V_2 mL，溶液中 $NaHCO_3$ 被中和。

$$NaHCO_3 + HCl = NaCl + CO_2 + H_2O$$

滴定过程和 HCl 标准滴定溶液用量可见图 4.7。

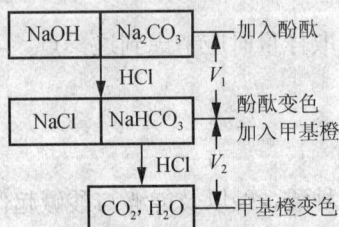

图 4.7　HCl 滴定混合碱过程及 HCl 用量

因此，中和 NaOH，用 HCl 溶液为 $(V_1 - V_2)$ mL；中和 Na_2CO_3 用 HCl 溶液为 $2V_2$ mL。

双指示剂法操作简便，但滴定至第一化学计量点时，终点不明显，约有 1% 的误差。工业分析中多用此法进行测定。

2. 纯碱中 Na_2CO_3 和 $NaHCO_3$ 含量的测定

纯碱俗称苏打，是由 $NaHCO_3$ 转化而得，所以 Na_2CO_3 中往往含有少量 $NaHCO_3$。测定方法与测定烧碱方法相同。以酚酞为指示剂时，用 HCl 标准滴定溶液 V_1 mL；再加甲基橙作指示剂，继续用 HCl 滴定时消耗 V_2 mL，则滴定过程和 HCl 标准滴定溶液用量可见图 4.8。

用于Na₂CO₃: $2V_1$mL

用于NaHCO₃: (V_2-V_1)mL

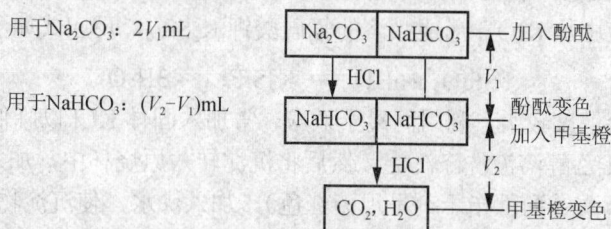

图 4.8　HCl 滴定混合碱过程及 HCl 用量

（三）铵盐的测定

常见的铵盐有硫酸铵、氯化铵、硝酸铵和碳酸氢铵等。这些铵盐中 NH_4HCO_3 可以用酸标准滴定溶液直接滴定。其他铵盐是强酸弱碱盐，其对应的弱碱 NH_3 的离解常数 $K_b=1.8\times10^{-5}$ 还比较大，不能用酸直接滴定，可用蒸馏法或甲醛法进行测定。

（1）在铵盐试样的溶液中，加入过量浓碱溶液，加热将释放出来的 NH_3 用 H_3BO_3 溶液吸收。然后用酸标准溶液滴定硼酸吸收液。其反应为

$$NH_4^+ + OH^- = NH_3 \uparrow + H_2O$$

$$NH_3 + H_3BO_3 + H_2O = H_2BO_3^- + NH_4^+$$

$$H_2BO_3^- + H^+ = H_3BO_3$$

H_3BO_3 是极弱的酸（$K_{a,1}=5.8\times10^{-10}$），不影响滴定。选用甲基红–溴甲酚绿混合指示剂，终点为粉红色（绿—蓝灰—粉红色，终点控制到蓝灰色更好）。

除用硼酸吸收外，还可用过量的酸标准滴定溶液吸收 NH_3，然后以甲基红或甲基橙作指示剂，用碱标准滴定溶液回滴。

土壤和有机化合物中的氮，常用此方法测定。试样在催化剂（如 HgO）存在下，经浓 H_2SO_4 处理使试样中的氮转化为 NH_4^+，然后按上述方法测定。

蒸馏法操作较费时，仪器装置也较复杂，不如下述甲醛法简便。

（2）甲醛法：

甲醛与铵盐反应，生成质子化六次甲基四胺和酸，用碱标准滴定溶液滴定。反应为

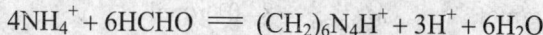

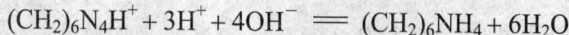

$$4NH_4^+ + 6HCHO = (CH_2)_6N_4H^+ + 3H^+ + 6H_2O$$

$$(CH_2)_6N_4H^+ + 3H^+ + 4OH^- = (CH_2)_6NH_4 + 6H_2O$$

六次甲基四胺为弱碱，$K_b=1.4\times10^{-9}$，应选酚酞作指示剂。

市售 40%甲醛常含有微量酸，必须预先用碱中和至酚酞指示剂呈现微红色，再用它与铵盐试样作用。

甲醛法简便快速，多用于工农业中氮或铵盐的测定。

（四）硅酸盐中 SiO_2 的测定

矿石、岩石、水泥、玻璃、陶瓷等都是硅酸盐，可用重量法测定其中 SiO_2 的含量，准确度较高，但十分费时。目前生产上的控制分析常常采用氟硅酸钾容量法，它是一种酸碱滴定法，简便、快速，只要操作规范细心，也可以得到比较准确的结果。

试样用 KOH 熔融，使之转化为可溶性硅酸盐 K_2SiO_3，并在钾盐存在下与 HF 作用（或在强酸性溶液中加 KF），形成微溶的氟硅酸钾 K_2SiF_6，反应式如下：

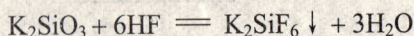

$$K_2SiO_3 + 6HF \Longrightarrow K_2SiF_6\downarrow + 3H_2O$$

由于沉淀的溶解度较大，利用同离子效应，常加入固体 KCl 以降低其溶解度。将沉淀物过滤，用 KCl-乙醇溶液洗涤沉淀，然后将沉淀转入原烧杯中，加入 KCl-乙醇溶液，以 NaOH 中和游离酸（酚酞指示剂呈现淡红色）。加入沸水，使沉淀物水解释放出 HF：

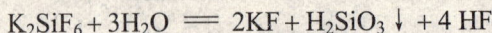

$$K_2SiF_6 + 3H_2O \Longrightarrow 2KF + H_2SiO_3\downarrow + 4HF$$

HF 的 $K_a = 3.5 \times 10^{-4}$，可用 NaOH 标准溶液直接滴定释放出来的 HF，由所消耗的 NaOH 溶液的体积间接计算出 SiO_2 的含量。注意 SiO_2 与 NaOH 的计量关系是 $1：4$。

由于 HF 腐蚀玻璃容器，且对人体健康有害，操作必须在塑料容器中进行，在整个分析过程中应特别注意安全。

(五) 计算示例

【例 4.5】 将 2.500g 大理石试样溶于 50.00mL 的 $c_{HCl} = 1.000$ mol/L HCl 溶液中，在滴定剩余的酸时用去 $c_{NaOH} = 0.1000$ mol/L NaOH 溶液 30.00mL。计算试样中 $CaCO_3$ 的含量。

解： $M_{\frac{1}{2}CaCO_3} = 50.04 \,(\text{g/mol})$

$n_{\frac{1}{2}CaCO_3} = 1.000 \times 50.00 - 0.1000 \times 30.00$

$\omega_{CaCO_3} = \dfrac{(1.000 \times 50.00 - 0.1000 \times 30.00) \times 50.04 \times 10^{-3}}{2.500} \times 100\%$

$= 94.08\%$

【例 4.6】 称取混合碱试样 1.200g 溶于水，用 0.5000 mol/L HCl 溶液 15.00mL 滴定至酚酞恰褪色。继续加甲基橙指示剂，又用 HCl 标准滴定溶液 22.00mL 滴定至橙色。判断混合碱中的组分是什么，并计算各组分的含量。

解：根据两种指示剂用 HCl 溶液体积不同，又不相等，可判断出该试样含有两种成分；而 $V_1 < V_2$，只能是 Na_2CO_3 与 $NaHCO_3$ 的混合物。

$M_{\frac{1}{2}Na_2CO_3} = 53.00 \,\text{g/mol}$ 　　　　　 $M_{NaHCO_3} = 84.01 \,\text{g/mol}$

Na_2CO_3 消耗 HCl 体积为 2×15.00

$NaHCO_3$ 消耗 HCl 体积为 $22.00 - 15.00$

$\omega_{Na_2CO_3} = \dfrac{0.5000 \times 2 \times 15.00 \times 53.00 \times 10^{-3}}{1.200} \times 100\%$

$= 66.25\%$

$\omega_{NaHCO_3} = \dfrac{0.5000 \times (22.00 - 15.00) \times 84.01 \times 10^{-3}}{1.200} \times 100\%$

$= 24.50\%$

知识链接

非 水 滴 定

在水以外的溶剂中进行滴定的方法，又称非水溶液滴定。现多指在非水溶液中的酸碱滴定法，主要用于有机化合物的分析。使用非水溶剂，可以增大样品的溶解度，同时可增强其酸碱性，使在水中不能进行完全的滴定反应可顺利进行，对有机弱酸、弱碱可以得到明显的终点突跃。水中只能滴定 pK（K 为电离常数）小于 8 的化合物，在非水溶液中则可滴定 pK 小于 13 的物质，因此，此法已广泛应用于有机酸碱的测定中。

溶液中酸、碱性的强弱除由其本身的性质决定外，还受溶剂的影响。根据酸碱质子理论，在溶液中能释放出质子的为酸，能接受质子的为碱。游离的质子不能单独存在于溶液中，必须同时有接受质子的碱存在。在一个体系中，给出质子能力较强的为酸，给出质子能力较弱的为碱。

以酸 HA 为例，在水溶液中，酸释放出的质子和能接受质子的溶剂水分子结合形成水合质子：

$$HA + H_2O \rightleftharpoons A^- + H_3O^+$$

如果 HA 是酸性较水强得多的酸，此反应可向右进行完全。各种强酸在水中均形成 H_3O^+ 离子，因此不论该强酸的酸性多强，在水溶液中其固有的酸强度已不能表现出来，而被溶剂水均化到水合质子的强度水平，结果这些酸的强度相等。溶剂的这种作用称为调平效应。水对各种强酸有调平作用，但对弱酸则无此效应，因水本身的碱性很弱，质子转移反应很不完全，如乙酸与水反应只进行到一定程度，溶液中尚存在有大量乙酸分子，水合质子则很少。因此乙酸和强酸在水中的酸强度有所区别。这种效应称为区分效应。$pK>8$ 的酸在水溶液中很少有 H_3O^+ 离子存在，不能被碱滴定。

在非水的碱性溶剂中，由于溶剂本身有一定碱性，可以促使上述质子转移反应向右进行得趋于完全，即弱酸在碱性溶剂中的酸强度可均化至溶剂合质子的水平，而溶剂合质子是在该溶剂中能存在的最强酸。此时弱酸也可被碱滴定。有机弱碱的情况与弱酸相仿，同理可在酸性溶剂中用酸滴定，它们的盐类也都可以滴定。

根据可释放或接受质子的性质，非水滴定常用的溶剂可分为酸性、碱性、两性及惰性四种，也可混合使用。滴定酸时多用碱性溶剂，如胺类、酰胺等，滴定用的标准溶液多用甲醇钠的苯-甲醇溶液或碱金属氢氧化物的醇溶液，以百里酚蓝等为指示剂。滴定弱碱时多用酸性溶剂，如乙酸、乙酸酐等，标准溶液多用高氯酸的冰醋酸溶液，常用甲基紫为指示剂。

进行非水滴定时，操作与一般滴定相同，除指示剂外，也可用电位法指示终点。溶剂或试剂中的水分多用与乙酸酐或金属钠反应等办法除去。由于制取标准溶液用的有机溶剂的温度系数一般较大，应注意标定时与测定样品时的温差不宜过大，否则应加温度校正。

思考与练习

（1）称取混合碱试样 0.6800g，以酚酞为指示剂，用 0.1800 mol/L HCl 标准溶液滴定至终点，消耗 HCl 溶液 $V_1 = 23.00$mL，然后加甲基橙指示剂滴定至终点，消耗 HCl 溶液 $V_2 = 26.80$mL，判断混合碱的组分，并计算试样中各组分的含量。

（答：$\omega_{Na_2CO_3} = 64.53‰$；　$\omega_{NaHCO_3} = 8.45‰$）

（2）称取混合碱试样 0.6800g，以酚酞为指示剂，用 0.2000 mol/L HCl 标准溶液滴定至终点，消耗 HCl 溶液 $V_1 = 26.80$mL，然后加甲基橙指示剂滴定至终点，消耗 HCl 溶液 $V_2 = 23.00$mL，判断混合碱的组分，并计算试样中各组分的含量。

（答：$\omega_{NaOH} = 4.47‰$；　$\omega_{Na_2CO_3} = 71.70‰$）

（3）称取硼砂（$Na_2B_4O_7 \cdot 10H_2O$）0.4853g，用以标定盐酸溶液。已知化学计量点时消耗盐酸溶液 24.75mL，求此盐酸溶液的物质的量浓度。

（答：0.1028 mol/L）

（4）将 0.2497g CaO 试样溶于 25.00mL 0.2803 mol/L HCl 标准滴定溶液中，剩余酸用 0.2786 mol/L NaOH 标准滴定溶液返滴定，消耗 11.64mL，试计算试样中 CaO 的质量分数？

（答：$\omega_{CaO} = 42.28‰$）

项目五

重量分析法和沉淀滴定法

项目说明

通过本项目的培训，掌握重量分析和沉淀滴定的原理和方法，会使用重量分析和沉淀滴定所用仪器及设备。

教学目标

（1）了解重量分析仪器的使用和重量分析的基本操作。

（2）正确应用重量分析法和沉淀滴定法。

素质目标

（1）养成良好的实验室工作习惯。

（2）具备独立分析问题、解决问题的能力。

（3）养成求真务实、科学严谨的工作态度。

任务一　认识和掌握重量分析法

任务目标

终极目标：熟练应用重量分析法分析试样。

促成目标：（1）认识重量分析法常用仪器。

（2）掌握重量分析法常用仪器的使用要求。

（3）规范地进行重量分析操作。

工作任务

【活动一】 认识重量分析常用仪器，了解它们的使用要求

分组：每 2 人一组

活动目的：认识重量分析常用仪器，并掌握其使用方法。

仪器设备：重量分析常用仪器一套。

活动程序：通过查找资料，比照实物，认识常见的重量分析仪器，并掌握各种仪器的使用方法及注意事项。

两位同学相互操作演示一下各仪器的操作，比一比谁的操作更规范，并展开讨论。

【活动二】 用重量分析法测定 $BaCl_2 \cdot 2H_2O$ 中结晶水的含量。

分组：1～2 人一组

活动目的：进一步熟悉重量分析仪器，规范操作，掌握重量分析方法。

仪器和试剂：扁形称量瓶、电热干燥箱、干燥器、$BaCl_2 \cdot 2H_2O$ 试样。

活动程序：

（1）取洗净的扁形称量瓶 2 个，将瓶盖横放在瓶口上，置于干燥箱中在 125℃烘干 1h。取出放入干燥器中冷却至室温（约 20 min），称量。再烘一次，冷却，称量，重复进行直至恒重（两次称量之差小于 0.2mg）。

（2）将氯化钡试样 1 g 放入已恒重的称量瓶中，盖上瓶盖，准确称量。然后将瓶盖斜立在瓶口上，于 125℃烘干 2h，取出稍冷，放入干燥器中冷却至室温，称量。再烘一次，冷却，称量，重复烘干称量，直至恒重。

（3）填写表 5.1。

表 5.1 $BaCl_2 \cdot 2H_2O$ 结晶水的测定

次序 记录项目	1	2
空称量瓶质量/g		
称量瓶+试样质量/g（烘干前）		
试样质量/g		
称量瓶+试样质量/g（烘干后）		
水分质量/g		
结晶水/%		

（4）对比试验结果，讨论：称试样的称量瓶为什么要事先烘干至恒重？

知识探究

（一）重量分析仪器

重量分析常采用滤纸、长颈漏斗和微孔玻璃坩埚进行过滤；用瓷坩埚、坩埚钳、干燥器、电热干燥箱、高温电炉等烘干、灼烧沉淀。

1. 滤纸

滤纸分定性滤纸和定量滤纸。定性滤纸灼烧后有相当的灰分，不适用于定量分析。定量滤纸主要用于沉淀重量法中过滤沉淀用，所得沉淀需经灼烧再进行称量和计算。因此定量滤纸是用稀盐酸和氢氟酸处理过的，其中大部分无机物杂质都已被除去，每张滤纸灼烧后的灰分质量常小于 0.1mg（约为 0.02～0.07mg），因为灰分极少，所以又称无灰滤纸。这样，在称沉淀时，滤纸灰分的质量可忽略不计。

国产定量滤纸按孔隙大小，分为快速、中速和慢速三种类型。在滤纸盒面上都分别注明，并绕有白带、蓝带和红带作标志。按直径大小分为 7、9、11、12.5 cm 等圆形滤纸。现将定量滤纸的各种类型，孔隙大小及用途列于表 5.2 中。

表 5.2　定量滤纸规格及用途

滤纸类型	快速	中速	慢速
孔度	大	中	小
包装色带标志	白带	蓝带	红带
灰分	0.02mg/张	0.02mg/张	0.02mg/张
滤速/（s/100mL）	60～100	100～160	160～240
应用实例	过滤无定形沉淀如：$Fe(OH)_3$ 等	过滤粗晶形沉淀如：$MgNH_4PO_4$、CaC_2O_2 等	过滤细晶形沉淀如：$BaSO_4$ 等

滤纸的大小和类型的选择决定于沉淀量的多少、沉淀颗粒的大小和沉淀的性质。一般要求沉淀的量不超过滤纸圆锥体高度的一半，否则不好洗涤。例如，无定形的胶状沉淀（如氢氧化铁）体积庞大，应选用质松孔疏、直径较大（11 cm）的快速滤纸。结晶形沉淀（如硫酸钡）则选用致密孔细，直径较小（7～9 cm）的慢速滤纸为佳。

2. 长颈漏斗

定量分析中使用的普通漏斗是长颈漏斗。长颈漏斗锥体角度为 60°，颈的直径通常为 3～5 mm（若太粗则不易保留水柱），颈长为 15～20 cm，出口处磨成 45°，如图 5.1 所示。

3. 微孔玻璃坩埚及吸滤瓶

微孔玻璃坩埚又称砂芯坩埚[图 5.2（a）]，它的过滤层（滤板）是用玻璃砂在 600℃ 左右烧结成的多孔滤片；根据孔径大小分成 6 种规格，号码越大，孔径越小（表 5.3）。根据沉淀颗粒大小可适当选用。另有一种漏斗型的砂芯过滤器，称砂芯漏斗[图 5.2（b）]。在定量分析中，一般常用 G_3～G_5 几种型号的微孔玻璃坩埚。如用 G_4～G_5（相当于慢速滤纸）过滤细晶形沉淀，用 G_3（相当于中速滤纸）过滤一般晶形沉淀。

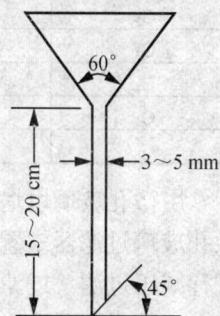

图 5.1　漏斗

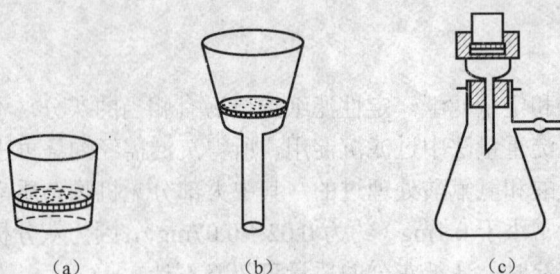

图 5.2　过滤装置

（a）微孔玻璃坩埚；（b）微孔玻璃漏斗；（c）吸滤装置

对于一些不能和滤纸一起灼烧的沉淀（如 AgCl）以及不能在高温下灼烧，只能在不太高的温度下烘干后即可称量的沉淀（如丁二酮肟镍沉淀），必须使用微孔玻璃坩埚进行过滤。

过滤前，玻璃坩埚可用稀盐酸或稀硝酸处理，再用水洗净，置于干燥箱中于烘干沉淀的温度下烘干，直至恒重（2 次称量相差小于 0.2mg），以备使用。已烘干至恒重的玻璃坩埚和沉淀，不能用手直接接触，可用洁净的纸衬垫着（或带上白纱手套）拿取。放在表面皿上，于干燥器中冷却、称量。

表 5.3　微孔玻璃坩埚规格及用途

滤板编号	滤板平均孔径/μm	一般用途
G_1	20～30	过滤粗颗粒沉淀
G_2	10～15	过滤较粗颗粒沉淀
G_3	4.5～9	过滤一般晶形沉淀
G_4	3～4	过滤细颗粒沉淀
G_5	1.5～2.5	过滤板细颗粒沉淀（微生物）
G_6	<1.5	滤除细菌（微生物）

用微孔玻璃坩埚和砂芯漏斗过滤时，采用减压过滤。过滤时和吸滤瓶配合使用，将微孔玻璃过滤器安置在具有橡皮垫圈或孔塞的抽滤瓶上，如图 5.2（c），用抽水泵抽气进行减压过滤。过滤时应先开水泵，接上橡皮管，倒入滤液，过滤完毕，应先拔下橡皮管，再关水泵；或先取出过滤器，再关水泵，以免由于瓶内负压，造成倒吸。

砂芯滤片耐酸性强（氢氟酸除外），但强碱性溶液会腐蚀滤片，因此不能过滤碱性强的溶液，也不能用碱液清洗滤器。

滤器用过后，先尽量倒出沉淀，再用适当的清洗剂清洗（表 5.4）。切不可用去污粉洗涤，也不要用坚硬的物体擦划滤片。

使用微孔玻璃坩埚的优点是过滤装置简单，分离沉淀和洗涤沉淀速度比用滤纸过滤要快得多。

4. 玻璃棒

玻璃棒是用来搅拌溶液和协助倾出溶液，将其插在烧杯中后，应比烧杯长出 4～6 cm。太长易将烧杯打翻，太短则操作不方便。玻璃棒两端应烧光滑，一则可以防止划破烧杯，二则烧杯底部产生的气泡会聚在玻璃棒上，从而防止爆沸。

表 5.4 洗涤砂芯滤器的清洗剂

沉淀物	有效清洗液	用　法
新滤器	热盐酸；铬酸洗液	浸泡、抽洗
氯化银	(1+1)氨水；10%$Na_2S_2O_3$	先浸泡再抽洗
硫酸钡	浓 H_2SO_4，或 3%EDTA500mL+水 100mL 混合	浸泡蒸煮抽洗
氧化铜	热的 $KClO_3$ 与 HCl 混合液	浸泡、抽洗
有机物	热铬酸洗涤	抽洗
脂肪	CCl_4	浸泡、抽洗
丁二酮肟镍	HCl	浸泡

5. 干燥器

　　干燥器是一种具有磨口盖子的厚质玻璃器皿（图 5.3），图 5.3（a）为一般干燥器，图 5.3（b）为真空干燥器，都是用来进行干燥或保存干燥物品。干燥器内放置一块有圆孔的瓷板，将其分成上下两室。上室放被干燥物品，下室装放干燥剂。被干燥的物品应放在瓷板的孔内。

（a）　　　（b）

图 5.3　干燥器　　　　　　　图 5.4　装干燥剂

　　准备干燥器时，用洁净干布将瓷板和内壁擦净，干燥剂装到下室一半即可，太多容易玷污被干燥物品，装干燥剂时应避免干燥器壁受玷污。把干燥剂筛去粉尘后，借助纸筒放入器底（图 5.4），再盖上多孔瓷板。

　　常用的干燥剂有无水 $CaCl_2$、变色硅胶。当无水 $CaCl_2$ 吸潮，蓝色的硅胶变成红色（钴盐的水合物颜色）时，应更换干燥剂 $CaCl_2$，或将硅胶重新烘干。

　　干燥器的磨口沿边和盖沿，用时应涂敷一薄层凡士林以增加其密封性。开启或关闭干燥器时，用左手向内按住干燥器身，右手握盖的圆把手向前平推干燥器盖（图 5.5）。取下的盖子，盖里朝上，盖沿在外稳放在实验台上，防止其滚落在地。

　　灼烧的物品放入干燥器前，应先放在空气中冷却 30～60s，放入干燥器后，为防止干燥器内空气膨胀将盖子顶落，应反复将盖子推开一道细缝让热空气逸出，直至不再有热空气排出时再盖严盖子。这样也可防止物品冷却后，器内压力降低致使推动干燥器盖比较困难。

　　搬动干燥器时，两手大拇指压紧干燥器盖，其他手指托住下沿（图 5.6），绝对禁止用单手捧其下部，以防盖子滑落。

图 5.5　干燥器的开启与关闭　　　　图 5.6　搬动干燥器的方法

应当注意干燥器内并非绝对干燥，灼烧后的坩埚或沉淀，不宜在干燥器内放置过久，以至吸收了干燥器内空气中的水气而使质量略有增加。因此应严格控制在干燥器内的放置时间。

此外，干燥器不能用来保存潮湿的器皿或沉淀。

6. 瓷坩埚与坩埚钳

坩埚是用来高温灼烧的器皿。重量分析常用 30mL 的瓷坩埚灼烧沉淀。为了便于识别，将经过检查完好无损的坩埚进行编号，可用钴盐（如 $CoCl_2$）或铁盐（$FeCl_3$）的溶液，在坩埚上编写号码，烘干灼烧后即留下永不褪色的字迹。

用滤纸过滤的沉淀，需在瓷坩埚中灼烧至恒重。因此要准备好已知质量的空坩埚，将坩埚洗净烘干，用 $FeCl_3$ 在坩埚和盖上编号，晾干后，将坩埚放入马弗炉中（或放于泥三角上，用煤气灯高温灼烧），在预定温度中（800～1000℃）灼烧。第一次灼烧约 30 min，取出稍冷后，再转入干燥器中，冷至室温、称量。第二次再灼烧 15～20 min，稍冷后，再转入干燥器中，冷至室温再称量。前后两次称量之差小于 0.2mg，即认为达到恒重。

坩埚钳用铁或铜合金制作，表面镀镍或铬，用来夹持热的坩埚和坩埚盖，坩埚洗净后，坩埚的灼烧、称量过程中均不能用手直接拿取，应使用坩埚钳。坩埚钳使用前，要检查钳尖是否洁净，如有玷污必须处理（用细砂纸磨光）后才能使用。用坩埚钳夹取灼热坩埚时，必须预热。使用坩埚钳的过程中，坩埚钳平放在台上，钳尖应朝上，以免玷污。

7. 电热干燥箱

对于不能和滤纸一起灼烧的沉淀，以及不能在高温下灼烧，只需在不太高的温度烘干后即可称量的沉淀，可用已恒重的微孔玻璃坩埚过滤后，置于电热干燥箱中在一定温度下烘干。

实验室中常用的电热鼓风干燥箱可控温 50～300℃，在此范围内可任意选定温度，并借箱内的自动控制系统使温度恒定。

使用电热干燥箱应注意以下事项：

（1）为保证安全操作，通电前必须检查是否有断路、短路，箱体接地是否良好。

（2）在箱顶排气阀上孔插入温度计，旋开排气阀，接上电源。

（3）接通电源后即可开启选温开关（选温开关分三档：一档是控制器及第 1 组加热

器工作；二档是 2 组加热器工作；三档是 3 组加热器工作），再将调节器控温旋钮顺时针方向旋至最高点，此时箱内开始升温。

（4）当温度升到所需温度时，即将控温旋钮逆时针方向旋回至白色指示灯灭而黄灯亮时再做微调，在此两灯交替亮时，此处即为该温度的恒温控制点。

（5）当箱内刚刚达到恒温时，温度可能继续上升，此乃余热影响。如温度升高或下降时可再行微调。

（6）恒温后可根据工作温度的高低，关一组加热器，以免功率过大影响温度波动及箱内温差。

（7）升温时即可开启鼓风机，鼓风机可连续使用。

（8）易燃易爆，易挥发以及有腐蚀性或有毒的物品禁止放入干燥箱内。

（9）当停止使用时，应切断外电源以保证安全。

8. 高温电炉

高温电炉也叫马弗炉，常用于金属熔融，有机物的灰化、炭化。重量分析中用来灼烧坩埚和沉淀以及熔融某些试样。其温度可达 1100～1200℃。

常用的高温电炉炉体是由角钢、薄钢板构成，炉膛是由炭化硅制成的长方体。电热丝盘绕于炉膛外壁，炉膛与炉壳之间是由保温砖等绝热材料砌成。

高温电炉应与温度控制器及镍铬或镍铝热电偶配合使用，通过温度控制器可以指示、调节、自动控制温度。

实验室中常用的温度控制器测温范围在 0～1100℃之间。

不同沉淀所需灼烧的温度及时间可参考表 5.5。

表 5.5　沉淀灼烧要求的温度和时间

灼烧前的物质	灼烧后的物质	灼烧温度/℃	灼烧时间/min
$BaSO_4$	$BaSO_4$	800～900	10～20
CaC_2O_4	CaO	600	灼烧至恒重
$Fe(OH)_3$	Fe_2O_3	800～1000	10～15
$MgNH_4PO_4$	$Mg_2P_2O_7$	1000～1100	20～25
$SiO_2 \cdot xH_2O$	SiO_2	1000～1200	20～30

使用高温电炉应注意以下事项：

（1）为保证安全操作，通电前应检查导线及接头是否良好，电炉与控制器接地必须可靠。

（2）检查炉膛是否洁净和有无破损。

（3）欲进行灼烧的物质（包括金属及矿物）必须置于完好的坩埚或瓷皿内，用长坩埚钳送入（或取出），应尽量放在炉膛中间位置，切勿触及热电偶，以免将其折断。

（4）含有酸性、硫性挥发物质或为强烈氧化剂的化学药品应预先处理（用煤气灯或电炉预先灼烧），待其中挥发物逸尽后，才能置入炉内加热。

（5）旋转温度控制器的旋钮使指针指向所需温度，温度控制器的开关指向关。

（6）快速合上电闸，检查配电盘上指示灯是否已亮。

（7）打开温度控制器的开关，温度控制器的红灯即亮，表示高温电炉处在升温状态。当温度升到预定温度时，红灯、绿灯交替变换，表示电炉处于恒温状态。

（8）在加热过程中，切勿打开炉门，电炉使用中切勿超过最高温度，以免烧毁电热丝。

（9）灼烧完毕，切断电源，不能立即打开炉门。待温度降低后才能打开炉门，取出灼烧物品，冷至 60℃，放入干燥器内冷至室温。

（10）长期搁置未使用的高温电炉，在使用前必须进行一次烘干处理，烘炉时间，从室温到 200℃烘炉 4 h；400～600℃烘炉 24 h。

（二）重量分析基本操作

重量分析基本操作包括试样的溶解、沉淀、过滤和洗涤、烘干和灼烧、称量等。

1. 试样的溶解

先准备好洁净的烧杯，合适的璃玻棒和表面皿（大小应大于烧杯口），然后称入试样，用表面皿盖好烧杯。根据试样的性质用水、酸或其他溶剂溶解。溶解时，若无气体产生，将玻璃棒下端紧靠杯壁，沿玻璃棒将溶液加入烧杯中，边加边搅拌，直至试样完全溶解。然后盖上表面皿，如果试样溶解时，有气体产生（如碳酸盐加盐酸）则应先在试样中加入少量水，使之润湿，盖好表面皿，由烧杯嘴与表面皿的间隙处滴加溶剂，轻轻摇动。试样溶解后，用洗瓶吹洗表面皿的凸面，流下来的水应沿杯壁流入烧杯，并吹洗烧杯壁。

若需加热促使试样溶解，应盖好表面皿，注意温度不要太高，以免爆沸使溶液溅出。另外，若试样溶解后必须加热蒸发，可在烧杯口放上玻璃三角，再放表面皿。

2. 沉淀

应根据沉淀的性质采取不同的操作方法。

1）晶形沉淀

加沉淀剂时，左手拿滴管加沉淀剂溶液。滴管口要接近液面，以免溶液溅出。滴加速度要慢，与此同时，右手持玻璃棒充分搅拌。但注意勿使玻璃棒碰烧杯壁或烧杯底。如果需在热溶液中沉淀时，可在水浴或电热板上进行。沉淀剂加完后，应检查沉淀是否完全，检查方法是：将溶液静置，待沉淀下沉后，在上层清液中，再加 1～2 滴沉淀剂，如果上层清液中不出现浑浊，表示已沉淀完全；如果有浑浊出现，表示沉淀尚未完全，需继续滴加沉淀剂，直到沉淀完全为止。然后盖上表面皿，放置过夜（或在水浴上加热 1 h 左右）。使沉淀陈化。

2）非晶形沉淀

沉淀时应当在较浓的溶液中，加入较浓的沉淀剂，在充分搅拌下，较快地加入沉淀剂进行沉淀。沉淀完全后，立即用热的蒸馏水稀释以减少杂质的吸附，不必陈化，待沉淀下沉后即进行过滤和洗涤。必要时进行再沉淀。

3. 过滤和洗涤

过滤是使沉淀从溶液中分离出来的一种方法。对于需要灼烧的沉淀，要用定量滤纸在玻璃漏斗中过滤。对于过滤后只要烘干即可称量的沉淀，可采用微孔玻璃坩埚进行减压过滤。

洗涤沉淀的目的是为除去混杂在沉淀中的母液和吸附在沉淀表面上的杂质。

1）洗涤液的选择

洗涤沉淀用的洗涤液，应符合下列条件：

（1）易溶解杂质，但不溶解沉淀。

（2）对沉淀无胶溶作用或水解作用。

（3）烘干或灼烧沉淀时，易挥发除去。

（4）不影响滤液的测定。

选择什么洗涤液，应根据沉淀性质而定。

晶形沉淀，可用含共同离子的挥发性物质，如冷的可挥发的稀沉淀剂洗涤，以减少沉淀溶解的损失。当沉淀溶解度很小时，也可用水或其他合适的溶液洗涤沉淀。

无定形沉淀，用含少量电解质的热溶液作洗涤液以防止胶溶作用。电解质应是易挥发或加热灼烧易分解除去的物质，大多采用易挥发的铵盐。

对于溶解度较大，易水解的沉淀，采用有机溶剂加沉淀剂作洗涤液洗涤沉淀。例如洗涤氟硅酸钾（K_2SiF_6）沉淀时，选用含5%氯化钾的乙醇（95%）溶液作洗涤液，可以防止沉淀水解并降低沉淀的溶解度。

2）洗涤技术

为了提高洗涤效率，应掌握洗涤方法的要领，先用"倾泻法"将上层清液倾入漏斗中过滤，然后采用"少量多次"，"洗后尽量沥干"的原则进行沉淀洗涤。即将清液先倾入漏斗中，在沉淀中加入少量洗涤液，充分搅拌，待沉淀沉降后，再将上层清液倾入漏斗中过滤，如此反复多次，每次使用少量洗涤液，洗后尽量沥干，再倒入新的洗涤液。过滤和洗涤操作必须不间断地连续进行，直到把沉淀中的杂质洗净。最后一次加洗涤液时，搅拌后混同沉淀一起转移到滤纸上。

沉淀是否洗净，可用定性方法检验洗出液中是否含有某种代表性的离子，例如，用$BaCl_2$溶液沉淀SO_4^{2-}离子时，洗涤$BaSO_4$沉淀直至洗出液中不含Cl^-离子为止，为此可用一干净小试管承接1～2mL滤液，酸化后，用$AgNO_3$溶液检查，若无AgCl白色浑浊物出现，说明沉淀已洗净。否则还需再洗，如无明确规定，通常洗涤8～10次就认为已洗净。对于无定形沉淀，洗涤次数可稍多几次。

采用"少量多次"，"尽量沥干"原则洗涤沉淀，能提高洗涤效率，也就是指洗涤时间少（即洗得快），用洗涤液的量相对地也较少。此原则可通过下列计算说明。

设沉淀上残留母液V_0mL；每次加入洗涤液为VmL，未洗沉淀前可溶性杂质为$a_0$mg，第一次洗涤后残留溶液中杂质为$a_1$mg，第二次洗涤后残留溶液中杂质为$a_2$mg，则第一次洗涤后残留物质为

$$a_1 = \frac{V_0}{V+V_0}a_0$$

第二次洗涤后残留物质为

$$a_2 = \frac{V_0}{V+V_0}a_1 = \left(\frac{V_0}{V+V_0}\right)^2 a_0$$

第 n 次洗涤后残留物质为

$$a_n = a_0 \left(\frac{V_0}{V + V_0} \right)^n$$

例如，在烧杯中的沉淀含有母液 1mL，其中有可溶性杂质 10mg，用 36mL 洗涤液洗涤沉淀。第一种方法分 4 次洗，每次 9mL；第二种方法分 2 次洗，每次 18mL。每次洗涤液滤出后沉淀中仍剩洗涤液 1mL。

按上述方法计算，并将两种方法的洗涤效果列于表 5.6、表 5.7 中。

表 5.6　洗涤效果比较之一

分 4 次洗涤			分 2 次洗涤		
顺序	洗涤液用量/mL	残留杂质量/mg	顺序	洗涤液用量/mL	残留杂质量/mg
0	0	10	0	0	10
1	9	1	1	18	0.53
2	9	0.1	2	18	0.027
3	9	0.01			
4	9	0.001			

若沉淀残留母液 2mL，含有杂质 10mg，每次洗涤液滤出后沉淀上仍剩洗涤液 2mL，则 36mL 洗涤液分 4 次和分 2 次效果见表 5.7。

表 5.7　洗涤效果比较之二

分 4 次洗涤			分 2 次洗涤		
顺序	洗涤液用量/mL	残留杂质量/mg	顺序	洗涤液用量/mL	残留杂质量/mg
0	0	10	0	0	10
1	9	1.8	1	18	1
2	9	0.33	2	18	0.1
3	9	0.06			
4	9	0.011			

从表 5.6 和表 5.7 可以看出，用"少量多次"和"尽量沥干"的洗涤原则，则洗涤效果比较好。

3）过滤洗涤操作

（1）折叠和安放滤纸。

根据沉淀的性质选好滤纸和漏斗，并按照漏斗规格折叠滤纸。折叠滤纸一般采用四折法[图 5.7（a）]。折叠时，应先将手洗净、揩干，以免弄脏、弄湿滤纸，然后将滤纸对折并按紧一半[图 5.7（b）]，再对折，但不要按紧，把滤纸圆锥体放入干燥漏斗中，滤纸的大小应低于漏斗边缘 1cm 左右，若高出漏斗边缘，可剪去一圈。观察折好的滤纸是否能与漏斗内壁紧密贴合，若不贴合，对折时把两角对齐向外错开一点，改变滤纸折叠角度，打开后使形成顶角稍大于 60° 的圆锥体。直至与漏斗能紧密贴合时，把第二次的折边折紧。取出滤纸圆锥体，所得圆锥体半边为三层，另半边为一层。将半边为三层的滤纸外层折角撕下一小角[如 5.7（c）]，这样可以使内层滤纸能紧密贴在漏斗壁上。

撕下来的滤纸角应保存在干净的表面皿上，以备擦拭烧杯或玻璃棒上残留的沉淀之用。

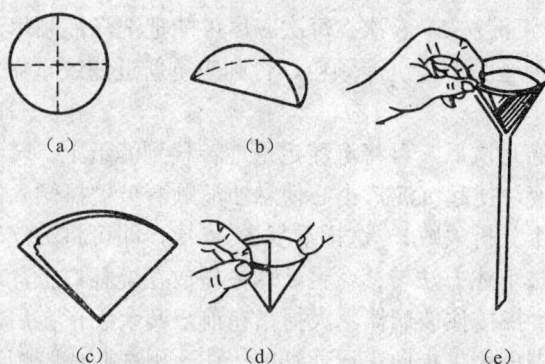

图 5.7　滤纸的折叠和放置

（2）做水柱。

把正确折叠好的滤纸展开成圆锥体[图 5.7（d）]放入漏斗，三层的一面在漏斗颈的斜口长侧，用食指按紧三层的一边，然后用洗瓶吹入少量水润湿滤纸，轻压滤纸，赶去气泡，使其紧贴于漏斗壁上[图 5.7（e）]。再加水至漏斗边缘，让水流出，此时漏斗颈内应全部充满水，且无气泡，即形成水柱。若不能形成水柱，可用左手拇指堵住颈下口，拿住漏斗颈，右手食指轻轻掀起滤纸的一边，用洗瓶向滤纸和漏斗的空隙处加水，使漏斗颈及滤纸内外充满水，用食指将滤纸按紧，放开堵住出口的拇指，此时应形成水柱。若仍无水柱形成，可能滤纸折叠角度不合适；漏斗未洗干净或漏斗颈太大，应洗净漏斗，重新折叠滤纸。

由于水柱的重力可起抽滤作用，从而加快过滤速度。

（3）倾泻法过滤和初步洗涤。

把作好水柱的漏斗放在漏斗架上方，用一洁净的烧杯承接滤液，漏斗颈出口斜边长的一侧贴于烧杯壁。漏斗位置的高低，以过滤过程中漏斗颈的出口不接触滤液为准。

一手拿起烧杯置于漏斗上方，一手轻轻从烧杯中取出玻璃棒，勿使沉淀搅起，将玻璃棒下端轻碰一下烧杯壁使悬挂的液滴流回烧杯中。玻璃棒直立，下端接近三层滤纸的一边，但不要触及滤纸。将烧杯嘴与玻璃棒贴紧，慢慢倾斜烧杯（勿使沉淀搅动）让清液沿玻璃棒倾入漏斗（图 5.8），漏斗中的液面不要超过滤纸高度的 2/3。暂停倾注时，应沿玻璃棒将烧杯嘴向上提，将烧杯直立，使残留在烧杯嘴的液体流回烧杯中，并将玻璃棒放回烧杯中（但不能靠在烧杯嘴处，以免粘有沉淀造成损失）。小心勿使玻璃棒上黏附的液滴洒在外。

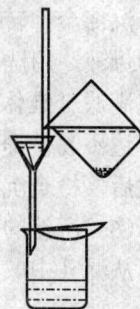

图 5.8　倾泻法过滤

如此重复直至将上层清液接近倾完为止。当烧杯内的液体较少而不便倾出时，可以将玻璃棒稍向上倾斜，使烧杯倾斜角度更大些。

当上层清液倾注完了以后，做初步洗涤，洗涤时，常采用聚乙烯塑料洗瓶，每次挤出 10mL 左右洗涤液沿烧杯壁冲洗杯四周，充分搅拌后把烧杯放置在桌上，等沉淀下沉后，按上法倾注过滤。如此洗涤沉淀数次，洗涤的次数视沉淀的性质而定，一般晶形沉淀洗 3～4 次，无定形沉淀洗 5～6 次。每次应尽可能把洗涤液倾尽沥干再加第二份洗涤液，随时查看滤液是否透明不含沉淀颗粒，否则应重新过滤或重做实验。

（4）转移沉淀。

沉淀用倾泻法洗涤几次后，可将沉淀定量地转移到滤纸上。转移沉淀时，在沉淀上加入 10～15mL 洗涤液，搅起沉淀，小心使悬浊液顺着玻璃棒倾入漏斗中（注意：如果失落一滴悬浊液，整个分析失败）。这样重复 3～4 次，即可将沉淀转移到滤纸上。烧杯中留下的极少量沉淀按下述方法转移：将玻璃棒横放在烧杯口上，玻璃棒下端比烧杯口长出 2～3 cm，左手食指按住玻璃棒，大拇指在前，其余手指在后，拿起烧杯，放在漏斗上方，倾斜烧杯使玻璃棒仍指向三层滤纸的一边，用洗瓶或胶帽滴管冲洗烧杯壁上附着的沉淀使之全部转移至漏斗中，如图 5.9 所示。黏附在烧杯壁上的沉淀可用洗瓶吹洗烧杯壁洗出，洗液倒入漏斗中。最后用撕下来保存好的滤纸角先擦净玻璃棒上的沉淀，再放入烧杯中，用玻璃棒压住滤纸擦拭。擦拭后的滤纸角，用玻璃棒拨入漏斗中，用洗涤液再冲洗烧杯将残存的沉淀全部转入漏斗中。仔细检查烧杯内壁、玻璃棒、表面皿是否干净，直至沉淀转移完全为止。

图 5.9　转移沉淀操作　　　　　　图 5.10　在滤纸上洗涤

（5）洗涤沉淀。

沉淀全部转移后，继续用洗涤液洗涤沉淀及滤纸，以除去沉淀表面吸附的杂质和残留的母液，用洗瓶或胶帽滴管，由滤纸边缘稍下一些的地方螺旋向下冲洗沉淀，至洗涤液充满滤纸锥体的一半（图 5.10）。待每次洗涤液流尽后再进行第二次洗涤。三层滤纸的一边不易洗净，应注意多冲几次（沉淀应冲洗到滤纸底部，便于滤纸的折卷）。洗涤几次后，检查沉淀是否洗净，直至沉淀洗净为止。

（6）沉淀的包裹。

从漏斗中取出洗净的沉淀和滤纸，按一定的操作方法进行包裹。

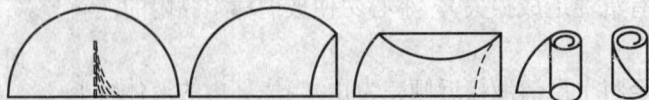

图 5.11　晶形沉淀的包裹

对于晶形沉淀，用下端细而圆的玻璃棒从滤纸的三层处小心将滤纸从漏斗壁上拨开，用洗净的手把沉淀和滤纸拿出，按图 5.11 的程序折卷成小包，将沉淀包裹在里面。其步骤如下：

① 滤纸对折成半圆形。

② 自右端约 1/3 半径处向左折起。

③ 由上边向下折，再自右向左折。

④ 折成的滤纸包，放入已恒重的瓷坩埚中。

若是无定形沉淀，因沉淀体积较大，可用玻璃棒把滤纸的边缘挑起，向中间折叠，将沉淀全部盖住（图 5.12）。然后小心取出，放入已恒重的坩埚中，仍使三层滤纸部分向上，以便滤纸的炭化和灰化。

图 5.12　无定形沉淀的包法

不需要灼烧只要烘干后即可称量的沉淀，用微孔玻璃坩埚过滤。

将已洗净，烘干至恒重的微孔玻璃坩埚，装在抽滤瓶的橡皮圈中，接橡皮管于抽水泵上，打开水泵，在抽滤下，用倾泻法过滤、洗涤。其操作与用滤纸过滤相同，操作完毕，先摘下橡皮管，后关抽水泵，防止倒吸。

4. 烘干和灼烧

沉淀的烘干和灼烧是获得沉淀称量式的重要操作步骤。通常在 250℃ 以下的热处理叫烘干，250℃ 以上至 1200℃ 的热处理叫灼烧。

烘干的目的是除去沉淀中的水分，以免在灼烧沉淀时因冷热不均而使坩埚破裂。将过滤所得的沉淀连同滤纸放在已恒重的瓷坩埚内进行烘干和灼烧。如用微孔玻璃坩埚过滤沉淀，只需按指定温度在恒温干燥箱中干燥即可。

灼烧的目的是烧去滤纸，除去沉淀沾有的洗涤液，将沉淀变成符合要求的称量式。应当注意，有的沉淀在滤纸燃烧时，由于空气不足发生部分还原，可在灼烧前用几滴浓硝酸或硝酸铵饱和溶液润湿滤纸，以帮助滤纸在灰化时迅速氧化。

灼烧的温度和时间，随沉淀的性质而定（表 5.5），但最后都应灼烧至恒重，即连续两次灼烧后质量之差不超过 0.2mg，灼烧好的沉淀连同容器，应该稍冷后放入干燥器中冷至室温，再进行称量。

1）烘干

在马弗炉中灼烧沉淀前，一般先在电炉上将滤纸和沉淀烘干。为此，带有沉淀的坩埚直立放在电炉上，坩埚盖半掩于坩埚上，使沉淀和滤纸慢慢干燥，在干燥过程中，温度不能太高，干燥不能急，否则瓷坩埚与水滴接触易炸裂。

2）炭化和灰化

滤纸和沉淀干燥后，继续加热，使滤纸炭化。但应防止滤纸着火燃烧，以免沉淀微粒飞失。如果滤纸着火，立即将坩埚盖盖好，让火焰自行熄灭。绝不许用嘴吹灭。

滤纸炭化后，逐渐增高温度，并用坩埚钳不断转动坩埚，使滤纸灰化，将碳素燃烧成二氧化碳而除去的过程称灰化。滤纸若灰化完全，应不再呈黑色。

3）灼烧与恒重

将灰化好带有沉淀的坩埚移入马弗炉中灼烧，将坩埚直立，先放在打开炉门的炉膛口预热后，再送至炉膛中盖上坩埚盖，但要错开一点。在要求的温度下灼烧一定时间，直至恒重，通常在马弗炉中灼烧沉淀时，第一次灼烧时间为 30 min 左右，第二次灼烧

15～20 min 左右，带沉淀的坩埚，连续两次称量结果相差在 0.2mg 以内才算达到恒重。

用微孔玻璃坩埚过滤沉淀，只需放在干燥箱中烘干，一般应将它放在表面皿上，然后放入干燥箱中，根据沉淀性质确定烘干温度（均在 200℃以内）和烘干时间，第一次烘干时间要长些，第二次烘干时间要短些，反复烘干，直至恒重。

5. 冷却称量

将灼烧好的坩埚移到石棉板上，冷却到红热消退不感到烤手时，再把它放入干燥器中，送至天平室，冷却 15～20 min，到与天平室温度相同，取出称量。在干燥器中冷却的初期，应推动干燥器盖打开几次调节气压，以防干燥器内气温升高而冲开干燥器盖，也防止坩埚冷却后，器内压力降低致使推动干燥器盖困难，以致打不开盖。

继续灼烧一定时间，冷却后再称量，直至恒重为止，放干燥器内冷却的条件与时间应尽量一致，这样才容易达到恒重。

称量微孔玻璃坩埚的方法与上相同。

（三）重量分析法

重量分析，通常是通过物理或化学反应将试样中待测组分与其他组分分离，以称量的方法，称得待测组分或它的难溶化合物的质量，计算出待测组分在试样中的含量。

按照待测组分与其他组分分离方法的不同，重量分析法可分为挥发法、沉淀重量法两类。

1. 挥发法

一般是采用加热或其他方法使试样中的挥发性组分逸出，称量后根据试样质量的减少，计算试样中该组分的含量；或利用吸收剂吸收组分逸出的气体，根据吸收剂质量的增加，计算出该组分的含量。例如，要测定 $BaCl_2 \cdot 2H_2O$ 中结晶水的含量，可称取一定量的氯化钡试样加热，使水分逸出后，再称量，根据试样加热前后的质量差，计算 $BaCl_2 \cdot 2H_2O$ 试样中结晶水的含量。

2. 沉淀重量法

利用试剂与待测组分发生沉淀反应，生成难溶化合物沉淀析出，经过分离、洗涤、过滤、烘干或灼烧后，称得沉淀的质量计算出待测组分的含量。例如，用沉淀重量法测定钢铁中镍的含量。将含镍的试样溶解后，在 pH8～9 的氨性溶液中加入有机沉淀剂丁二酮肟，生成丁二酮肟镍鲜红色沉淀。沉淀组成恒定，经过滤、洗涤、烘干后称量，计算出试样中镍的质量。

重量分析法是经典的化学分析法，它通过直接称量得到分析结果，不需要从容量器皿中引入许多数据，也不需要基准物质做比较，故其准确度较高，可用于测定含量大于 1%的常量组分，有时也用于仲裁分析。但重量分析的操作比较麻烦，程序多，费时长，不能满足生产上快速分析的要求，这是重量分析法的主要缺点。在重量分析法中，以沉淀重量法最重要，而且应用也较多，所以我们主要介绍沉淀重量法。

（四）重量分析对沉淀的要求

利用沉淀重量法进行分析时，待测组分在进行沉淀反应后，以"沉淀形式"沉淀出来，然后经过滤洗涤、烘干或灼烧成为"称量形式"，再进行称量。"沉淀形式"和"称量形式"可能是相同的，也可能是不相同的。例如，

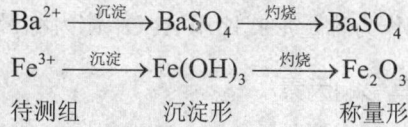

$$Ba^{2+} \xrightarrow{\text{沉淀}} BaSO_4 \xrightarrow{\text{灼烧}} BaSO_4$$

$$Fe^{3+} \xrightarrow{\text{沉淀}} Fe(OH)_3 \xrightarrow{\text{灼烧}} Fe_2O_3$$

待测组　　　　　沉淀形　　　　　称量形

1. 对沉淀形式的要求

1）沉淀的溶解度要小

沉淀的溶解度必须足够小，才能保证被测组分沉淀完全。通常要求沉淀溶解损失不应大于分析天平的称量误差即 0.2mg。例如，测定 Ca^{2+} 时，以 $CaSO_4$ 与 CaC_2O_4 两种沉淀形式作比较，$CaSO_4$ 的溶解度较大（$K_{sp} = 2.45 \times 10^{-5}$），$CaC_2O_4$ 的溶解度小（$K_{sp} = 1.78 \times 10^{-9}$）。显然，沉淀为 CaC_2O_4 的溶解损失要少得多，不影响分析结果。常见难溶化合物的溶度积常数见附录二。

2）沉淀要纯净，并应容易过滤和洗涤

颗粒较大的晶形沉淀（如 $MgNH_4PO_4$）吸附杂质少，容易洗净。颗粒细小的晶形沉淀（如 $BaSO_4$、CaC_2O_4）就差一些，吸附杂质稍多，有时过滤会穿漏，洗涤次数也相应增多。

非晶形沉淀如 $Al(OH)_3$、$Fe(OH)_3$，体积庞大疏松，吸附杂质较多，过滤费时且不易洗净。对于这类沉淀，必须选择适当的沉淀条件以满足对沉淀形式的要求。

3）沉淀容易转化为称量形式

沉淀经烘干、灼烧时，应容易转化为称量形式。例如，Al^{3+} 的测定，若沉淀为 8-羟基喹啉铝（$Al(C_9H_6NO)_3$），在 130℃烘干后即可称量；而沉淀为 $Al(OH)_3$，则必须在 1200℃灼烧才能转变为无吸湿性的 Al_2O_3 后，方可称量。因此，测定 Al^{3+} 时选前一种方法比较好。

2. 对称量形式的要求

1）组成必须与化学式符合

称量形式的组成与化学式符合，这是计算分析结果的基本依据。例如 PO_4^{3-} 的测定，可以形成磷钼酸铵沉淀，但组成不固定，无法利用它作为测定 PO_4^{3-} 的称量形式。若用磷钼酸喹啉法测定 PO_4^{3-}，则可得到组成与化学式符合的称量形式。

2）称量形式要有足够的稳定性

称量形式应不受空气中的水分、CO_2 和 O_2 的影响。例如，测定 Ca^{2+} 时，若沉淀为 $CaC_2O_4 \cdot H_2O$，灼烧后得到的 CaO 易吸收空气中水分和 CO_2，不宜作称量形式。

3）称量形式的摩尔质量要大

称量形式的摩尔质量大，则待测组分在称量形式中所占比率小，可以减少称量误差。例如，测定铝时，分别用 $Al(C_9H_6NO)_3$ 和 Al_2O_3 两种称量形式测定（相对摩尔质量分别

为 459.44 和 101.96），若在操作过程中都是损失 0.2mg，则铝的损失量分别为

$$\frac{M_{Al}}{M_{Al(C_9H_6NO)_3}} \times 0.2 = \frac{26.98}{459.44} \times 0.2 = 0.01 (mg)$$

$$\frac{2M_{Al}}{M_{Al_2O_3}} \times 0.2 = \frac{2 \times 26.98}{101.96} \times 0.2 = 0.10 (mg)$$

显然，以 $Al(C_9H_6NO)_3$ 作为称量形式比用 Al_2O_3 作为称量形式测定 Al 的准确度高。

（五）沉淀的溶解度及其影响因素

利用沉淀反应进行重量分析时，要求沉淀反应定量地进行完全，重量分析的准确度才高。沉淀反应是否完全，可以根据沉淀反应到达平衡后，溶液中未被沉淀的被测组分的量来衡量，也就是说，可以根据沉淀溶解度的大小来衡量。溶解度小，沉淀完全；溶解度大，沉淀不完全。沉淀的溶解度，可以根据沉淀的溶度积常数 K_{sp} 来计算。哪些因素影响沉淀的溶解度呢？下面分别讨论之。

1. 同离子效应

通常采用加入过量沉淀剂，利用同离子效应来降低沉淀的溶解度，达到沉淀完全减少测量误差的目的。

例如，以 $BaCl_2$ 为沉淀剂，沉淀 SO_4^{2-}，生成 $BaSO_4$ 沉淀，当滴加 $BaCl_2$ 到达化学计量点时，在 200mL 溶液中溶解的 $BaSO_4$ 质量为（$K_{sp,BaSO_4} = 8.7 \times 10^{-11}$）

$$\sqrt{8.7 \times 10^{-11}} \times 233 \times \frac{200}{1000}$$

$$= 4.3 \times 10^{-4} \, g = 0.43 (mg)$$

重量分析中，一般要求沉淀的溶解损失不超过 0.2mg，现按化学计量关系加入沉淀剂，沉淀溶解损失超过重量分析的要求。如果加入过量的 $BaCl_2$ 利用同离子效应，设过量的 $[Ba^{2+}] = 0.01 \, mol/L$，计算在 200mL 溶液中溶解 $BaSO_4$ 的质量为

$$\frac{8.7 \times 10^{-11}}{0.01} \times 233 \times \frac{200}{1000} = 4.0 \times 10^{-7} \, (g) = 0.0004 \, mg$$

溶解损失符合重量分析的要求，因此可认为 $BaSO_4$ 实际上沉淀完全。所以，利用同离子效应是降低沉淀溶解度的有效措施之一。

但是，在实际操作中，并非加沉淀剂越过量越好，由于盐效应、配位效应等原因，有时沉淀剂太过量，反而使沉淀的溶解度增大，沉淀剂究竟应过量多少，应根据沉淀的具体情况和沉淀剂的性质而定。如果沉淀剂在烘干或灼烧时能挥发除去，一般可过量 50%～100%；不易除去的沉淀剂，只宜过量 10%～30%。

2. 盐效应

在难溶电解质的饱和溶液中，加入其他易溶强电解质时，使难溶电解质的溶解度比同温度下在纯水中的溶解度增大，这种现象称为盐效应。例如，在 $PbSO_4$ 饱和溶液中加入 Na_2SO_4，就同时存在着同离子效应和盐效应，而哪种效应占优势，取决于 Na_2SO_4 的浓度。表 5.8 为 $PbSO_4$ 溶解度随 Na_2SO_4 浓度变化的情况。从表中可知，初始时由于同离

子效应，使 $PbSO_4$ 溶解度降低，可是当加入 Na_2SO_4 浓度大于 0.04 mol/L 时，盐效应超过同离子效应，使 $PbSO_4$ 溶解度反而逐步增大。

表 5.8　$PbSO_4$ 在 Na_2SO_4 溶液中的溶解度

Na_2SO_4 浓度/(mol/L)	0	0.001	0.01	0.02	0.04	0.100	0.200
$PbSO_4$ 溶解度/(mg/L)	45	7.3	4.9	4.2	3.9	4.9	7.0

又如，AgCl 在 0.1 mol/L HNO_3 中的溶解度比在纯水中的溶解度约大 33%。

通过上述讨论得知：同离子效应与盐效应对沉淀溶解度的影响恰恰相反，所以进行沉淀时应避免加入过多的沉淀剂；如果沉淀的溶解度本身很小，一般来说，可以不考虑盐效应。

3. 酸效应

溶液的酸度对沉淀溶解度的影响称为酸效应。例如，CaC_2O_4 是弱酸盐的沉淀，受酸度的影响较大。CaC_2O_4 在溶液中存在如下平衡：

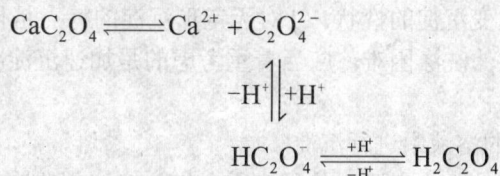

当溶液中 H^+ 浓度增大时，平衡向生成 $HC_2O_4^-$ 和 $H_2C_2O_4$ 的方向移动，破坏了 CaC_2O_4 沉淀的平衡，致使 $C_2O_4^{2-}$ 浓度降低，CaC_2O_4 沉淀的溶解度增加。所以，对于某些弱酸盐的沉淀，为了减少对沉淀溶解度的影响，通常应在较低的酸度下进行沉淀。

4. 配位效应

溶液中如有配位剂能与构成沉淀离子形成可溶性配合物，而增大沉淀的溶解度，甚至不产生沉淀，这种现象称为配位效应。例如，在 $AgNO_3$ 溶液中加入 Cl^-，开始时有 AgCl 沉淀生成，但若继续加入过量的 Cl^-，则 Cl^- 与 AgCl 形成 $AgCl_2^-$ 和 $AgCl_3^{2-}$ 等配离子而使 AgCl 沉淀逐渐溶解。显然，形成的配合物越稳定，配位剂的浓度越大，其配位效应就越显著。

上面介绍的四种效应对沉淀溶解度的影响，在实际分析中应根据具体情况确定哪种效应是主要的。一般地说，对无配位效应的强酸盐沉淀，主要考虑同离子效应；对弱酸盐沉淀主要考虑酸效应；对能与配位剂形成稳定的配合物而且溶解度又不是太小的沉淀，应该主要考虑配位效应。此外，还要考虑其他因素，如温度、溶剂及沉淀颗粒大小等对沉淀溶解度的影响。

（六）沉淀的条件

重量分析中，为了获得准确的分析结果，要求沉淀完全、纯净，而且易于过滤和洗涤。为此，必须根据不同类型沉淀的特点，选择适宜的沉淀条件，采取相应的措施，以期达到重量法对沉淀形成的要求。

1. 晶形沉淀的沉淀条件

为了获得易于过滤、洗涤的大颗粒晶形沉淀（$BaSO_4$、CaC_2O_4、$MgNH_4PO_4$ 等），减少杂质的包藏，必须掌握以下条件：

（1）沉淀应在比较稀的热溶液中进行，缓缓地滴加沉淀剂稀溶液，并不断搅拌，以降低其相对过饱和度，减小聚集速度，有利于晶体逐渐长大，同时也减少杂质的吸附。

（2）沉淀完成后，应将沉淀与母液一起放置陈化一段时间，由于小颗粒结晶的溶解度比大颗粒结晶的溶解度大，同一溶液对小颗粒结晶是未饱和的，而对于大颗粒结晶则是饱和的，因此陈化过程中小结晶将溶解，而大结晶长大。同时也会释放出部分包藏在晶体中的杂质，减少杂质的吸附，使沉淀更为纯净。

（3）为减少沉淀的溶解损失，应将沉淀冷却后再过滤。

2. 无定形沉淀的沉淀条件

无定形沉淀如 $Fe(OH)_3$ 和 $Al(OH)_3$ 等，溶解度一般都很小，很难通过减小溶液的相对过饱和度来改变沉淀的性状。针对无定形沉淀的特点是体积庞大、疏松、吸附杂质多，易形成胶体，过滤洗涤困难，应当着重考虑的是加速沉淀凝聚、减少杂质的吸附和防止形成胶体。

1）在较浓的溶液中进行沉淀

在较浓的溶液中，离子水化程度小，加入沉淀剂的速度适当加快，得到的沉淀含水量少、体积较小，结构也较紧密，容易过滤和洗涤。但是在浓溶液中，杂质的浓度也比较高，沉淀吸附杂质的量也较多。因此在沉淀完毕后，应加热水搅拌稀释，使被吸附的杂质离子转移到溶液中。

2）在热溶液中及电解质存在下进行沉淀

在热溶液中进行沉淀可防止生成胶体，并减少杂质的吸附。电解质的存在，可促使带电荷的胶体粒子相互凝聚沉降。电解质一般选用易挥发的铵盐如 NH_4NO_3、NH_4Cl 等，它们在灼烧沉淀时可分解除去。有时加入与胶体带相反电荷的另一种胶体来代替电解质。例如，测定 SiO_2 时，加入带正电荷的动物胶与带负电荷的硅酸胶体凝聚而沉降下来。

3）趁热过滤洗涤，不需陈化

沉淀完全后，趁热过滤，因为沉淀放置后会逐渐失去水分，聚集得更为紧密，使已吸附的杂质更难洗去。洗涤液也常选用电解质 NH_4NO_3 或 NH_4Cl，主要是防止沉淀重新变为胶体。

按上述条件进行沉淀得到的无定形沉淀，一般吸附杂质仍较晶形沉淀多，必要时可进行再沉淀。

3. 均相沉淀法

在溶液中通过缓慢的化学反应，逐步而均匀地在溶液中产生沉淀剂，使沉淀在整个溶液中均匀、缓慢地形成，因而生成颗粒较大的沉淀，该法称为均相沉淀法。例如，在含有 Ba^{2+} 的试液中加入硫酸甲酯，利用酯水解产生的 SO_4^{2-}，均匀缓慢地生成 $BaSO_4$ 沉淀。

$$(CH_3)_2SO_4 + 2H_2O = 2CH_3OH + SO_4^{2-} + 2H^+$$

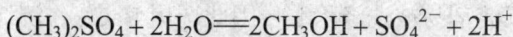

此外,还可利用其他有机化合物的水解、配合物的分解、氧化还原反应等来缓慢产生所需的沉淀剂。

均相沉淀法是重量沉淀法的一种改进方法。但均相沉淀法对避免生成混晶及后沉淀的效果不大,且长时间的煮沸溶液使溶液在容器壁上沉积一层黏结的沉淀,不易洗去,往往需要用溶剂溶解再沉淀,这也是均相沉淀法的不足之处。

知识链接

重量分析的计算和应用

(一) 分析结果的计算

沉淀重量分析最后得到的是沉淀称量形式的质量。在很多情况下沉淀的称量形式与要求的被测组分化学式不一致,这就需要将称量形式的质量换算成被测组分的质量,按下式计算分析结果。

$$\omega_{被测} = \frac{m_{称量形式} \times \dfrac{M_{被测组分}}{M_{称量形式}}}{m} \times 100\%$$

式中 $\omega_{被测}$ —— 试样中被测组分的质量分数;

$m_{称量形式}$ —— 沉淀称量形式的质量,g;

m —— 试样的质量,g;

$M_{称量形式}$ —— 沉淀称量形式的摩尔质量,g/mol;

$M_{被测组分}$ —— 被测组分的摩尔质量,g/mol。

对于指定的分析方法,比值 $\dfrac{M_{被测组分}}{M_{称量形式}}$ 为一常数,称为换算因数,以 F 表示。采用换算因数计算分析结果时,若称量形式与被测组分所含被测元素原子或分子数目不相等,则需乘以相应的倍数。例如,

被测组分	称量形式	换算因数 F
S	$BaSO_4$	$\dfrac{M_S}{M_{BaSO_4}} = \dfrac{32.06}{233.40} = 0.1374$
MgO	$Mg_2P_2O_7$	$\dfrac{2 \times M_{MgO}}{M_{Mg_2P_2O_7}} = \dfrac{2 \times 40.31}{222.60} = 0.3622$

(二) 应用实例

1. 硫酸盐的测定

SO_4^{2-} 能生成的难溶化合物有 $CaSO_4$、$SrSO_4$、$PbSO_4$ 和 $BaSO_4$ 等,其中 $BaSO_4$ 的溶度积最小,故常用 $BaSO_4$ 沉淀称量法测定可溶性硫酸盐。由于 $BaCl_2$ 在水中的溶解度大

于 $Ba(NO_3)_2$，过量的沉淀剂易被洗涤除去，因此选用 $BaCl_2$ 作沉淀剂，一般过量 20%。$BaSO_4$ 沉淀初生成时为细小的晶体，过滤时易穿过滤纸。为了得到纯净而颗粒较大的晶形沉淀，应当在热的酸性稀溶液中，在不断搅拌下滴入 $BaCl_2$ 溶液。将所得 $BaSO_4$ 沉淀陈化、过滤、洗涤、干燥、灼烧，最后称量，即可求得试样中硫酸盐的含量。

采用 $BaSO_4$ 重量法也可以测定天然或工业产品中硫的含量，这时需要预先将试样中的硫转化为可溶性硫酸盐。例如，测定煤中硫含量时，先将试样与 Na_2CO_3、MgO 混合物（称为艾士卡试剂）一起灼烧，使煤中硫化物及有机硫分解、氧化，并转化为 Na_2SO_4，然后以水浸溶、过滤，再按前述步骤加以测定。

2. 钾盐的测定

K^+ 能与易溶于水的有机试剂四苯硼钠 $NaB(C_6H_5)_4$ 反应，生成四苯硼钾沉淀。

$$K^+ + B(C_6H_5)_4^- = KB(C_6H_5)_4\downarrow$$

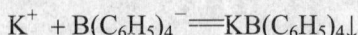

四苯硼钾是离子缔合物，具有溶解度小、组成恒定、热稳定性好（最低分解温度为 265℃）等优点，故四苯硼钠是 K^+ 的一种良好沉淀剂。生成的沉淀经过滤、洗涤、烘干即可称量。

由于四苯硼钾易形成过饱和溶液，加入四苯硼钠沉淀剂的速度宜慢，同时要剧烈搅拌。考虑到沉淀有一定的溶解度，洗涤沉淀时应采用沉淀剂溶液作洗涤液。

本法适用于钾盐和含钾肥料的测定。试液中若有铵离子，也能与四苯硼钠发生沉淀反应。这种情况需加入甲醛，使铵生成六亚甲基四胺而排除干扰。

思考与练习

（1）重量分析法的基本原理是什么？ 有何优点和缺点？

（2）沉淀重量法对沉淀剂的用量如何决定？

（3）影响沉淀溶解度的因素有哪些？

（4）欲获得晶形沉淀，应注意掌握哪些沉淀条件？

（5）均相沉淀法与一般的沉淀操作相比，有何优点？

（6）称取某可溶性盐 0.1616 g，用 $BaSO_4$ 重量法测定其含硫量，称得 $BaSO_4$ 沉淀为 0.1491 g，计算试样中 SO_3 的质量分数。

（答：31.65%）

（7）称取磁铁矿试样 0.1666 g，经溶解后将 Fe^{3+} 沉淀为 $Fe(OH)_3$，最后灼烧为 Fe_2O_3（称量形式），其质量为 0.1370 g，求试样中 Fe_3O_4 的质量分数。

（答：79.48%）

（8）某一含 K_2SO_4 及 $(NH_4)_2SO_4$ 混合试样 0.6490 g，溶解后加 $Ba(NO_3)_2$，使全部 SO_4^{2-} 都形成 $BaSO_4$ 沉淀，共重 0.9770 g，计算试样中 K_2SO_4 的质量分数。

（答：61.11%）

（9）称取含有 $Al_2(SO_4)_3$、$MgSO_4$ 及惰性物质的试样 0.9980 g，溶解后，用 8-羟基喹啉沉淀 Al^{3+} 和 Mg^{2+}，经过滤、洗涤后，在 300℃干燥称得 $Al(C_9H_6NO)_3$ 和 $Mg(C_9H_6NO)_2$ 混合重为 0.8746 g，再经灼烧，使其转化为 Al_2O_3 和 MgO 共重 0.1067g，计算试样中

$Al_2(SO_4)_3$ 和 $MgSO_4$ 的质量分数。

（答：12.72%；20.59%）

（10）称取硅酸盐试样 0.5000 g，经分解后得到 NaCl 和 KCl 混合物质量为 0.1803 g。将这混合物溶解于水，加入 $AgNO_3$ 溶液得 AgCl 沉淀，称得该沉淀质量为 0.3904g，计算试样中 KCl 和 NaCl 的质量分数。

（答：19.53%；16.53%）

（11）称取磷矿石试样 0.4530 g，溶解后以 $MgNH_4PO_4$ 形式沉淀，灼烧后得 $Mg_2P_2O_7$ 0.2825 g，计算试样中 P 及 P_2O_5 的质量分数。

（答：17.36%；39.77%）

（12）测定硅酸盐中 SiO_2 的含量，称取试样 0.4817 g，经实验处理得到不纯 SiO_2 0.2630 g，再用 HF 和 H_2SO_4 处理后，剩余氧化物残渣的质量为 0.0013 g，计算试样中 SiO_2 的质量分数。若不用 HF 处理，其分析结果的误差有多少？

（答：54.33%；+0.27%）

任务二 认识和掌握沉淀滴定法

任务目标

终极目标：能够熟练应用沉淀滴定法分析试样。
促成目标：（1）能够掌握沉淀滴定法的滴定原理。
（2）能够掌握常见沉淀滴定法的滴定条件。
（3）能够掌握常见沉淀滴定法的应用。

工作任务

【活动一】 制备硝酸银标准溶液

分组：1～2 人一组。

活动目的：掌握 $AgNO_3$ 溶液的配制和标定方法，学会应用 K_2CrO_4 作指示剂判断滴定终点。

仪器和试剂：分析天平、酸式滴定管、锥形瓶、带玻璃塞的棕色试剂瓶、固体 $AgNO_3$、K_2CrO_4 溶液 50 g/L 水溶液、基准物质氯化钠。

活动程序：

（1）c_{AgNO_3} = 0.1 mol/L $AgNO_3$ 标准溶液的配制。称取 8.5 g $AgNO_3$ 溶于 500mL 不含 Cl^- 离子的蒸馏水中，储存于带玻璃塞的棕色试剂瓶中，摇匀，置于暗处，待标定。

（2）$AgNO_3$ 溶液的标定。准确称取基准试剂 NaCl 0.12～0.15 g，放入锥形瓶中，加 50mL 水溶解，加 K_2CrO_4 指示剂 1mL，在充分摇动下，用配好的 $AgNO_3$ 溶液滴定直至溶液微呈砖红色即为终点，记下消耗的 $AgNO_3$ 溶液的体积。

3．浓度计算

$$c_{AgNO_3} = \frac{m_{NaCl}}{M_{NaCl} \times V_{AgNO_3}}$$

式中　　c_{AgNO_3} —— $AgNO_3$ 标准溶液浓度，mol/L；

　　　　m —— 基准物质 NaCl 的质量，g；

　　　　M_{NaCl} —— NaCl 的摩尔质量，g/mol；

　　　　V_{AgNO_3} —— 滴定时消耗 $AgNO_3$ 标准溶液的体积，L。

4．每 3～4 人一组在一起讨论

（1）莫尔法用 $AgNO_3$ 滴定氯化钠时，滴定过程中为什么要充分摇动溶液？ 如果不充分摇动溶液，对测定结果有什么影响？

（2）K_2CrO_4 指示剂的用量对测定结果有何影响？

【活动二】　测定水中氯含量

分组：1～2 人一组。

活动目的：掌握莫尔法测定水中氯含量的原理和方法；学会正确判断滴定终点。

仪器和试剂：分析天平、酸式滴定管、锥形瓶、$AgNO_3$ 标准溶液 c_{AgNO_3} ＝0.05 mol/L（可用活动一所标定的 $AgNO_3$ 溶液稀释）、K_2CrO_4 指示剂 50 g/L、水试样（自来水或天然水）。

活动程序：

（1）准确吸取水样 100mL 放入锥形瓶中，加 K_2CrO_4 溶液 2mL，在充分摇动下，以 c_{AgNO_3} ＝0.05 mol/L $AgNO_3$ 标准溶液滴定至溶液微呈砖红色，即为终点。记下 $AgNO_3$ 标准溶液体积。

（2）结果计算

$$\omega_{Cl} = \frac{c_{AgNO_3} \times V_{AgNO_3} \times M_{Cl}}{V_{水样}} \times 100\%$$

式中　　c_{AgNO_3} —— $AgNO_3$ 标准溶液浓度，mol/L；

　　　　V_{AgNO_3} —— 滴定时消耗 $AgNO_3$ 标准溶液的体积，L；

　　　　M_{Cl} —— Cl 的摩尔质量，g/mol；

　　　　$V_{水样}$ —— 水样体积，L。

（3）3～4 人小组合在一起讨论：

① 莫尔法测 Cl^- 应控制 pH 范围是多少？为什么？自来水水样为什么不调 pH 就进行测定？若取其他水样，是否需要调节 pH？如何调节？

② 在本活动中，何种离子干扰氯的测定，如何消除干扰？

③ 用莫尔法能否测定 I^-、SCN^- 离子，为什么？

④ 应用莫尔法时应注意哪些杂质离子的干扰？

知识探究

沉淀滴定法是以沉淀反应为基础的一类滴定分析方法。虽然许多化学反应能生成沉淀，但符合滴定分析要求，适用于沉淀滴定法的沉淀反应并不多。目前应用最多的是生成难溶银盐的反应。例如：

$$Ag^+ + X^- =\!\!= AgX\downarrow \qquad (X = Cl^-，Br^-，I^-)$$

$$Ag^+ + SCN^- =\!\!= AgSCN\downarrow$$

这种利用生成难溶银盐反应的测定方法称为银量法。银量法可以测定 Cl^-、Br^-、I^-、Ag^+、CN^-、SCN^- 等离子，用于化工、冶金、农业以及处理"三废"等生产部门的检测工作。银量法按照指示滴定终点的方法不同而分为三种：莫尔（Mohr）法、佛尔哈德（Volhard）法和法扬斯（Fajans）法。

（一）莫尔法——铬酸钾作指示剂

本法以 K_2CrO_4 作指示剂，在中性或弱碱性溶液中用 $AgNO_3$ 标准溶液可以直接滴定 Cl^- 或 Br^- 等离子。

根据分步沉淀的原理，由于 $AgCl$ 的溶解度小于 Ag_2CrO_4 的溶解度，因此在含有 Cl^-（或 Br^-）和 CrO_4^{2-} 的溶液中，用 $AgNO_3$ 标准溶液进行滴定过程中，$AgCl$ 首先沉淀出来，当滴定到化学计量点附近时，溶液中 Cl^- 浓度越来越小，Ag^+ 浓度增加，直至 $K_{sp}c_{Ag^+}^2 \cdot c_{CrO_4^{2-}} > K_{sp,Ag_2CrO_4}$ 立即生成砖红色的 Ag_2CrO_4 沉淀，以此指示滴定终点。其反应为：

$$Ag^+ + Cl^- =\!\!= AgCl\downarrow$$
白色

$$2Ag^+ + CrO_4^{2-} =\!\!= Ag_2CrO_4\downarrow$$
砖红色

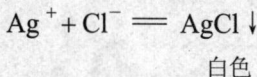

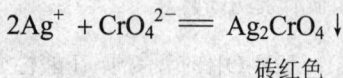

应用莫尔法，必须注意下列滴定条件：

（1）要严格控制 K_2CrO_4 的用量。如果 K_2CrO_4 指示剂的浓度过高或过低，Ag_2CrO_4 沉淀析出就会提前或滞后。已知 $AgCl$ 和 Ag_2CrO_4 的溶度积是：

$$[Ag^+][Cl^-] = 1.56 \times 10^{-10}$$
$$[Ag^+]^2[CrO_4^-] = 9.0 \times 10^{-12}$$

根据溶度积原理，当滴定到达化学计量点时要有 Ag_2CrO_4 沉淀生成，则

$$[Ag^+] = [Cl^-] = \sqrt{1.56 \times 10^{-10}} = 1.25 \times 10^{-5}\ mol/L$$

$$[CrO_4^{2-}] = \frac{K_{sp,\ Ag_2CrO_4}}{[Ag^+]^2} = \frac{9.0 \times 10^{-12}}{1.56 \times 10^{-10}}$$

$$= 5.8 \times 10^{-2}\ (mol/L)$$

以上的计算说明在滴定到达化学计量点时，刚好生成 Ag_2CrO_4 沉淀所需 K_2CrO_4 的浓度较高，由于 K_2CrO_4 溶液呈黄色，当浓度高时，在实际操作过程中会影响终点判断，所以指示剂浓度还是略低一些为好，一般滴定溶液中所含指示剂 K_2CrO_4 浓度约为 $5 \times 10^{-3}\ mol/L$ 为宜。但当试液浓度较低时，还需做指示剂空白值校正，以减小误差。指示剂空白校正的方法是：量取与实际滴定到终点时等体积的蒸馏水，加入与实际滴定时相同体积的 K_2CrO_4 指示剂溶液和少量纯净 $CaCO_3$ 粉末，配成与实际测定类似的状况，用

$AgNO_3$ 标准溶液滴定至同样的终点颜色，记下读数，为空白值，测定时要从试液所消耗的 $AgNO_3$ 体积中扣除此数。

（2）滴定应当在中性或弱碱性介质中进行，因为在酸性溶液中 CrO_4^{2-} 转化为 $Cr_2O_7^{2-}$，使 CrO_4^{2-} 浓度降低，影响 Ag_2CrO_4 沉淀的形成，降低了指示剂的灵敏度。

$$2H^+ + 2CrO_4^{2-} \rightleftharpoons 2HCrO_4^- \rightleftharpoons Cr_2O_7^{2-} + H_2O$$

如果溶液的碱性太强，将析出 Ag_2O 沉淀：

$$2Ag^+ + 2OH^- \rightleftharpoons 2AgOH\downarrow \longrightarrow Ag_2O\downarrow + H_2O$$

同样不能在氨性溶液中进行滴定，因为易生成 $Ag(NH_3)_2^+$，会使 AgCl 沉淀溶解：

$$AgCl + 2NH_3 \rightleftharpoons Ag(NH_3)_2^+ + Cl^-$$

因此，莫尔法合适的酸度条件是 pH 6.5～10.5。若试液为强酸性或强碱性，可先用酚酞作指示剂以稀 NaOH 或稀 H_2SO_4 调节酸度，然后再滴定。

（3）在试液中如有能与 CrO_4^{2-} 生成沉淀的 Ba^{2+}、Pb^{2+} 等阳离子，能与 Ag^+ 生成沉淀的 PO_4^{3-}、AsO_4^{3-}、SO_3^{2-}、S^{2-}、CO_3^{2-}、$C_2O_4^{2-}$ 等酸根，以及在中性或弱碱性溶液中能发生水解的 Fe^{3+}、Al^{3+}、Bi^{3+}、Sn^{4+} 等离子存在，都应预先分离。大量 Cu^{2+}、Ni^{2+}、Co^{2+} 等有色离子存在，也会影响滴定终点的观察。由此可知莫尔法的选择性是较差的。

（4）莫尔法可用于测定 Cl^- 或 Br^-，但不能用于测定 I^- 和 SCN^-，因为 AgI、AgSCN 的吸附能力太强，滴定到终点时有部分 I^- 或 SCN^- 被吸附，将引起较大的负误差。AgCl 沉淀也容易吸附 Cl^-，在滴定过程中，应剧烈振荡溶液，可以减少吸附，以期获得正确的终点。

（二）佛尔哈德法——铁铵矾作指示剂

本法以铁铵矾[$NH_4Fe(SO_4)_2 \cdot 12H_2O$]作指示剂，在酸性介质中，用 KSCN 或 NH_4SCN 为标准溶液滴定。由于测定的对象不同，佛尔哈德法可分为直接滴定法和返滴定法。

1. 直接滴定法

在含有 Ag^+ 的硝酸溶液中加入铁铵矾指示剂，用 NH_4SCN 标准溶液滴定，先析出白色的 AgSCN 沉淀，到达化学计量点时，微过量的 NH_4SCN 就与 Fe^{3+} 生成红色 $FeSCN^{2+}$，指示滴定终点到达。其反应为

$$Ag^+ + SCN^- \rightleftharpoons AgSCN\downarrow$$
白色

$$Fe^{3+} + SCN^- \rightleftharpoons FeSCN^{2+}$$
红色

AgSCN 要吸附溶液中的 Ag^+，所以在滴定时必须剧烈振荡，避免指示剂过早显色，减小测定误差。直接滴定法的溶液中 c_{H^+} 一般控制在 0.1～1 mol/L。若酸性太低，Fe^{3+} 将水解，生成棕色的 $Fe(OH)_3$ 或者 $Fe(H_2O)_5(OH)^{2+}$，影响终点的观察。此法的优点在于可以用来直接测定 Ag^+。

2. 返滴定法

在含有卤素离子的硝酸溶液中，加入一定量过量的 $AgNO_3$，以铁铵矾为指示剂，用

NH_4SCN 标准溶液回滴过量的 $AgNO_3$。例如，滴定 Cl^- 时的主要反应：

$$Ag^+ + Cl^- \rightleftharpoons AgCl\downarrow$$

$$Ag^+ + SCN^- \rightleftharpoons AgSCN\downarrow$$

当过量一滴 SCN^- 溶液时，Fe^{3+} 便与 SCN^- 反应生成红色的 $FeSCN^{2+}$ 指示终点已到。由于 $AgSCN$ 的溶解度小于 $AgCl$，加入过量 SCN^- 时，会将 $AgCl$ 沉淀转化为 $AgSCN$ 沉淀：

$$AgCl\downarrow + SCN^- \rightleftharpoons AgSCN\downarrow + Cl^-$$

使分析结果产生较大误差。为了避免上述情况的发生，通常采用下列措施：

（1）当加入过量 $AgNO_3$ 标准溶液后，立即加热煮沸试液，使 $AgCl$ 沉淀凝聚，以减少对 Ag^+ 的吸附。过滤后，再用稀 HNO_3 洗涤沉淀，并将洗涤液并入滤液中，用 NH_4SCN 标准溶液回滴滤液中过量的 $AgNO_3$。

（2）在滴定前，先加入硝基苯（有毒！），使 $AgCl$ 进入硝基苯层而与滴定溶液隔离。本法较为简便。

由于 $AgBr$、AgI 的溶度积均比 $AgSCN$ 的小，不会发生沉淀转化反应，所以用返滴定法测定溴化物、碘化物时，可在 $AgBr$ 或 AgI 沉淀存在下进行回滴。但要注意，Fe^{3+} 能将 I^- 氧化成 I_2。因此在测定 I^- 时，必须先加 $AgNO_3$ 溶液后再加指示剂，否则会发生如下反应：

$$2Fe^{3+} + 2I^- \rightleftharpoons 2Fe^{2+} + I_2$$

影响测定结果的准确度。

佛尔哈德法的滴定是在 HNO_3 介质中进行，因此有些弱酸阴离子如 PO_4^{3-}、AsO_4^{3-}、$C_2O_4^{2-}$ 等不会干扰卤素离子的测定。

（三）法扬斯法——吸附指示剂法

吸附指示剂是一类有色的有机化合物。它的阴离子被吸附在胶体微粒表面之后，分子结构发生变形，引起吸附指示剂颜色的变化，借以指示滴定终点。例如，以 $AgNO_3$ 标准溶液滴定 Cl^- 时，可用荧光黄吸附指示剂来指示滴定终点。荧光黄指示剂是一种有机弱酸，用 $HFIn$ 表示，它在溶液中解离出黄绿色的 FIn^- 阴离子：

$$HFIn \rightleftharpoons H^+ + FIn^-$$

在化学计量点前，溶液中有剩余的 Cl^- 存在，$AgCl$ 沉淀吸附 Cl^- 而带负电荷，因此荧光黄阴离子留在溶液中呈黄绿色。滴定进行到化学计量点后，$AgCl$ 沉淀吸附 Ag^+ 而带正电荷，这时溶液中 FIn^- 被吸附，溶液颜色由黄绿色变为粉红色，指示滴定终点到达。其过程可以示意如下：

$$Cl^- \text{过量时：} AgCl \cdot Cl^- + FIn^-$$

黄绿色

$$Ag^+ \text{过量时：} AgCl \cdot Ag^+ + FIn^- \rightarrow AgCl \cdot Ag^+ \mid FIn^-$$

粉红色

应用法扬斯法要掌握以下几个条件：

（1）因吸附指示剂的颜色变化是发生在沉淀表面，通常须加入一些保护胶体如淀粉，使沉淀的表面积大一些，滴定终点变化明显。但是稀溶液中沉淀少，观察终点比较困难。

（2）必须控制适当的酸度，使指示剂呈阴离子状态。例如荧光黄（$pK_a = 7$）只能在中性或弱碱性（pH 10）溶液中使用，若 pH<7 则主要以 HFIn 形式存在，无法指示终点，因此溶液的 pH 应有利于吸附指示剂阴离子的存在。

（3）卤化银沉淀对光敏感，易分解而析出金属银使沉淀变为灰黑色，故滴定过程要避免强光，否则，影响滴定终点的观察。

（4）指示剂吸附性能要适中。胶体微粒对指示剂的吸附能力要比对待测离子的吸附能力略小，否则指示剂将在化学计量点前变色。但如果太小，又将使颜色变化不敏锐。卤化银对卤化物和几种吸附指示剂的吸附能力的次序如下：

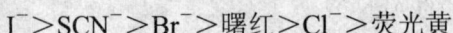

$$I^- > SCN^- > Br^- > 曙红 > Cl^- > 荧光黄$$

因此，滴定 Cl^- 不能选用曙红，而应选用荧光黄。现将几种常用吸附指示剂列于表 5.9 中。

表 5.9　常用吸附指示剂

指示剂	被测离子	滴定剂	滴定条件
荧光黄	Cl^-，Br^-，I^-	$AgNO_3$	pH 7～10
二氯荧光黄	Cl^-，Br^-，I^-	$AgNO_3$	pH 4～10
曙红	Br^-，SCN^-，I^-，	$AgNO_3$	pH 2～10
甲基紫	Ag^+	NaCl	酸性溶液

🖊 知识链接

四苯硼化钠的应用

四苯硼化钠$(C_6H_5)_4BNa$ 在微酸性溶液中能与 K^+、NH_4^+离子、胺类及其他许多含氮有机化合物生成白色沉淀。

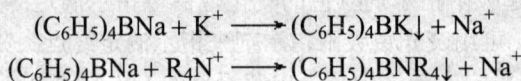

$$(C_6H_5)_4BNa + K^+ \longrightarrow (C_6H_5)_4BK\downarrow + Na^+$$
$$(C_6H_5)_4BNa + R_4N^+ \longrightarrow (C_6H_5)_4BNR_4\downarrow + Na^+$$

此类沉淀的摩尔质量大，易溶于有机溶剂，在水中溶解度小，组成一定，化学性质稳定，适宜于做重量法和滴定法的测定。四苯硼化钠与银盐也能产生沉淀，但不溶于水和有机溶剂中。

四苯硼化钠易溶于水，在中性水溶液中可用醚-环己烷重结晶精制，固体和溶液都很稳定，水溶液煮沸也不分解，但在酸溶液中则易分解。

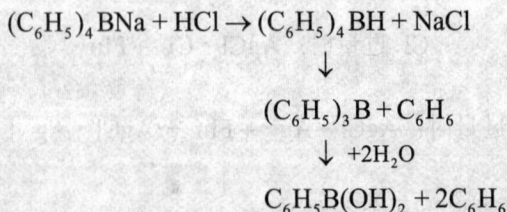

$$(C_6H_5)_4BNa + HCl \rightarrow (C_6H_5)_4BH + NaCl$$
$$\downarrow$$
$$(C_6H_5)_3B + C_6H_6$$
$$\downarrow +2H_2O$$
$$C_6H_5B(OH)_2 + 2C_6H_6$$

四苯硼化钠在滴定分析中的应用很广，其原理是上述化合物能与四苯硼化钠的水溶液生成难溶性沉淀，将沉淀过滤洗涤，然后溶于有机溶剂和水的混合液中，以 $AgNO_3$

滴定，用曙红或铬酸钾作指示剂，也可以加入过量的四苯硼化钠溶液，将沉淀过滤洗涤，在滤液中再加入过量的 $AgNO_3$，以 KSCN 溶液返滴定，用铁铵矾作指示剂。

（一）钾的测定

（1）曙红指示剂法：于含有钾盐的溶液中，用稀 HAc 或 NaAc 调节 pH 至 5～6，加热至 70℃，在搅拌下缓缓加入过量的 0.1 mol/L $NaB(C_6H_5)_4$ 水溶液（如有 Fe^{3+} 离子存在，可加 NaF 掩蔽），冷却、过滤沉淀，用稀 HAc 洗涤沉淀至滤液对硝酸银无混浊为止。

沉淀用约 10mL 纯丙酮溶解（每 25mg K^+ 需 10mL），加 5mL2 mol/L HAc，1mL0.1 mol/LKBr 溶液和 2 滴 1 g/L 曙红，然后用 $c_{AgNO_3} = 0.05$ mol/LAgNO$_3$ 标准溶液滴定至呈红紫色。KBr 所消耗 $AgNO_3$ 可通过空白试验扣除。1mL $c_{AgNO_3} = 0.1$ mol/L $AgNO_3$，相当于 3.9096mg 的 K^+。

（2）K_2CrO_4 指示剂法：按（1）方法将试样中钾沉淀为四苯硼化钾，将沉淀洗净后溶于丙酮，加 3 滴 K_2CrO_4 指示剂（用 50%丙酮配成的 5 g/L 溶液），用 $AgNO_3$ 标准溶液滴定至出现砖红色。

（二）胺类的测定

脂肪胺类和芳香胺类都可以用铁铵矾作指示剂进行测定。

取约含有机胺类 15～60mg 的试样溶液，置于 100mL 容量瓶中，用 HAc 调节至 pH 3，准确加 10mL $c_{NaB(C_6H_5)_4} = 0.05$ mol/L $NaB(C_6H_5)_4$ 溶液以水稀释至标线，振摇，10 min 后用干滤器过滤，取 50mL 滤液，加过量 $c_{AgNO_3} = 0.05$ mol/L $AgNO_3$ 标准溶液，再用干滤器过滤，以 KSCN 标准溶液返滴剩余的 $AgNO_3$，用铁铵矾作指示剂，生成红色为终点。

思考与练习

（1）简述莫尔法的指示剂作用原理。

（2）应用银量法测定下列试样中的 Cl^- 含量时，要选用哪种指示剂指示终点较为适宜？

①$BaCl_2$；　　②$CaCl_2$；　　③$FeCl_3$；

④$NaCl + H_3PO_4$；　　⑤$NaCl + Na_2SO_4$。

（3）说明佛尔哈德法的选择性为什么会比莫尔法高？

（4）银量法中的法扬斯法，使用吸附指示剂时，应注意哪些问题？

（5）称取纯 NaCl 0.1169g，加水溶解后，以 K_2CrO_4 为指示剂，用 $AgNO_3$ 标准溶液滴定时共用去 20.00mL，求该 $AgNO_3$ 溶液的浓度。

（答：0.1000 mol/L）

（6）称取 KCl 与 KBr 的混合物 0.3208g，溶于水后进行滴定，用去 0.1014mol/L AgNO$_3$ 标准溶液 30.20mL，试计算该混合物中 KCl 和 KBr 的质量分数。

（答：22.82%；77.18%）

（7）称取纯试样 KIO$_x$ 0.5000 g，经还原为碘化物后，以 0.1000 mol/L AgNO$_3$ 标准溶液滴定，消耗 23.36mL。求该盐的化学式。

（8）将 40.00mL 0.1020 mol/L AgNO$_3$ 溶液加到 25.00mL BaCl$_2$ 溶液中，剩余的 AgNO$_3$ 溶液，需用 15.00mL 0.09800 mol/L NH$_4$SCN 溶液返滴定，问 25.00mLBaCl$_2$ 溶液中含 BaCl$_2$ 质量为多少？

（答：0.272g）

氧化还原滴定法

项目说明

通过本项目的培训，了解氧化还原滴定法特点、分类；掌握氧化还原平衡和高锰酸钾法、重铬酸钾法、碘量法的原理；熟悉氧化还原滴定曲线及指示剂的选择。

教学目标

（1）掌握氧化还原平衡。

（2）掌握高锰酸钾法、重铬酸钾法、碘量法的原理。

（3）掌握各种滴定液的配制及标定方法。

（4）掌握电极电位的计算方法。

（5）熟悉氧化还原滴定曲线及指示剂的选择。

（6）了解氧化还原滴定法特点、分类方法及提高反应速率的方法。

（7）理解条件电极电位、条件平衡常数的意义。

（8）能用条件电极电位、条件平衡常数判断氧化还原反应完成的程度。

素质目标

（1）养成良好的实验室工作习惯。

（2）具备独立分析问题、解决问题的能力。

（3）养成求真务实、科学严谨的工作态度。

任务一　认识氧化还原反应

任务目标

终极目标：熟练掌握氧化还原反应。

促成目标：（1）理解条件电极电位。

　　　　　（2）掌握氧化还原反应。

　　　　　（3）掌握电极电位的计算。

　　　　　（4）能用条件电极电位、条件平衡常数判断氧化还原反应完成的程度。

工作任务

【活动一】 认识原电池

分组：每2~3人一组。

活动目的：了解原电池的工作原理和表示方法。

活动程序：查找相关期刊、书籍、网络资源，找一找原电池的相关知识，记录下来；然后每3~4组合并为一大组，相互交流、相互讨论，最终能够理解原电池的工作原理，能正确地写出原电池符号。

【活动二】 掌握氧化还原反应

分组：每2~3人一组。

活动目的：掌握氧化还原反应的实质和配平。

活动程序：在本活动中，先按每2~3人一组进行分组，查找有关氧化还原反应的知识，然后进行讨论，熟悉氧化还原反应中的电子得失情况，能够正确配平氧化还原反应方程式。

知识探究

（一）电极电位

1. 离子活度

1）表观解离度

一般强电解质为离子型化合物，在晶体中是以离子形式存在（如 KCl、NaOH 等），溶于水时理应全部离解成相应的离子。但是由溶液导电性实验测得的解离度都小于100%。这是因为强电解质溶液，离子浓度很大，离子间的平均距离较小，离子间的吸引力和排斥力相当显著，在阳离子的周围吸引着较多的阴离子，在阴离子的周围吸引着较多的阳离子，阴、阳离子彼此相互牵制，并非完全自由。溶液的浓度越大，这种影响就越显著。因此，在导电性实验中，阴、阳离子向两极移动的速度比较慢，好似电解质没有完全解离。显然这时测得的"解离度"并不代表溶液的实际解离情况，故称为表观解离度。表 6.1 是一些强电解质的表观解离度。

表 6.1　强电解质的表观解离度

电解质	KCl	$ZnSO_4$	HCl	HNO_3	H_2SO_4	NaOH	$Ba(OH)_2$
表观 α/%	86	40	92	92	61	91	81

2）活度和活度系数

由于离子间的相互牵制，致使离子的有效浓度比实际浓度要小，如 0.1 mol/L 的 KCl 溶液，K^+ 和 Cl^- 的浓度都应该是 0.1 mol/L，但根据表观解离度计算得到的离子有效浓度只有 0.086 mol/L，通常把有效浓度称为活度(a)，活度与实际浓度(c)的关系为：

$$a = \gamma c$$

γ 表示活度系数，由于 $a < c$，故 $\gamma < 1$。显然溶液中离子浓度越大，离子间的相互牵制程度越大，γ 越小；此外，离子所带的电荷数越多，离子间的相互作用也越大，γ 也越小。以上两种情况都会引起离子活度减小，相反在弱电解质及难溶电解质溶液中由于离子浓度很小，离子间的距离较大，相互作用较弱。此时，活度系数 $\gamma \approx 1$，离子活度与离子浓度几乎相等。故在一般计算中用离子浓度代替离子活度不会引起大的误差。

2. 标准电极电位

1）原电池

我们知道，如果把一块儿锌放入 $CuSO_4$ 溶液中，则锌开始溶解，而铜从溶液中析出。反应的离子方程式为：

$$Zn(s) + Cu^{2+}(aq) \rightleftharpoons Cu(s) + Zn^{2+}(aq)$$

这是一个可自发进行的氧化还原反应。如在两个烧杯中分别放入 $ZnSO_4$ 和 $CuSO_4$ 溶液，在盛有 $ZnSO_4$ 溶液的烧杯中放入 Zn 片，在盛有 $CuSO_4$ 溶液的烧杯中放入 Cu 片，将两个烧杯的溶液用一个充满电解质溶液（一般用饱和 KCl 溶液）的倒置"U"形管作桥梁（称为盐桥），连通两杯溶液，如图 6.1 所示，这时如果用一个灵敏的电流计将两个金属片连接起来，我们可以看到：

（1）电流表指针发生偏移，说明有电流产生。

（2）在铜片上有金属铜沉积上去，而锌片被溶解。

（3）取出盐桥，电流表指针回至零位；放入盐桥时，电流表指针又发生偏移。说明盐桥起了使整个装置构成通路的作用。

用此装置能产生电流，是由于 Zn 易放出电子成为 Zn^{2+} 进入溶液中：

$$Zn(s) - 2e \rightleftharpoons Zn^{2+}(aq)$$

电子沿导线移向 Cu，溶液中的 Cu^{2+} 在 Cu 片上接受电子而变成金属铜：

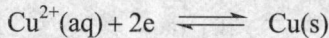

$$Cu^{2+}(aq) + 2e \rightleftharpoons Cu(s)$$

电子定向地由 Zn 流向 Cu，形成了电子流（电子流方向和电流方向正好相反）。

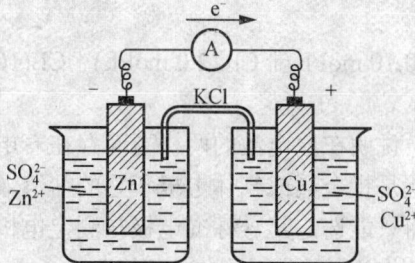

图 6.1 铜锌原电池

　　我们把这种使氧化还原反应中电子的转移直接转变为电能（化学能转变为电能）的装置，叫做原电池。

　　在原电池中，组成原电池的导体（如铜片和锌片）叫做电极。同时规定电子流出的电极叫负极，负极上发生氧化反应；电子进入的一极叫正极，正极上发生还原反应。例如，在 Cu-Zn 原电池中：

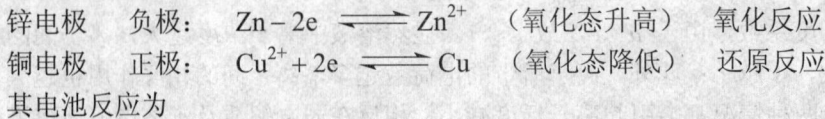

锌电极　负极：　　$Zn - 2e \rightleftharpoons Zn^{2+}$　　（氧化态升高）　氧化反应

铜电极　正极：　　$Cu^{2+} + 2e \rightleftharpoons Cu$　　（氧化态降低）　还原反应

其电池反应为

$$Zn(s) + Cu^{2+}(aq) \longrightarrow Cu(s) + Zn^{2+}(aq)$$

上述原电池我们可以用电池符号表示：

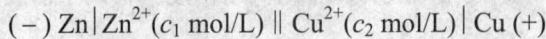

$$(-)\, Zn\,|\,Zn^{2+}(c_1\ mol/L) \,\|\, Cu^{2+}(c_2\ mol/L)\,|\,Cu\,(+)$$

在写电池符号时应该注意：

（1）一般习惯上我们把负极写在左边，正极写在右边。.

（2）用 | 表示电极与离子溶液之间的物相界面。

（3）用 ‖ 表示盐桥。

（4）c 表示溶液的浓度，当溶液浓度为 1 mol/L 时，可以不写。

　　每个原电池都有两个"半电池"组成，而每一个"半电池"又都是由同一种元素不同氧化值的两种物质组成，这种由同一种元素的氧化态物质和其对应的还原态物质所构成的整体，称为氧化还原电对。氧化还原电对习惯上用符号来表示，如 Cu 和 Cu^{2+}，Zn 和 Zn^{2+} 所组成的氧化还原电对可写成 Cu^{2+}/Cu，Zn^{2+}/Zn，非金属单质和其相应的离子也可以构成氧化还原电对，例如，H^+/H_2 和 O_2/OH^-。

　　氧化态物质和还原态物质在一定条件下可以相互转化：

$$氧化态(Ox) + ne^- \rightleftharpoons 还原态(Red)$$

　　式中 n 表示相互转化时的得失电子数，这种表示氧化态物质和还原态物质之间相互转化的关系式，称为半电池反应或电极反应。

　　【例 6.1】 将下列氧化还原反应设计成原电池，并写出原电池符号。

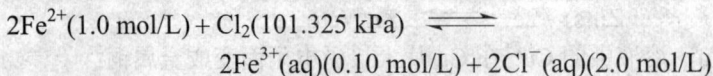

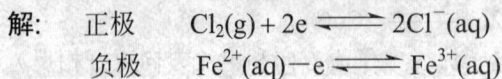

$$2Fe^{2+}(1.0\ mol/L) + Cl_2(101.325\ kPa) \rightleftharpoons$$
$$2Fe^{3+}(aq)(0.10\ mol/L) + 2Cl^-(aq)(2.0\ mol/L)$$

解：　正极　　$Cl_2(g) + 2e \rightleftharpoons 2Cl^-(aq)$

　　　　负极　　$Fe^{2+}(aq) - e \rightleftharpoons Fe^{3+}(aq)$

原电池符号为

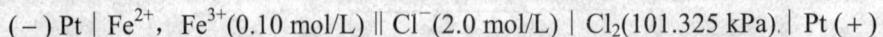

$$(-)\,Pt\,|\,Fe^{2+},\ Fe^{3+}(0.10\ mol/L) \,\|\, Cl^-(2.0\ mol/L)\,|\,Cl_2(101.325\ kPa)\,|\,Pt\,(+)$$

　　2）电极电势

　　原电池能够产生电流，说明在原电池的两极之间存在着电位差，也说明每一个电极都有一个电位。电极电位就是指金属或气体电极和它的盐溶液的电位差。单个电对的电极电位绝对值无法测出，而只能选定某一标准电极与测定电极组成原电池，通过测量原电池的电动势来间接测得该电极的电极电位的相对值。

　　通常选作标准的是标准氢电极（图 6.2）。它是将镀有一层疏松铂黑的铂片插入标准

H$^+$浓度（严格地说是活度）等于 1 mol/L 的酸溶液中，并不断通入压力为 101.325 kPa 的纯氢气流而形成的电极。这时溶液中的氢离子与被铂黑所吸附的氢气建立起下列动态平衡：

$$2H^+ + 2e^- \Longleftrightarrow H_2$$

此时，在铂片上的氢与溶液中的氢离子之间产生的平衡电极电位，称为标准氢电极的电极电位，记作 $\varphi^{\ominus}_{H^+/H_2}$，并规定在任何温度下，标准氢电极的电极电位为零，即 $\varphi^{\ominus}_{H^+/H_2} = 0.00\ V$，以此作为测量电极电位的相对标准。

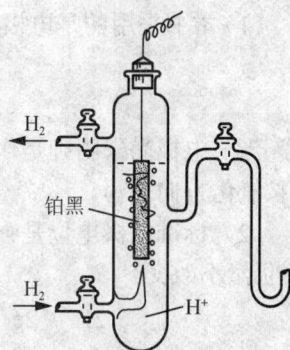

图 6.2　标准氢电极

3）标准电极电位

标准电极电位是指在标准状态下，将某电极与标准氢电极组成原电池所测的电极电位。

所谓标准状态是指温度为 298.15 K，物质皆为纯净物，组成电极的有关物质的浓度（活度）均为 1 mol/L，气体的压力为 101.325 kPa 时的状态。

确定某一电极的标准电极电位时，在标准态下将该电极与标准氢电极组成一个原电池，测量该原电池的电动势(E)。由电流方向判断出正、负极，再按 $E = \varphi^{\ominus}(+) - \varphi^{\ominus}(-)$ 的关系式，就可以计算出待测定电极的标准电极电位 $\varphi^{\ominus}$。

例如，欲测定铜电极的标准电极电位，在标准状态下，将铜片放在浓度为 1mol/L 的盐溶液中，铜电极与标准氢电极组成如下原电池

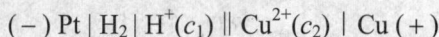

$$(-)\ Pt\ |\ H_2\ |\ H^+(c_1)\ \|\ Cu^{2+}(c_2)\ |\ Cu\ (+)$$

测定时，根据电位计指针偏转方向，可知电流方向由铜电极向氢电极（电子由氢电极向铜电极），则氢电极为负极，铜电极为正极，测得该原电池的电动势为 0.337 V，根据电动势的计算式有

$$E = \varphi^{\ominus}(+) - \varphi^{\ominus}(-) = \varphi^{\ominus}_{Cu^{2+}/Cu} - \varphi^{\ominus}_{H^+/H_2} = 0.337V$$

因为

$$\varphi^{\ominus}_{H^+/H_2} = 0.00V$$

$$\varphi^{\ominus}_{Cu^{2+}/Cu} - 0.00 = 0.337V$$

所以

$$\varphi^{\ominus}_{Cu^{2+}/Cu} = 0.337V$$

同理可测得定锌电极的标准电极电位为 $\varphi^{\ominus}_{Zn^{2+}/Zn} = -0.763\ V$。

从测定的数据来看，Cu^{2+}/Cu 电对的电极电位带正号，Zn^{2+}/Zn 电对的电极电位带负号。带正号表明 Cu 失电子的倾向小于 H$_2$，或说 Cu^{2+} 得电子成为 Cu 的倾向大于 H$^+$。带负号表明 Zn 失电子的倾向大于 H$_2$，或说 Zn^{2+} 得电子成为 Zn 的倾向小于 H$^+$，也可以说 Zn 比 Cu 活泼，因为 Zn 比 Cu 更容易失去电子转变为 Zn^{2+}。

用相类似的方法可测得一系列电极的标准电极电位，见附录三，该表称为标准电极电位表。

使用标准电极电位表时应注意如下问题：

（1）本书采用的是电极反应的还原电位。每一电极的电极反应均写成还原反应形式，即

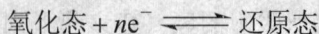

$$\text{氧化态} + ne^- \rightleftharpoons \text{还原态}$$

当一电极尚未明确是作正极还是作负极时，其电极反应可以按还原方向书写，也可以按氧化方向书写。

（2）标准电极电位是强度性质、无加合性。不论在电极反应两边同乘以任何实数，$\varphi^{\ominus}$ 仍然不改变。

$$2H^+ + 2e^- \rightleftharpoons H_2 \qquad\qquad \varphi^{\ominus}_{H^+/H_2} = 0$$

$$H^+ + e^- \rightleftharpoons \frac{1}{2}H_2 \qquad\qquad \varphi^{\ominus}_{H^+/H_2} = 0$$

（3）标准电极电位与电极反应方向无关。对任一电极反应，无论其氧化态物质作氧化剂还是还原态物质作还原剂，其电极电位值不变。

（4）$\varphi^{\ominus}$ 是水溶液体系的标准电极电位，对于非标准状态、非水溶液体系不能用它来直接比较物质的氧化还原能力。

3. 条件电极电位

1）能斯特方程

对于任意给定的电极反应：

$$a\,\text{氧化态} + ne^- \rightleftharpoons b\,\text{还原态}$$

其相应的浓度（严格地说应该是活度）对电极电位影响的通式可表达为

$$\varphi = \varphi^{\ominus} + \frac{RT}{nF}\ln\frac{[\text{Ox}]^a}{[\text{Red}]^b}$$

式中　　φ —— 电极的电极电位，V；

$\varphi^{\ominus}$ —— 电极的标准电极电位，V；

R —— 气体热力学常数，8.314 J/(mol·K)；

T —— 绝对温度，K；

F —— 法拉第常数，96486 C/mol；

N —— 半反应中电子转移数。

此式称为能斯特方程。当 $T = 298.15K$ 时，将自然对数换算成常用对数，并把各常数项代入上式得

$$\varphi = \varphi^{\ominus} + \frac{0.0592}{n}\ln\frac{[\text{Ox}]^a}{[\text{Red}]^b}$$

2）使用能斯特方程应注意的事项

（1）温度不同，方程式中的系数不同。如 298.15K 时为 0.0592；291.15K 时为 0.0582。

（2）气体的浓度用其相对分压表示，固体、纯液体和水的浓度为常数 1，其余用物质的量浓度表示。例如

$$Cu^{2+} + 2e^- \rightleftharpoons Cu$$

$$\varphi_{Cu^{2+}/Cu} = \varphi_{Cu^{2+}/Cu}^{\ominus} + \frac{0.059}{2}\lg [Cu^{2+}]$$

$$2H^+ + 2e^- \rightleftharpoons H_2$$

$$\varphi_{H^+/H_2} = \varphi_{H^+/H_2}^{\ominus} + \frac{0.059}{2}\lg \frac{[H^+]^2}{p(H_2)}$$

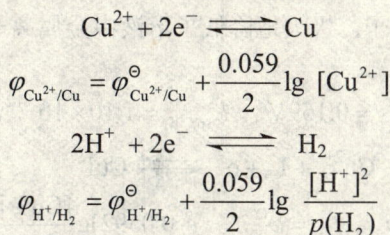

（3）参加反应的 H^+、OH^- 离子及其系数也应考虑到相应的氧化态或还原态物质浓度的方次上去。例如

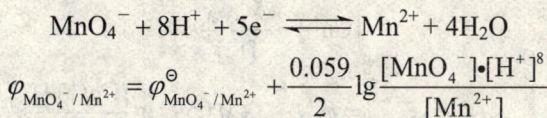

$$MnO_4^- + 8H^+ + 5e^- \rightleftharpoons Mn^{2+} + 4H_2O$$

$$\varphi_{MnO_4^-/Mn^{2+}} = \varphi_{MnO_4^-/Mn^{2+}}^{\ominus} + \frac{0.059}{2}\lg \frac{[MnO_4^-]\cdot[H^+]^8}{[Mn^{2+}]}$$

（4）同一元素的不同电对其能斯特方程的表达式不同。

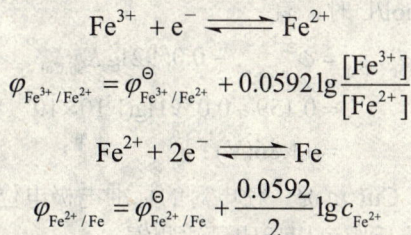

$$Fe^{3+} + e^- \rightleftharpoons Fe^{2+}$$

$$\varphi_{Fe^{3+}/Fe^{2+}} = \varphi_{Fe^{3+}/Fe^{2+}}^{\ominus} + 0.0592\lg \frac{[Fe^{3+}]}{[Fe^{2+}]}$$

$$Fe^{2+} + 2e^- \rightleftharpoons Fe$$

$$\varphi_{Fe^{2+}/Fe} = \varphi_{Fe^{2+}/Fe}^{\ominus} + \frac{0.0592}{2}\lg c_{Fe^{2+}}$$

【例6.2】 已知 $\varphi_{Cl_2/Cl^-}^{\ominus} = 1.36\,V$，计算 Cl_2 的压力为 $1.013 \times 10^5\,Pa$，$[Cl^-] = 0.010\,mol/L$ 时的电极电位。

解：
$$Cl_2 + 2e^- \rightleftharpoons 2Cl^-$$
根据能斯特方程有：

$$\varphi_{Cl_2/Cl^-} = \varphi_{Cl_2/Cl^-}^{\ominus} + \frac{0.0592}{2}\lg \frac{p_{Cl_2}}{[Cl^-]^2}$$

$$= 1.36 + \frac{0.159}{2}\lg \frac{(1.013\times10^5)/(1.013\times10^5)}{(0.010)^2}$$

$$= 1.43(V)$$

【例6.3】 已知 $MnO_4^- + 8H^+ + 5e^- \rightleftharpoons Mn^{2+} + 4H_2O$，$\varphi_{MnO_4^-/Mn^{2+}}^{\ominus} = +1.51V$，计算 MnO_4^- 在 $[H^+] = 0.10mol/L$ 时的酸性介质中的电极电位。设 $[MnO_4^-] = [Mn^{2+}] = 1.0mol/L$。

解： 根据能斯特方程有

$$\varphi_{MnO_4^-/Mn^{2+}} = \varphi_{MnO_4^-/Mn^{2+}}^{\ominus} + \frac{0.059}{2}\lg \frac{[MnO_4^-]\cdot[H^+]^8}{[Mn^{2+}]}$$

$$= 1.51 + \frac{0.059}{2}\lg \frac{1.0\times(0.10)^8}{1.0} = 1.42(V)$$

上述两例说明了溶液中离子浓度的变化对电极电位的影响，特别是有 H^+ 参加的反应，由于浓度的指数往往比较大，故对电极电位的影响也较大，这也是某些氧化剂的氧化性需要在强酸性溶液才能充分体现的原因。此外，有些金属离子由于在反应中生成难溶的化合物或很稳定的配离子，极大地降低了溶液中金属离子的溶液，并显著地改变原来电对的电极电位。

【例 6.4】 已知 $\varphi^{\ominus}_{Cu^{2+}/Cu^+} = 0.159V$，$K_{sp,CuI} = 1.10 \times 10^{-12}$，求 $\varphi_{Cu^{2+}/CuI}$

解： 因为
$$Cu^{2+} + I^- + e^- \rightleftharpoons CuI$$

$$\varphi_{Cu^{2+}/Cu^+} = \varphi^{\ominus}_{Cu^{2+}/Cu^+} + 0.0592\lg\frac{[Cu^{2+}]}{[Cu^+]}$$

$$[Cu^{2+}]\cdot[I^-] = K_{sp,CuI}$$

$$[Cu^+] = \frac{K_{sp,CuI}}{[I^-]}$$

所以
$$\varphi_{Cu^{2+}/CuI} = \varphi^{\ominus}_{Cu^{2+}/CuI} + 0.0592\lg\frac{[Cu^{2+}]\cdot[I^-]}{K_{sp,CuI}}$$

当 $[Cu^{2+}] = [I^-] = 1.0$ mol/L 时，有

$$\varphi_{Cu^{2+}/CuI} = \varphi^{\ominus}_{Cu^{2+}/Cu^+} - 0.0592\lg K_{sp,CuI}$$
$$= 0.159 - 0.0591\lg(1.10\times10^{-11})$$
$$= +1.86(V)$$

由于 Cu^{2+} 和 I^- 生成了 CuI 沉淀，使电对的标准电极电位有很大辐度的增加，明显地增大了 Cu^{2+} 的氧化性，该反应可用于碘量法测铜。

3）条件电极电位

能斯特方程反映了电极电位和离子浓度的关系，它是以标准电极电位为基础进行计算的。标准电极电位的测定是有条件的，当溶液中离子强度较大时，用浓度来替代活度进行计算就会引起较大偏差，特别是当氧化态或还原态因水解或配位等副反应发生了改变时，可在更大程度上影响电极电位。因此使用标准电极电位 $\varphi^{\ominus}$ 有其局限性。实际工作中，常采用条件电极电位 $\varphi^{\ominus'}$ 代替标准电极电位 $\varphi^{\ominus}$。

例如，计算 HCl 溶液中 Fe^{3+}/Fe^{2+} 的电极电位时，由能斯特方程得到

$$\varphi = \varphi^{\ominus}_{Fe^{3+}/Fe^{2+}} + 0.0592\lg\frac{a_{Fe^{3+}}}{a_{Fe^{2+}}}$$

在 HCl 溶液中，Fe(III) 常以 Fe^{3+}、$[FeCl]^{2+}$、$[FeCl_2]^+$、$[FeOH]^{2+}$ 等形式存在，Fe(II) 同样以 Fe^{2+}、$[FeCl]^+$、$[FeCl_2]$、$[FeOH]^+$ 等形式存在。若以 $a_{Fe^{3+}}$ 及 $a_{Fe^{2+}}$ 分别表示溶液中 Fe(III) 和 Fe(II) 的副反应系数，$c_{Fe^{3+}}$、$c_{Fe^{2+}}$ 分别表示溶液中 Fe(III) 和 Fe(II) 总浓度，则

$$a_{Fe^{3+}} = \frac{c_{Fe^{3+}}}{[Fe^{3+}]}$$

$$a_{Fe^{2+}} = \frac{c_{Fe^{2+}}}{[Fe^{2+}]}$$

综合考虑 γ 和 a ，则有

$$\varphi_{Fe^{3+}/Fe^{2+}} = \varphi^{\ominus}_{Fe^{3+}/Fe^{2+}} + 0.0592 \lg \frac{\gamma_{Fe^{3+}} \bullet a_{Fe^{2+}} \bullet c_{Fe^{3+}}}{\gamma_{Fe^{2+}} \bullet a_{Fe^{3+}} \bullet c_{Fe^{2+}}}$$

当 $c_{Fe^{3+}} = c_{Fe^{2+}} = 1.0 \text{ mol/L}$ 时，得

$$\varphi_{Fe^{3+}/Fe^{2+}} = \varphi^{\ominus}_{Fe^{3+}/Fe^{2+}} + 0.059 \lg \frac{\gamma_{Fe^{3+}} g \alpha_{Fe^{2+}}}{\gamma_{Fe^{2+}} g \alpha_{Fe^{3+}}} = \varphi^{\ominus \prime}_{Fe^{3+}/Fe^{2+}}$$

式中 $\varphi^{\ominus}$ 为条件电极电位，它校正了离子强度、水解效应、配位效应以及 pH 等因素的影响。

条件电极电位指在特定条件下，氧化态和还原态总浓度均为 1mol/L，校正了各种外界因素后的实际电位。

引入了条件电极电位后，能斯特方程的表达式为

$$\varphi_{Ox/Red} = \varphi^{\ominus \prime}_{Ox/Red} + \frac{0.0592}{n} \lg \frac{[Ox]^a}{[Red]^b}$$

条件电极电位更能切合实际地反应氧化剂或还原剂的能力大小、反应的方向、次序和完全程度，所以在有关氧化还原反应的计算中，使用条件电极电位更为合理。但目前缺乏多种条件下的条件电极电位数据，故实际应用有限。

（二）氧化还原反应进行的程度

氧化还原反应属可逆反应，同其它可逆反应一样，在一定条件下也能达到平衡。利用能斯特方程式和标准电极电位表可以算出平衡常数，判断氧化还原反应进行的程度。

对于一般的氧化还原反应

$$a\, Ox_1 + b\, Red_2 \rightleftharpoons c\, Red_1 + d\, Ox_2$$

平衡时有

$$\frac{[Red_1]^c \bullet [Ox_2]^d}{[Ox_1]^a \bullet [Red_2]^b} = K$$

K 为氧化还原反应平衡常数，其大小反应了该反应的完全程度。

可以推导出氧化还原反应平衡常数 K 与参加氧化还原反应的两电对的电极电位值及转移的电子数的关系为

$$\lg K = \frac{n \bullet (\varphi_1^{\ominus} - \varphi_2^{\ominus})}{0.0592}$$

式中　n —— 反应中得失电子总数；

　　　$\varphi_1^{\ominus}$ —— 反应中作为氧化剂的电对的标准电极电位；

　　　$\varphi_2^{\ominus}$ —— 反应中作为还原剂的电对的标准电极电位。

$\varphi_1^{\ominus}$ 和 $\varphi_2^{\ominus}$ 之差值越大，K 值也越大，反应进行得也越完全。若上式中标准电极电位用条件电极电位表示则 K 可用 K' 表示：

$$\lg K' = \frac{ng\left(\varphi_1^{\ominus'} - \varphi_2^{\ominus'}\right)}{0.0592}$$

【例 6.5】 计算下列反应在 298K 时的平衡常数，并判断此反应进行的程度。

$$Cr_2O_7^{2-} + 6I^- + 14H^+ \Longleftrightarrow 2Cr^{3+} + 3I_2 + 7H_2O$$

解：查表知：

$$Cr_2O_7^{2-} + 14H^+ + 6e^- \Longleftrightarrow 2Cr^{3+} + 7H_2O \qquad\qquad \varphi_1^{\ominus} = +1.33V$$

$$I_2 + 2e^- \Longleftrightarrow 2I^- \qquad\qquad \varphi_2^{\ominus} = +0.535V$$

$$\lg K = \frac{ng\left(\varphi_1^{\ominus} - \varphi_2^{\ominus}\right)}{0.0592} = \frac{6 \times (1.33 - 0.535)}{0.0592} = 80.62$$

$$K = 10^{80.62} = 4.27 \times 10^{80}$$

此反应的平衡常数很大，表明此正反应进行得很完全。

一般情况下，在氧化还原反应中，若 $n_1 = n_2 = 1$，则当参加反应的两电对的电极电位差值大于 0.40 V 时，可认为能反应完全。

若 $n_1 g n_2 > 1$ 时，则要求参加反应的两电对的电极电位差值可以小于 0.40V；如 $n_1 g n_2 = 2$ 时，则要求 $\Delta \varphi > 0.2V$；若 $n_1 g n_2 = 4$，则要求 $\Delta \varphi > 0.1V$，且 $n_1 g n_2$ 值越大，则要求参加反应的两电对的电极电位差值越小。

（三）影响氧化还原反应速率的因素

氧化还原平衡常数反映了氧化还原反应的完全程度，它只能说明反应的可能性，不能说明反应的速度。多数氧化还原反应比较复杂，通常需要一定时间才能完成，所以在氧化还原滴定分析中不仅要从平衡的角度来考虑反应的可能性，还要从其反应速度来考虑反应的现实性。

1. 氧化还原反应的复杂性

氧化还原反应的本质是电子的转移。当电子由一种物质转移到另外一种物质时要克服很多阻力，反应物和生成物结构的改变，都会导致反应速度变慢。另外，许多氧化还原反应方程式只表达了反应的起始状态和最终状态，并不能说明化学反应的真实情况。实际上，许多氧化还原反应的历程是复杂的，分步进行的，有许多中间产物，这也是导致许多氧化还原反应速率不高的原因。因此必须了解影响氧化还原反应速率的因素，以便采取适当的方法来提高反应速率。

2. 影响氧化还原反应速率的因素

1）反应物浓度

根据质量作用定律，反应速率与反应物的浓度成正比，但由于氧化还原反应常常分步进行，故在考虑总反应的速率时，不能简单地用质量作用定律，而应找出决定反应速率的那步反应。这样做起来比较困难，一般说来，在大多数情况下，增加反应物的浓度，均能提高反应速率。如 $Cr_2O_7^{2-}$ 和 $6I^-$ 的反应

$$Cr_2O_7^{2-} + 6I^- + 14H^+ = 2Cr^{3+} + 3I_2 + 7H_2O$$

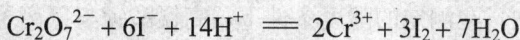

在一般情况下该反应速率较慢，增大 I^- 的浓度，提高溶液的酸度均可提高反应的速率。

2）反应体系的温度

实验证明，一般温度升高 10℃，反应速率增加 2～4 倍。如重铬酸钾法测铁，用 $SnCl_2$ 还原 Fe^{3+} 时，必须将被测溶液加热至沸腾后，立即趁热滴加 $SnCl_2$，这样可使还原反应速率加快：

$$2Fe^{3+} + Sn^{2+} = Sn^{4+} + 2Fe^{2+}$$

但当上述反应结束后，应以流水冷却被测溶液，以免 Fe^{2+} 被空气氧化。又如用草酸钠标定高锰酸钾溶液的反应：

$$2MnO_4^- + 5C_2O_4^{2-} + 16H^+ = 2Mn^{2+} + 10CO_2\uparrow + 8H_2O$$

为了提高反应速率，除了提高酸度外，可将反应溶液加热至 75～85℃。当然温度也不能提得太高，否则草酸会分解。

3）催化剂

催化剂对反应速率有很大的影响，如高锰酸钾与草酸的反应，即使在强酸溶液中，将温度提高至 75～85℃，滴定最初几滴高锰酸钾的褪色仍很慢，但加入少量 Mn^{2+} 时，反应能很快进行。这里的 Mn^{2+} 就起了加快反应速率的作用，则 Mn^{2+} 为催化剂。其催化机理如下：

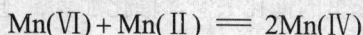

$$Mn(\text{Ⅶ}) + Mn(\text{Ⅱ}) = Mn(\text{Ⅵ}) + Mn(\text{Ⅲ})$$

$$Mn(\text{Ⅵ}) + Mn(\text{Ⅱ}) = 2Mn(\text{Ⅳ})$$

$$Mn(\text{Ⅳ}) + Mn(\text{Ⅱ}) = 2Mn(\text{Ⅲ})$$

$Mn(\text{Ⅲ})$ 能与 $C_2O_4^{2-}$ 生成一系列配合物，如 $Mn(C_2O_4)^+$、$Mn(C_2O_4)_2^-$、$Mn(C_2O_4)_3^{3-}$ 等，然后它们慢慢分解，生成 CO_2 和 Mn^{2+}。可见催化剂改变反应速率参与反应，但反应后又成为原来的物质。

在上述反应中，如不加催化剂，而利用反应生成的微量 Mn^{2+} 作催化剂，反应也可以较快的进行。这种生成物本身就起催化剂作用的反应叫自身催化反应，其速度特点是先慢后快再慢，所以滴定时应注意滴定速度与反应速度相适应。

4）诱导反应

在氧化还原反应中，不仅催化剂能改变反应速率，有时一种氧化还原反应的发生能加快另一种氧化还原反应进行，这种现象叫诱导作用，所发生的氧化还原反应叫诱导反应。

如在强酸性溶液中，用高锰酸钾法测铁时，若用盐酸控制酸度，则滴定时会消耗较多的高锰酸钾，使结果偏高，主要是由于高锰酸钾与铁的反应对高锰酸钾与氯离子的反应有诱导作用：

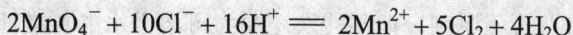

$$MnO_4^- + 5Fe^{2+} + 8H^+ = Mn^{2+} + 5Fe^{3+} + 4H_2O$$

$$2MnO_4^- + 10Cl^- + 16H^+ = 2Mn^{2+} + 5Cl_2 + 4H_2O$$

如果溶液中没有铁，在测定的酸度条件下，高锰酸钾与氯离子的反应极慢，可以忽略不计。但当有 Fe^{2+} 存在时，前一个反应对后一个反应起了诱导作用。这里 Fe^{2+} 称为诱导体，Cl^- 称为受诱体，MnO_4^- 称为作用体，前一个反应称为诱导反应，后一个反应称为受诱反应。

需要强调的是，催化作用与诱导作用均能改变反应速率，催化剂和诱导体均参加氧化还原反应，但催化剂参加反应后成为原来的物质，而诱导体参加反应后成为新物质。

知识链接

氧化还原反应的广泛应用

氧化还原反应在工农业生产、科学技术和日常生活中有着广泛的应用。例如，在农业生产中，植物的光合作用、呼吸作用是复杂的氧化还原反应；施入土壤的肥料的变化，如铵态氮转化为硝态氮，SO_4^{2-} 转化为 H_2S 等，虽然要有细菌起作用，但究其实质来说，也是氧化还原反应；土壤里铁和锰的化合价态的变化直接影响着作物的营养，晒田和灌田主要就是为了控制土壤里的氧化还原反应的进行。

我们所需要的各种各样的金属，都是通过氧化还原反应从矿石中提炼得到的。如制取活泼的有色金属要用电解或置换的方法；制取黑色金属和其他的有色金属都是在高温条件下用还原的方法；制备贵金属常用湿法还原等。许多重要化工产品的制造，例如，合成氨、合成盐酸、接触法制硫酸、氨氧化法制硝酸、食盐水电解制烧碱等，主要反应都是氧化还原反应。石油化工里的催化去氢、催化加氢、链烃氧化制羧酸、环氧树脂的合成等也都是氧化还原反应。

我们通常用的干电池、蓄电池以及在空间技术上应用的高能电池也都发生着氧化还原反应，否则就不可能把化学能转化为电能。我们使用的煤气发生炉是一种以煤或焦炭为原料，以空气和水蒸气为汽化剂，在常压固定床进行氧化还原反应而产生混合煤气的专用设备。

人和动物的呼吸，把葡萄糖氧化成二氧化碳和水，通过呼吸把储存在食物分子内的能量转变为存在于三磷酸腺苷（ATP）高能磷酸键的化学能，这种化学能再供给人和动物进行机械运动、维持体温、合成代谢、细胞的主动运输等。煤、石油、天然气等燃料的燃烧更是供给人们生活和生产所必需的大量的能量。

衣物穿久了，容易沾上污垢，不仅影响了美观，而且穿起来感觉不舒服，必须进行洗涤。衣物上的污渍如油污，一般采用肥皂、洗衣粉、有机溶剂（如汽油等）就可以洗净。可是，若衣物上沾上蓝黑墨水、果汁、血渍，或者衣物穿久发黄，采用洗衣粉或肥皂就无济于事了。要清洁、美观这些被玷污的衣物，就必须借助氧化还原反应来实现。

如果衣物沾上蓝黑墨水，常用一种叫草酸的还原剂来进行洗涤才能除去。这是因为，蓝黑墨水中含有一种叫鞣酸亚铁的物质。鞣酸亚铁是一种还原性很强的物质，在空气中容易被氧气氧化成鞣酸铁。由于鞣酸铁不溶于水，而且它牢牢附着在衣物纤维上，因此不易洗去。必须用适当的还原剂，把鞣酸铁还原为可溶于水的鞣酸亚铁。如果衣物沾上果汁、血渍等，由于果汁、血渍中含有亚铁离子，很容易被氧化成三价铁，并转化为铁锈斑,采用草酸能将铁锈转化为无色的物质溶解进水中而被洗去。

由此可见,在许多领域里都涉及氧化还原反应,学习和逐步掌握氧化还原反应,对我们的生活和工作都是很有意义的。

思考与练习

(1)何为条件电极电位?它与标准电极电位的关系是什么?为什么要引入条件电极电位的概念?

(2)如何判断氧化还原反应能否进行完全?

(3)影响氧化还原反应速率的主要因素有哪些?可采取哪些措施加速反应的完成?

(4)计算 KI 浓度为 1 mol/L 时,Cu^{2+}/Cu^+ 电对的条件电位(忽略离子强度的影响),并说明何以能发生下列反应:$2Cu^{2+} + 5I^- \Longrightarrow 2Cu\downarrow + I_3^-$。

(答:0.87 V)

任务二　掌握氧化还原滴定法

任务目标

终极目标: 能够熟练掌握氧化还原滴定法。

促成目标:(1)熟悉氧化还原滴定曲线及指示剂的选择。

(2)掌握高锰酸钾法、重铬酸钾法、碘量法的原理。

(3)了解氧化还原滴定法特点、分类方法及提高反应速度的方法。

工作任务

【活动一】 掌握高锰酸钾法、重铬酸钾法、碘量法的原理

分组: 每 2～3 人一组。

活动目的: 掌握高锰酸钾法、重铬酸钾法、碘量法的原理。

活动程序: 查找相关期刊、书籍、网络资源,找一找高锰酸钾法、重铬酸钾法、碘量法的原理的相关知识,记录下来;然后每 3～4 组合并为一大组,相互交流、相互讨论,最终掌握高锰酸钾法、重铬酸钾法、碘量法的原理。

【活动二】 高锰酸钾法测定双氧水中 H_2O_2 含量

分组: 每 1～2 人为一组。

活动目的: 了解 $KMnO_4$ 标准溶液的配制和标定方法;掌握以 $Na_2C_2O_2$ 为基准物质标定高锰酸钾溶液浓度的方法原理及滴定条件;学会用高锰酸钾法测定双氧水中 H_2O_2 的含量的原理和方法。

　　仪器和试剂： 一套滴定分析装置、2 mol/L H_2SO_4、0.02 mol/L $KMnO_4$。

　　活动程序：

　　（1）0.02 mol/L $KMnO_4$ 溶液的配制。

　　在台秤上称取 3.3 g 固体 $KMnO_4$，置于 250mL 烧杯中，用新煮沸过的冷蒸馏水分数次充分搅拌溶解，置于棕色试剂瓶中，稀释至 250mL，摇匀，塞紧，放在暗处静置 7～10 天（或溶于蒸馏水后加热煮沸 10～20min，放置 2 天），然后用烧结玻璃漏斗过滤，存入另一洁净的棕色瓶中储存备用。

　　（2）$KMnO_4$ 溶液的标定。

　　在分析天平上准确称取分析纯草酸钠 0.15～0.20 g 3 份，置于 250mL 锥形瓶中，加入少量蒸馏水（约 20mL）溶解后，再加 15mL 2 mol/L H_2SO_4 溶液，并加热至 70～85℃，立即用待标定的 $KMnO_4$ 溶液滴定，滴至溶液成淡红色经 30 s 不变色，即为终点。

　　平行测定 2～3 次，根据滴定所消耗的 $KMnO_4$ 溶液体积和基准物质的质量，计算 $KMnO_4$ 溶液的浓度。

　　（3）样品的测定。

　　用移液管吸取 10mL 双氧水样品于 250mL 容量瓶中，用水稀释至标线，摇匀。再吸取稀释液 25.00mL，置于 250mL 锥形瓶中，加水 20～30mL 和 H_2SO_4 20mL，用 $KMnO_4$ 标定溶液滴定，直到溶液显粉红色，保持 30 s 不褪色，即为终点。

　　（4）平行测定 2～3 次，计算双氧水中 H_2O_2 的质量浓度（用 mg/L 表示）。

　　【活动三】　重铬酸钾法测定铁矿石中铁的含量

　　分组： 每 1～2 人为一组。

　　活动目的： 巩固对重铬酸钾法有关原理的理解；掌握重铬酸钾法测定铁的方法。

　　仪器和试剂： 一套滴定分析装置、浓 HCl 溶液（1.19g/mL）、HCl 溶液（1：1）、10%$SnCl_2$ 溶液（将 100 g $SnCl_2·2H_2O$ 溶解在 200mL 浓 HCl 中，用蒸馏水稀释至 1 L）、$TiCl_3$ 溶液（取 $TiCl_3$ 10mL，用 5：95 盐酸溶液稀释至 100mL）、25%Na_2WO_4 溶液（取 25 g Na_2WO_4 溶于 95mL 水中，加 5mL 磷酸混匀）、硫-磷混合酸、H_2SO_4：H_3PO_4：H_2O 的体积比为 2：3：5、0.2%二苯胺磺酸钠指示剂、$K_2Cr_2O_7$ 基准物质。

　　活动程序：

　　（1）重铬酸钾标准溶液的配制。

　　准确称取基准物质 $K_2Cr_2O_7$ 2.5 g 左右于 150mL 小烧杯中，加蒸馏水溶解后定量移入 1 L 容量瓶，并稀释至刻度，摇匀。根据 $K_2Cr_2O_7$ 的质量计算其准确浓度。

　　（2）铁矿石中铁的测定。

　　矿样预先在 120℃烘箱中烘 1～2 h，放入干燥器中冷却 30～40 min 后准确称取 0.25～0.30 g 3 份于 250mL 锥形瓶中，加几滴蒸馏水，摇动使其全部润湿并散开，再加入浓盐酸 10mL 或（1：1）盐酸溶液 20mL，盖上表面皿，加热使矿样溶解（残渣为白色或近于白色），为了加速矿样的溶解，可趁热慢慢滴加 $SnCl_2$ 至溶液呈浅黄色（若溶液呈无色，则说明 $SnCl_2$ 已过量，遇此情况，应滴加氧化剂如 $KMnO_4$ 等，使之呈黄色为止），然后，用洗瓶吹洗瓶壁及盖，并加 10mL 水，10～15 滴 Na_2WO_4 溶液，滴加 $TiCl_3$，使溶液出现钨蓝，加入蒸馏水 20～30mL，随后摇动溶液，使钨蓝为溶解氧所氧化，或

滴加 $K_2Cr_2O_7$ 溶液至钨蓝刚好消失,加入 10mL 硫-磷混合酸及 5 滴二苯胺磺酸钠指示剂,立即用 $K_2Cr_2O_7$ 标准溶液滴定至溶液出现紫色,即为终点。

（3）根据 $K_2Cr_2O_7$ 标准溶液的用量计算出试样中铁（以 Fe_2O_3 表示）的质量分数。

【活动四】 碘量法测定铜合金中铜的含量

分组： 每 1～2 人为一组。

活动目的： 掌握 $Na_2S_2O_3$ 溶液的配制方法，了解标定 $Na_2S_2O_3$ 溶液浓度的原理和方法；学会易被酸分解的合金试样的溶解方法；掌握用碘量法测定铜合金中铜含量的测定方法。

仪器和试剂： 一套滴定分析装置、（1∶1）HCl 溶液、30%H_2O_2、（1∶1）$NH_3 \cdot H_2O$ 溶液、（1∶1）HAc 溶液、20%NH_4HF_2（即 $NH_4F \cdot HF$）溶液、20%KI 溶液、10%NH_4SCN 溶液、淀粉溶液、$Na_2S_2O_3$ 标准溶液、固体 $Na_2S_2O_3 \cdot 5H_2O$、固体 Na_2CO_3、固体 KI、$K_2Cr_2O_7$ 基准物质。

活动程序：

（1）0.1 mol/L $Na_2S_2O_3$ 标准溶液的配制。取纯水 500mL 于大烧杯中，加热煮沸，冷却后加入 0.1 g Na_2CO_3 固体，称取 12.5 g $Na_2S_2O_3 \cdot 5H_2O$ 固体，置于上述烧杯中，搅拌使之全部溶解，倒入细口瓶中，摇匀，溶液置于阴凉处 7～14d 后标定。

（2）$Na_2S_2O_3$ 标准溶液的标定。准确称取 $K_2Cr_2O_7$ 基准物质 3 份，每份 0.13～0.15 g，分别置于 3 个 250mL 锥形瓶中，加纯水 25mL。溶解后，取其中一个锥形瓶加 6 mol/L HCl 溶液 5mL 和 KI 固体 2 g，混匀后盖上小表面皿，在暗处放置 3～5 min，然后加 50mL 纯水，立即用待标定的 $Na_2S_2O_3$ 溶液滴定至呈浅黄色，加入 1mL 淀粉溶液，继续滴定至溶液由蓝色变为亮绿色，即为终点。按同样的方法处理和滴定另外 2 份。计算 $Na_2S_2O_3$ 标准溶液的准确浓度。

（3）铜合金中铜含量的测定。准确称取铜合金试样 0.25～0.30 g 于 250mL 锥形瓶中，加入（1∶1）HCl 溶液 10mL，并用滴管加 30%H_2O_2 约 1mL，加盖，观察试样是否完全溶解，必要时再加些 H_2O_2，加热助溶，煮沸至冒大气泡，冷却后加水 10mL，滴加（1∶1）$NH_3 \cdot H_2O$ 溶液至出现浑浊，再加入（1∶1）HAc 溶液 8mL，加 NH_4HF_2 溶液 5mL，KI 溶液 10mL，摇匀。稍放置后用 $Na_2S_2O_3$ 标准溶液滴定至溶液呈浅黄色，加入淀粉溶液 5mL，继续滴定至溶液呈浅蓝灰色，再加入 NH_4SCN 溶液 10mL，充分摇动。此时，溶液颜色变深，然后滴定至蓝灰色消失为止。

（4）根据 $Na_2S_2O_3$ 标准溶液用量计算铜合金中铜的质量分数。

知识探究

（一）氧化还原滴定

氧化还原滴定法是以氧化还原反应为基础的滴定分析法。根据所用标准溶液的不同常分为高锰酸钾法：$MnO_4^- + 8H^+ + 5e^- \rightleftharpoons Mn^{2+} + 4H_2O$

重铬酸钾法：$Cr_2O_7^{2-} + 14H^+ + 6e^- \rightleftharpoons Cr^{3+} + 7H_2O$

碘量法：$I_2 + 2e^- \rightleftharpoons 2I^-$

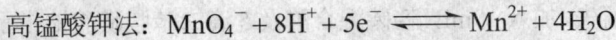

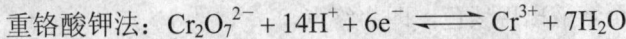

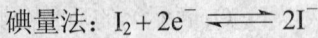

另外，氧化还原滴定法的方法还有铈量法、溴酸盐、钒酸盐法等。

氧化还原滴定法应用十分广泛，不仅可以直接测定氧化还原性物质，还可间接测定不具有氧化还原性的物质，氧化还原反应的过程复杂，副反应多，反应速度慢，条件不易控制。

1. 氧化还原滴定曲线

在氧化还原滴定中，随着标准溶液的不断加入，氧化剂或还原剂的浓度发生改变，相应电对的电极电位也随之不断改变，可用氧化还原滴定曲线来描述这种变化，借以研究化学计量点前后溶液的电极电位改变情况，对正确选取氧化还原指示剂或采取仪器指示化学计量点具有重要的作用。可通过实验的方法测电极电位绘出滴定曲线，也可采用能斯特方程进行计算，求出相应的电极电位。

以 0.1000 mol/L Ce^{4+} 标准溶液滴定 20.00mL 0.1000 mol/L $FeSO_4$ 溶液（溶液的酸度为 1 mol/L H_2SO_4）为例，说明滴定过程中电极电位的计算方法，滴定反应为

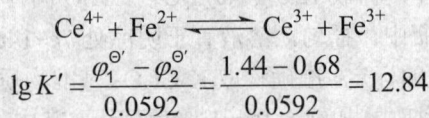

$$Ce^{4+} + Fe^{2+} \rightleftharpoons Ce^{3+} + Fe^{3+}$$

$$\lg K' = \frac{\varphi_1^{\ominus'} - \varphi_2^{\ominus'}}{0.0592} = \frac{1.44 - 0.68}{0.0592} = 12.84$$

K' 很大，说明反应很完全。讨论 4 个主要阶段溶液的电极电位变化情况，计算如下：

（1）滴定前。没有滴入 $Ce(SO_4)_2$ 时，对于 0.1000 mol/L $FeSO_4$ 溶液来说，由于空气中氧的氧化作用，其中必有极少量的 Fe^{3+} 存在并组成 Fe^{3+}/Fe^{2+} 电对，所以溶液的电极电位可用 Fe^{3+}/Fe^{2+} 电对表示，假设有 0.1% 的 Fe^{2+} 被氧化为 Fe^{3+}，则

$$\frac{[Fe^{3+}]}{[Fe^{2+}]} = \frac{0.1\%}{99.9\%} \approx \frac{1}{1000}$$

$$\varphi_{Fe^{3+}/Fe^{2+}} = \varphi_{Fe^{3+}/Fe^{2+}}^{\ominus'} + \frac{0.0592}{n} \lg \frac{[Fe^{3+}]}{[Fe^{2+}]}$$

$$= 0.68 + \frac{0.0592}{1} \lg \frac{1}{1000}$$

$$= 0.50(V)$$

（2）滴定开始至化学计量点前。这个阶段，溶液中存在着 Fe^{3+}/Fe^{2+} 和 Ce^{4+}/Ce^{3+} 2 个电对，每加入一定量的 $Ce(SO_4)_2$ 标准溶液后，2 个电对的反应就会建立平衡并使两个电对的电位相等，即

$$\varphi = \varphi_{Fe^{3+}/Fe^{2+}}^{\ominus'} + \frac{0.0592}{n} \lg \frac{[Fe^{3+}]}{[Fe^{2+}]}$$

$$= \varphi_{Ce^{4+}/Ce^{3+}}^{\ominus'} + \frac{0.0592}{n} \lg \frac{[Ce^{4+}]}{[Ce^{3+}]}$$

在化学计量点前，由于 $FeSO_4$ 是过量的，溶液中 Ce^{4+} 的浓度很小，计算起来比较麻

烦，因此可用 Ce^{4+}/Ce^{3+} 电对来计算 φ 值，同时为了计算简便，可用 Fe^{3+} 和 Fe^{2+} 的物质的量之比 $\dfrac{n_{Fe^{3+}}}{n_{Fe^{2+}}}$ 来替代进行计算。设滴入 $Ce(SO_4)_2$ 标准溶液 V mL（$V<20.00$）时：

$$n_{Fe^{3+}} = 0.1000V \text{ (mmol)}$$

$$n_{Fe^{2+}} = 0.1000 \times (20.00 - V) \text{ (mmol)}$$

$$\varphi = 0.68 + \frac{0.0592}{1} \lg \frac{0.1000 \times V}{0.1000 \times (20.00 - V)}$$

$$= 0.68 + 0.0592 \lg \frac{V}{20.00 - V}$$

将 $V = 19.80$ mL 和 19.98 mL 代入计算可得相应的电极电位值为 0.80 V 和 0.86 V。

（3）化学计量点时。设化学计量点时的电极电位 φ_{ep} 可分别表示为

$$\varphi_{ep} = \varphi^{\ominus'}_{Fe^{3+}/Fe^{2+}} + 0.0592 \lg \frac{[Fe^{3+}]}{[Fe^{2+}]}$$

和

$$\varphi_{ep} = \varphi^{\ominus'}_{Ce^{4+}/Ce^{3+}} + 0.0592 \lg \frac{[Ce^{4+}]}{[Ce^{3+}]}$$

将两式相加得

$$2\varphi_{ep} = \varphi^{\ominus'}_{Ce^{4+}/Ce^{3+}} + \varphi^{\ominus'}_{Fe^{3+}/Fe^{2+}} + 0.0592 \lg \frac{[Ce^{4+}][Fe^{3+}]}{[Ce^{3+}][Fe^{2+}]}$$

化学学计量时，加入的 $Ce(SO_4)_2$ 标准溶液正好和溶液中的 $FeSO_4$ 标准溶液完全反应，达平衡状态，满足

$$\frac{[Fe^{3+}]}{[Fe^{2+}]} = \frac{[Ce^{4+}]}{[Ce^{3+}]}$$

此时

$$\lg \frac{[Ce^{4+}][Fe^{3+}]}{[Ce^{3+}][Fe^{2+}]} = 0$$

所以

$$\varphi_{ep} = \frac{\varphi^{\ominus}_{Fe^{3+}/Fe^{2+}} + \varphi^{\ominus}_{Ce^{4+}/Ce^{3+}}}{2} = \frac{0.68 + 1.44}{2} = 1.06 \text{ (V)}$$

对于一般的对称性的氧化还原反应：

$$n_2 Ox_1 + n_1 Red_2 \rightleftharpoons n_2 Red_1 + n_1 Ox_2$$

同理可以得到化学计量点时的电极电位 φ_{ep} 为

$$\varphi_{ep} = \frac{n_1 \varphi^{\ominus'}_{Ox_1/Red_1} + n_2 \varphi^{\ominus'}_{Ox_2/Red_2}}{n_1 + n_2}$$

（4）化学计量点后。加入过量的 $Ce(SO_4)_2$ 标准溶液，可用 Ce^{4+}/Ce^{3+} 电对的电极电位表示溶液的电极电位，加入 20.02 mL $Ce(SO_4)_2$ 标准溶液时，

$$\varphi = \varphi_{Ce^{4+}/Ce^{3+}}^{\ominus} + 0.0592 \lg \frac{[Ce^{4+}]}{[Ce^{3+}]}$$

$$= 1.44 + 0.0592 \lg \frac{20.02 - 20.00}{20.00}$$

$$= 1.26(V)$$

同理可讨论任意时刻溶液的电极电位与标准溶液加入量的关系，见表 6.2。

表 6.2　0.1000 mol/L Ce^{4+}标准溶液滴定 20.00mL 0.1000 mol/L FeSO$_4$ 溶液

滴入 Ce^{4+}溶液/mL	Fe^{2+}被滴定的百分率/%	过量的 Ce^{4+}百分率/%	溶液的电位/V
18.00	90.0		0.69
19.80	99.0		0.74
19.98	99.9		0.80
20.00	100.0		0.86
20.02		0.1	1.06
20.20		1.0	1.26
22.00		10.0	1.32
40.00		100.0	1.44

　　以 φ 对 V 做图即可得用 0.1000 mol/L Ce^{4+}标准溶液滴定 20.00mL 0.1000 mol/L FeSO$_4$ 溶液滴定曲线，如图 6.3 所示。

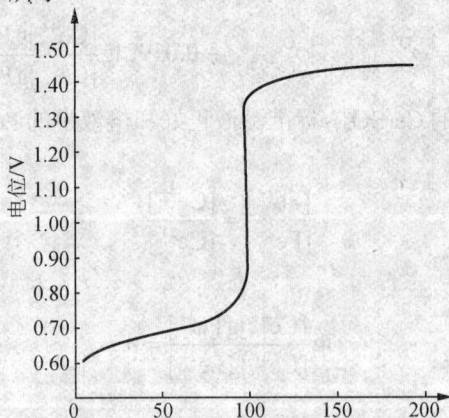

图 6.3　用 0.1000 mol/L Ce^{4+}标准溶液滴定

　　通过滴定曲线可看出，在化学计量点前后各 0.1%误差范围内溶液的电极电位由 0.86 V 变化到 1.26 V，有明显的突跃，这个突跃范围的大小对选择氧化还原滴定指示剂很有帮助。事实上，在化学计量点前后 0.1%相对误差范围内，溶液中 Fe^{2+}的浓度由 5.0×10^{-5} mol/L 降低到 5.0×10^{-12} mol/L，说明反应很完全。

　　从滴定曲线可以看出，在化学计量点前后 0.1%误差范围内溶液的电极电位有明显的突跃。滴定突跃范围的大小与电对的 $\varphi^{\ominus\prime}$ 有关，$\Delta\varphi^{\ominus\prime}$ 越大，则突跃范围越长，反之则短。在 $\Delta\varphi^{\ominus\prime} \geqslant 0.20$ V 时，突跃才明显，且在 $0.20 \sim 0.40$ V 可用仪器法确定终点；只有在 $\Delta\varphi^{\ominus\prime} \geqslant 0.40$ V 时可用氧化还原指示剂指示终点。

　　在氧化还原反应的 2 个半反应中若转移的电子数相等即 $n_1 = n_2$，则化学计量点正好在滴定突跃的中间；若 $n_1 \neq n_2$，则化学计量点偏向于电子转移数较大的一方。

2. 氧化还原滴定法的指示剂

氧化还原滴定法是滴定分析方法的一种，其关键仍然是化学计量点的确定。在氧化还原滴定中，除了用电位法确定终点外，还可以根据所使用的标准溶液不同选择不同的指示剂来确定终点。

1）氧化还原指示剂

氧化还原指示剂是具有氧化性或还原性的有机化合物，且它们的氧化态或还原态的颜色不同，在氧化还原滴定中也参与氧化还原反应而发生颜色变化。

假设用 In(O) 和 In(R) 表示指示剂的氧化态和还原态，则指示剂在滴定过程中所发生的氧化还原反应可用下式表示：

$$In(O) + ne^- \rightleftharpoons In(R)$$

根据能斯特方程，氧化还原指示剂的电极电位与其浓度之间有如下关系

$$\varphi_{In} = \varphi_{In}^{\ominus} = \frac{0.0592}{n}\lg\frac{[In(O)]}{[In(R)]}$$

当 $\dfrac{[In(O)]}{[In(R)]} \geqslant 10$ 时，可清楚地看到 In(O) 的颜色，此时

$$\varphi_{In} \geqslant \varphi_{In}^{\ominus} + \frac{0.0592}{n}$$

当 $\dfrac{[In(O)]}{[In(R)]} \leqslant \dfrac{1}{10}$ 时，可清楚地看到 In(R) 的颜色，此时

$$\varphi_{In} \geqslant \varphi_{In}^{\ominus} - \frac{0.0592}{n}$$

所以指示剂的变色范围为

$$\varphi_{In} = \varphi_{In}^{\ominus} \pm \frac{0.0592}{n}$$

在此范围内，便可看到指示剂的变色情况，$\varphi_{In} = \varphi_{In}^{\ominus}$ 为理论变色点。

实际滴定中，最好能选择在滴定的突跃范围内变色的指示剂。例如重铬酸钾法测铁时，常用二苯胺磺酸钠为指示剂，它的氧化态呈紫红色，还原态呈无色，当滴定到化学计量点时，稍过量的重铬酸钾就可以使二苯胺磺酸钠由还原态变为氧化态，从而指示滴定终点的到达。

表 6.3 列出了常见氧化还原指示剂的 $\varphi_{In}^{\ominus}$ 及颜色变化。

表 6.3　常用的氧化还原指示剂

指示剂	氧化态颜色	还原态颜色	$\varphi_{In}^{\ominus}$ /V，pH 0
二苯胺磺酸钠	紫红色	无　色	+0.85
邻二氮菲-亚铁	浅蓝色	红　色	+1.06
邻氨基苯甲酸	紫红色	无　色	+0.89
亚甲基蓝	蓝　色	无　色	+0.53

2）自身指示剂

在氧化还原滴定中，利用标准溶液或被滴定物质本身的颜色来确定终点方法，叫自身指示剂。例如在高锰酸钾法中就是利用 $KMnO_4$ 自身指示剂。$KMnO_4$ 溶液呈紫红色，当用 $KMnO_4$ 作为标准溶液来测定无色或浅色物质时，在化学计量点前，由于高锰酸钾是不足量的，故溶液不显 $KMnO_4$ 的颜色，当滴定到达化学计量点时，稍过量的 $KMnO_4$ 就使溶液呈现粉红色，从而指示滴定终点。实践证明，c_{KMnO_4} 约为 10^{-5} mol/L 时就可以看到溶液呈粉红色。

3）专属指示剂

有些物质本身不具有氧化还原性质，但它能与氧化剂或还原剂或其产物作用产生特殊颜色以确定反应的终点，这种指示剂叫专属指示剂。如可溶性淀粉能与碘在一定条件下生成蓝色配合物，因此在碘量法中可以采用淀粉作指示剂，根据溶液中蓝色的出现或消失就可以判断滴定的终点。

（二）常用的氧化还原滴定法

1. 高锰酸钾法

1）概述

高锰酸钾法是以 $KMnO_4$ 作为标准溶液进行滴定的氧化还原滴定法。$KMnO_4$ 是氧化剂，其氧化能力和溶液的酸度有关，在强酸性溶液中具有强氧化性，与还原性物质作用可获得 5 个电子被还原为 Mn^{2+}：

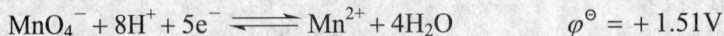

$$MnO_4^- + 8H^+ + 5e^- \rightleftharpoons Mn^{2+} + 4H_2O \qquad \varphi^\ominus = +1.51V$$

在弱酸性、中性或弱碱性溶液中，则获得 3 个电子被还原为 MnO_2：

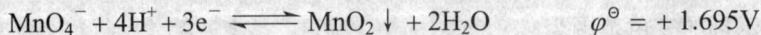

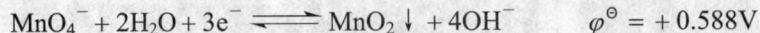

$$MnO_4^- + 4H^+ + 3e^- \rightleftharpoons MnO_2\downarrow + 2H_2O \qquad \varphi^\ominus = +1.695V$$

$$MnO_4^- + 2H_2O + 3e^- \rightleftharpoons MnO_2\downarrow + 4OH^- \qquad \varphi^\ominus = +0.588V$$

在强碱性溶液中，则获得 1 个电子被还原为 MnO_4^{2-}：

$$MnO_4^- + e^- \rightleftharpoons MnO_4^{2-} \qquad \varphi^\ominus = +0.57V$$

高锰酸钾法可在酸性、中性或碱性条件下测定。由于在弱酸性或中性溶液中均有二氧化锰棕色沉淀生成影响终点观察，故一般只在强酸性溶液中滴定。常用硫酸控制酸度，尽量避免用盐酸而不用硝酸。特殊情况下用其在碱性溶液中的氧化性测定有机物含量，还原产物为绿色的锰酸钾。

利用 $KMnO_4$ 作氧化剂可直接滴定许多强还原性物质如 Fe^{2+}、$C_2O_4^{2-}$、H_2O_2、As(III)、NO_2^- 等；一些氧化性物质，例如，MnO_2、$K_2Cr_2O_7$、PbO_2 等，可用返滴定法测定；还有一些物质，例如，Ca^{2+}、Ag^+、Ba^{2+}、Sr^{2+}、Zn^{2+}、Pb^{2+} 等本身不具有氧化还原性，但可以用间接法测定。例如测定 Ca^{2+} 时，先用 $C_2O_4^{2-}$ 将 Ca^{2+} 沉淀为 CaC_2O_4，然后用稀硫酸将所得的 CaC_2O_4 沉淀溶解，用 $KMnO_4$ 标准溶液滴定溶液中的 $C_2O_4^{2-}$，从而间接求得 Ca^{2+} 的含量。

高锰酸钾法的优点是 $KMnO_4$ 氧化能力强，应用广泛，且一般不需另加指示剂。缺点是试剂中常含有少量杂质，溶液不够稳定，且能与许多还原性物质发生反应，干扰现象严重。

2）高锰酸钾标准溶液的配制及标定

配制：

市售的 $KMnO_4$ 中含有少量的二氧化锰、硫酸盐、氧化物和其他还原性杂质，配制溶液时这些杂质以及蒸馏水中带入的杂质均可以将高锰酸钾还原为二氧化锰，高锰酸钾在水溶液中还能发生自动分解反应

$$4MnO_4^- + 2H_2O = 4MnO_2\downarrow + 3O_2 + 4OH^-$$

另外，$KMnO_4$ 见光受热易发生分解反应。故配制 $KMnO_4$ 标准溶液时只能采用间接配制法。配制时应采取如下措施：

（1）称取稍多于理论计算量的高锰酸钾。

（2）将配好的高锰酸钾溶液煮沸，保持微沸 1h，然后放置 2～3d，使各种还原性物质全部与 $KMnO_4$ 反应完全。

（3）用微孔玻璃漏斗或古氏瓷坩埚将溶液中的沉淀过滤去。

（4）配好的高锰酸钾溶液应于棕色试剂瓶中暗处保存，待标定。

标定：

标定高锰酸钾标准溶液的基准物有许多，如 $Na_2C_2O_4$、As_2O_3、$H_2C_2O_4 \cdot 2H_2O$ 和纯铁丝等。其中以 $Na_2C_2O_4$ 用得最多。在 1 mol/L H_2SO_4 溶液中，MnO_4^- 与 $C_2O_4^{2-}$ 的反应为

$$2MnO_4^- + 5C_2O_4^{2-} + 16H^+ = 2Mn^{2+} + 10CO_2\uparrow + 8H_2O$$

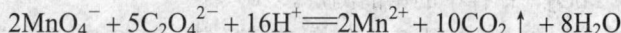

为了使反应能够较快地定量进行，应该注意以下反应条件：

（1）温度。此反应在室温下进行得较慢，应将溶液加热，但温度高于 90℃时 $H_2C_2O_4$ 会发生分解反应生成 CO_2，故最适宜的温度范围应该是 75～85℃。

（2）酸度。为了使反应能够正常地进行，溶液应保持足够的酸度，一般开始滴定时，溶液的酸度应控制在 0.5～1.0 mol/L H_2SO_4 为宜。

（3）滴定速度。由于 MnO_4^- 与 $C_2O_4^{2-}$ 的反应是自动催化反应，即使在 75～85℃的强酸溶液中，MnO_4^- 与 $C_2O_4^{2-}$ 的反应也是比较慢的。因此，在滴定开始时其速度不宜太快，一定要等到加入的第一滴 $KMnO_4$ 溶液褪色之后，才可加入第二滴 $KMnO_4$ 溶液，之后由于反应生成了有催化剂作用的 Mn^{2+}，反应速度逐渐加快，滴定速度也可适当加快，但也不能太快，否则加入的 $KMnO_4$ 就来不及和 $C_2O_4^{2-}$ 反应，即在热的酸性溶液中发生分解，反应为

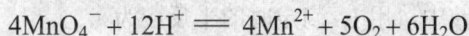

$$4MnO_4^- + 12H^+ = 4Mn^{2+} + 5O_2 + 6H_2O$$

接近终点时，由于反应物的浓度降低，滴定速度要逐渐减慢。

（4）滴定终点。滴定以稍过量的 $KMnO_4$ 在溶液呈现粉红色并稳定 30s 不褪色为终点。若时间过长，空气中的还原性物质能使 $KMnO_4$ 缓慢分解，而使粉红色消失。

根据一定量的草酸钠基准物消耗的高锰酸钾的体积，依据化学反应计量关系可确定高锰酸钾溶液的准确浓度。

3）应用实例

（1）过氧化氢的测定。在酸性溶液中，H_2O_2 能定量地被 $KMnO_4$ 氧化，其反应为

$$2MnO_4^- + 5H_2O_2 + 6H^+ = 2Mn^{2+} + 5O_2\uparrow + 8H_2O$$

在 H_2SO_4 介质中，此反应室温下可顺利进行。但开始时反应较慢，随后反应产生的 Mn^{2+} 可起催化作用，从而加快反应速度。

若 H_2O_2 不稳定，在其工业品中会加入某些有机物作为稳定剂，这些有机物大多能与 $KMnO_4$ 作用而发生干扰，此时可采用其他氧化还原滴定法进行测定，如碘量法或铈量法等。

（2）绿矾的测定。在酸性溶液中，$FeSO_4 \cdot 7H_2O$ 能定量地被 $KMnO_4$ 氧化，其反应为：

$$MnO_4^- + 5Fe^{2+} + 8H^+ = Mn^{2+} + 5Fe^{3+} + 4H_2O$$

测定过程中只能用硫酸控制酸度，不能用盐酸，防止发生诱导反应，同时为了消除产物 Fe^{3+} 的颜色对终点的干扰，可加入适量的磷酸，与 Fe^{3+} 生成无色配离子 $Fe(PO_4)_2^{3-}$，便于终点的观察。

（3）软锰矿中二氧化锰的测定。测定时，在 MnO_2 中先加入一定量的过量的强还原剂 $Na_2C_2O_4$，并加入一定量的 H_2SO_4，待反应完全后，再用 $KMnO_4$ 标准溶液来返滴定剩余的 $Na_2C_2O_4$，根据所加的 $Na_2C_2O_4$ 和 $KMnO_4$ 的量可计算样品中的含量。

$$MnO_2 + C_2O_4^{2-} + 4H^+ = Mn^{2+} + 2CO_2\uparrow + 2H_2O$$

$$2MnO_4^- + 5C_2O_4^{2-} + 16H^+ = 2Mn^{2+} + 10CO_2\uparrow + 8H_2O$$

该法也可用于 PbO_2、钢样中的铬的测定。

（4）钙的测定。测定时，先用 $C_2O_4^{2-}$ 将 Ca^{2+} 沉淀为 CaC_2O_4，沉淀经过过滤、洗涤后，用热的稀 H_2SO_4 将其溶解，再用 $KMnO_4$ 标准溶液滴定溶液中的 $C_2O_4^{2-}$，从而间接求得 Ca^{2+} 的含量。

凡能与 $C_2O_4^{2-}$ 生成沉淀的离子，如 Ag^+、Ba^{2+}、Sr^{2+}、Zn^{2+}、Pb^{2+} 等均能用此方法测定。

2. 碘量法

1）概述

碘量法是利用 I_2 的氧化性和 I^- 的还原性进行测定的氧化还原滴定法。这是一种应用比较广泛的分析方法，既可测定还原性物质也可以测定氧化性物质，还可以测定一些非氧化还原性物质。

由于固体碘在水中的溶解度很小且易挥发，常将 I_2 溶解在 KI 溶液中，此时它以 I_3^- 配离子形式存在于溶液中，用 I_3^- 滴定时的半反应为

$$I_3^- + 2e^- \rightleftharpoons 3I^- \qquad \varphi^\ominus = +0.54\ V$$

为方便起见，I_3^- 一般简写为 I_2。从其电对的标准电极电位值可以看出，I_2 是弱的氧化剂，I^- 是中等强度的还原剂。

碘量法根据所用的标准溶液的不同，可分为直接碘量法和间接碘量法。

直接碘量法，又叫碘滴定法，它是以 I_2 溶液为标准溶液，可以测定电极电位较小的还原性物质，如 S^{2-}、Sn^{2+}、$S_2O_3^{2-}$、AsO_3^{3-} 等。

间接碘量法，又叫滴定碘法。它是以 $Na_3S_2O_3$ 为标准溶液间接测定电极电位比 0.54V

大的氧化性物质，如 $Cr_2O_7^{2-}$、IO_3^-、MnO_4^-、AsO_4^{3-}、NO_2^-、Pb^{2+}、Ba^{2+}等。测定时，氧化性物质先在一定条件下与过量的 KI 反应生成定量的 I_2，然后用 $Na_3S_2O_3$ 标准溶液滴定生成的 I_2。

由于碘量法中均涉及 I_2，可利用碘遇淀粉显蓝的性质，以淀粉作为指示剂。根据蓝色的出现或褪去判断终点。碘遇淀粉显蓝反应的灵敏度与温度、酸度和有无 I^-密切　相关。

2）间接碘量法反应条件

I^-和 $S_2O_3^{2-}$ 的反应是碘量法中最重要的反应之一，为了获得准确的结果，必须严格控制反应条件。

（1）控制溶液的酸度。I^-和 $S_2O_3^{2-}$ 的反应很迅速、完全，但必须在中性或弱酸性溶液中进行。在强酸性溶液中（pH<2），硫代硫酸钠会分解，且 I^-也会被空气中的氧气氧化；在碱性溶液中，硫代硫酸钠会被氧化为硫酸根，使反应不定量，且单质碘也会被氧化为次碘酸根或碘酸根。具体反应为

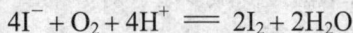

$$S_2O_3^{2-} + 2H^+ = S + SO_2 + H_2O$$

$$4I^- + O_2 + 4H^+ = 2I_2 + 2H_2O$$

$$S_2O_3^{2-} + 4I_2 + 10OH^- = 2SO_4^{2-} + 8I^- + 5H_2O$$

$$3I_2 + 6OH^- = IO_3^- + 5I^- + 3H_2O$$

（2）防止 I_2 的挥发和空气中的 O_2 氧化 I^-。碘量法的误差主要来自两个方面，一是 I_2 的挥发，二是在酸性溶液中空气中的 O_2 氧化 I^-。可采取如下措施以减少误差的产生。

防止 I_2 挥发的方法有：在室温下进行，加入过量的 KI，滴定时不能剧烈摇动溶液，最好使用碘量瓶。

防止空气中的 O_2 氧化 I^-的方法有：设法消除日光、杂质 Cu^{2+} 及 NO_2^-对 I^-被 O_2 氧化的催化作用，立即滴定生成的 I_2，且速度可适当加快。

3）碘量法标准溶液的制备

（1）硫代硫酸钠标准溶液的制备。市售的 $Na_2S_2O_3 \cdot 5H_2O$ 中含有少量的 S、Na_2SO_3、Na_2SO_4 和其他杂质，同时溶解在溶液中的 CO_2、微生物、空气中的 O_2、光照等均会使 $Na_2S_2O_3$ 分解，所以只能采用间接配制法。

在配制时除称取稍多于理论计算量的硫代硫酸钠外，还应采取如下措施：

① 用新煮沸的冷却的蒸馏水溶解溶质，目的是除去水中溶解的 CO_2 和 O_2，并杀死细菌；

② 加入少量的碳酸钠（0.02%），使溶液呈弱碱性以抑制细菌的生长；

③ 溶液应储存于棕色的试剂瓶中，暗处放置，防止光照分解。

需要注意的是，$Na_2S_2O_3$ 溶液不适宜长期保存，在使用过程中应定期标定，若发现有混浊，则应将沉淀过滤去以后再标定，或者弃去重新配制。

标定 $Na_2S_2O_3$ 溶液的基准物质很多，如 I_2、$K_2Cr_2O_7$、KIO_3、$KBrO_3$、纯 Cu 等，除 I_2 外，均是采用间接碘量法。标定时这些物质在酸性条件下与过量的 KI 作用，生成定量的 I_2：

$$IO_3^- + 5I^- + 6H^+ \Longrightarrow 3I_2 + 3H_2O$$

$$Cr_2O_7^{2-} + 6I^- + 14H^+ \Longrightarrow 2Cr^{3+} + 3I_2 + 7H_2O$$

$$Cu^{2+} + 4I^- \Longrightarrow 2CuI\downarrow + I_2$$

析出的 I_2 以淀粉为指示剂，用待标定的 $Na_2S_2O_3$ 溶液滴定，反应为

$$I_2 + 2S_2O_3^{2-} \Longrightarrow 2I^- + S_4O_6^{2-}$$

根据一定质量的基准物消耗 $Na_2S_2O_3$ 的体积可计算出 $Na_2S_2O_3$ 准确浓度。

现以 $K_2Cr_2O_7$ 标定 $Na_2S_2O_3$ 溶液为例说明标定时应注意的问题：

由于 $K_2Cr_2O_7$ 和 KI 的反应速度较慢，为了加速反应，须加入过量的 KI 并提高溶液的酸度，但酸度过高会加快空气中的 O_2 氧化 I^- 速度，故酸度一般控制在 $0.2\sim0.4$ mol/L，并将碘量瓶于暗处放置一段时间，使反应完全。

另外所用的 KI 溶液中不得含有 I_2 或 KIO_3，如发现 KI 溶液呈黄色或将溶液酸化后加淀粉指示剂显蓝，则事先用 $Na_2S_2O_3$ 溶液滴定至无色后再使用。

当 $K_2Cr_2O_7$ 和 KI 的完全反应后，先用蒸馏水将溶液稀释，再用 $Na_2S_2O_3$ 标准溶液进行滴定。稀释的目的是为了降低酸度并减少空气对 I^- 的氧化，防止 $Na_2S_2O_3$ 的分解，并能使 Cr^{3+} 的颜色变淡便于终点的观察。

淀粉指示剂应在近终点时加入，当滴定至溶液蓝色褪去呈亮绿色时，即为终点。

需要注意的是，若蓝色刚褪去溶液又迅速变蓝，说明 KI 与 $K_2Cr_2O_7$ 的反应不完全，此时实验应重做；若蓝色褪去 5min 后溶液又变蓝，这是溶液中的 I^- 被氧化的结果，对分析结果无影响。

（2）I_2 标准溶液的制备。用升华法制得的纯碘可用直接法配制标准溶液，一般情况下用间接配制法。

配制时通常把 I_2 溶解于浓的 KI 溶液中，然后将溶液稀释，倾入棕色瓶中暗处保存，并避免与橡皮等有机物接触，同时防止 I_2 见光受热而使其浓度发生变化。

标定 I_2 标准溶液用 As_2O_3 基准物质法，也可以用 $Na_2S_2O_3$ 标准溶液比较法。

As_2O_3 难溶于水，易溶于碱性溶液中生成 AsO_3^{3-}：

$$As_2O_3 + 6OH^- \Longrightarrow 2AsO_3^{3-} + 3H_2O$$

将溶液酸化并用 $NaHCO_3$ 调节溶液 pH 8，则 AsO_3^{3-} 与 I_2 可定量而快速地发生反应：

$$AsO_3^{3-} + I_2 + 2HCO_3^- \Longrightarrow AsO_4^{3-} + 2I^- + 2CO_2\uparrow + H_2O$$

根据 As_2O_3 的用量及 I_2 标准溶液的体积可计算 I_2 标准溶液的浓度。

3）应用实例

（1）硫酸铜中铜的测定。碘量法测定铜是基于间接碘量法原理，反应为

$$2Cu^{2+} + 4I^- \Longrightarrow 2CuI\downarrow + I_2$$

$$I_2 + 2S_2O_3^{2-} \Longrightarrow 2I^- + S_4O_6^{2-}$$

由于 CuI 沉淀表面会吸附一些 I_2，导致结果偏低，为此常加入 KSCN，使 CuI 沉淀转化为溶解度小的 CuSCN。

$$CuI + SCN^- \Longrightarrow CuSCN + I^-$$

CuSCN 沉淀吸附 I_2 的倾向较小，因而提高了测定的准确度。KSCN 应当在接近终点时加入，否则 SCN^- 会还原 I_2，使测定结果偏低。

另外，铜盐很容易水解，Cu^{2+} 和 I^- 的反应必须在酸性溶液中进行，一般用 HAc-NaAc 缓冲溶液将溶液的 pH 控制在 3.2～4.0 之间。酸度过低，反应速度太慢，终点延长；酸度过高，则空气中的 O_2 氧化 I^- 的速度加快，使结果偏高。

此法也适用于矿石、合金、炉渣中铜的测定。

（2）葡萄糖的测定。葡萄糖分子中所含醛基能在碱性条件下用过量的 I_2 氧化成羧基，其反应过程如下：

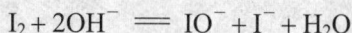

$$I_2 + 2OH^- =\!\!= IO^- + I^- + H_2O$$

$$CH_2OH(CHOH)_4CHO + IO^- + OH^- =\!\!= CH_2OH(CHOH)_4COO^- + I^- + H_2O$$

剩余的 IO^- 在碱性溶液中歧化成 IO_3^- 和 I^-

$$3\,IO^- =\!\!= IO_3^- + 2\,I^-$$

溶液经酸化后又析出 I_2

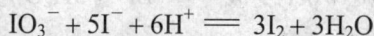

$$IO_3^- + 5I^- + 6H^+ =\!\!= 3I_2 + 3H_2O$$

最后以 $Na_2S_2O_3$ 标准溶液滴定析出的 I_2。

还有许多具有氧化还原性质的物质以及其他物质均可以用碘量法进行测定，如硫化物、过氧化物、维生素 C、臭氧、漂白粉中的有效氯、钡盐等。

3. 重铬酸钾法

1）概述

重铬酸钾法是以 $K_2Cr_2O_7$ 为标准溶液，利用它在强酸性溶液中的强氧化性的氧化还原滴定法。

在酸性溶液中，$Cr_2O_7^{2-}$ 与还原性物质作用可获得 6 个电子被还原为 Cr^{3+}，半反应式为

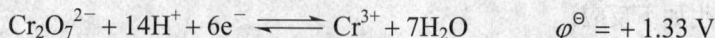

$$Cr_2O_7^{2-} + 14H^+ + 6e^- \rightleftharpoons Cr^{3+} + 7H_2O \qquad \varphi^{\ominus} = +1.33\ V$$

从半反应式中可以看出，溶液的酸度越高，$Cr_2O_7^{2-}$ 的氧化能力越强，故重铬酸钾法必须在强酸性溶液中进行测定。酸度控制可用硫酸或盐酸，不能用硝酸。利用重铬酸钾法可以测定许多无机物和有机物。

与高锰酸钾法相比重铬钾法有如下优点：

（1）$K_2Cr_2O_7$ 易提纯，是基准物，可用直接法配制溶液。

（2）$K_2Cr_2O_7$ 溶液非常稳定，可长期保存。

（3）$K_2Cr_2O_7$ 对应电对的标准电极电位比高锰酸钾的小，可在盐酸溶液中测定铁。

（4）应用广泛，可直接、间接测定许多物质。

重铬钾法的缺点是反应速度很慢，条件难以控制，必须外加指示剂。另外，$K_2Cr_2O_7$ 有毒，使用时应注意废液的处理，以免污染环境。

2）应用实例：铁矿石中含铁量的测定

铁矿石的主要成分是 $Fe_3O_4 \cdot nH_2O$，测定时首先用浓盐酸将铁矿石溶解，然后通过氧化还原预处理将铁矿石中的铁全部转化为 Fe^{2+}，然后在 1mol/L H_2SO_4-H_3PO_4 混合介质

中以二苯胺磺酸钠作为指示剂，用 $K_2Cr_2O_7$ 标准溶液进行滴定，滴定反应为

$$Cr_2O_7{}^{2-} + 6Fe^{2+} + 14H^+ \rightleftharpoons 2Cr^{3+} + 6Fe^{3+} + 7H_2O$$

重铬酸钾法测定铁是测定矿石中全铁量的标准方法。另外，可用 $Cr_2O_7{}^{2-}$ 和 Fe^{2+} 的反应间接测定 $NO_3{}^-$、$ClO_3{}^-$ 和 Ti^{3+} 等多种物质。

4. 其他的氧化还原滴定法

1）溴酸钾法

本法以氧化剂 $KBrO_3$ 为滴定剂。$KBrO_3$ 在酸性溶液中是一个强氧化剂，其半反应式为

$$BrO_3{}^- + 6H^+ + 6e^- \rightleftharpoons Br^- + 3H_2O \qquad \varphi^\ominus = 1.44 \text{ V}$$

$KBrO_3$ 易从水溶液中重结晶而提纯，在 180℃ 烘干后，就可以直接称量配制成 $KBrO_3$ 标准溶液。$KBrO_3$ 溶液的浓度也可以用间接碘法进行标定。一定量的 $KBrO_3$ 在酸性溶液中与过量的 KI 反应而析出 I_2：

$$BrO_3{}^- + 6H^+ + 6I^- \rightleftharpoons Br^- + 3H_2O + 3I_2$$

然后用 $Na_2S_2O_3$ 标准溶液进行滴定。

利用溴酸钾法可以直接测定一些还原性物质，如 As(III)、Sb(III)、Fe(II)、H_2O_2、N_2H_4、Sn(II) 等。

用 $KBrO_3$ 标准溶液滴定时，可以用甲基橙或甲基红的钠盐水溶液为指示剂，当滴定到达化学计量点之后，稍微过量的 $KBrO_3$ 与 Br^- 作用生成 Br_2，使指示剂被氧化而破坏，溶液褪色指示滴定终点到达。但是，在滴定过程中应尽量避免滴定剂的局部过浓，导致滴定终点过早出现。再者，甲基橙或甲基红在反应中由于指示剂结构被破坏而褪色，必需再滴加少量指示剂进行检验，如果新加入少量指示剂也立即褪色，这说明真正到达滴定终点，如果颜色不褪就应该小心地继续滴定至终点。

溴酸钾法主要用于测定有机物。在 $KBrO_3$ 标准溶液中，加入过量的 KBr 并将溶液酸化，这时发生如下反应：

$$BrO_3{}^- + 6H^+ + 5Br^- \rightleftharpoons 3Br_2 + 3H_2O$$

生成的溴能与一些有机化合物发生取代反应和加成反应。

例如，测定苯酚的含量。在苯酚的酸性溶液中，加入过量的 $KBrO_3$-Br_2 标准溶液，使苯酚与过量的 Br_2 反应后，用 KI 还原剩余的 Br_2，析出 I_2，然后用 $Na_2S_2O_3$ 标准溶液进行滴定。苯酚是煤焦油的主要成分之一，是许多高分子材料、医药、农药以及合成燃料等的主要原料，也广泛地用于杀菌消毒等，但另一方面苯酚的生产和应用对环境造成污染，所以苯酚是经常需要检测的项目之一。苯酚在水中溶解度小，通常可将试样与 NaOH 作用，生成易溶于水的苯酚钠。

2）铈量法

硫酸高铈 $Ce(SO_4)_2$ 在酸性溶液中是一种强氧化剂，其半反应式为

$$Ce^{4+} + e \rightleftharpoons Ce^{3+} \qquad \varphi^\ominus = 1.61 \text{ V}$$

Ce^{4+}/Ce^{3+} 电对的电极电位与酸性介质的种类和浓度有关。由于 Ce^{4+} 在 $HClO_4$ 中不形成配合物，所以在 $HClO_4$ 介质中，Ce^{4+}/Ce^{3+} 的电对电极电位最高，应用也较多。

　　$Ce(SO_4)_2$ 标准溶液一般都用硫酸铈铵 $Ce(SO_4)_2 \cdot 2(NH_4)_2SO_4 \cdot 2H_2O$ 或硝酸铈铵 $Ce(NO_3)_4 \cdot 2NH_4NO_3$ 直接称量配制而成。由于它们容易提纯，不必另行标定。但是 Ce^{4+} 易水解，在配制 Ce^{4+} 溶液和滴定时，都应在强酸溶液中进行，$Ce(SO_4)_2$ 虽呈黄色，但显色不够灵敏，常用邻二氮菲-亚铁作指示剂。

　　$Ce(SO_4)_2$ 的氧化性与 $KMnO_4$ 差不多，凡是 $KMnO_4$ 能测定的物质几乎都能用铈量法测定。但是铈量法与高锰酸钾法相比，还具有以下优点：$Ce(SO_4)_2$ 标准溶液很稳定，加热到 100℃ 也不分解；铈的还原反应是单电子反应，没有中间产物形成，反应简单；可以在 HCl 介质中进行滴定；$Ce(SO_4)_2$ 标准溶液可直接配制。

　　铈盐价格较贵，是铈量法的不足之处。

（三）氧化还原滴定法计算示例

　　氧化还原滴定结果的计算与其他滴定方法一样，也是根据等物质的量规则为依据，关键是被测物和标准物质的化学计量关系或基本单元的确定。对于与标准溶液直接反应的物质来讲，可根据它与标准物质的氧化还原反应确定计量关系或基本单元；对于不能与标准物质直接反应的物质，应根据预处理反应和滴定反应找出被测物与标准物质的计量关系，然后根据标准物质在滴定反应中转移的电子数确定基本单元。

　　【例 6.6】 若在酸性溶液中，25.00mL $KMnO_4$ 和 50.00mL $c_{KHC_2O_4} = 0.1250$ mol/L 的 KHC_2O_4 溶液恰好完全反应，则 $KMnO_4$ 溶液的浓度为多少？

　　解： 由反应式

$$2MnO_4^- + 5C_2O_4^{2-} + 16H^+ == 2Mn^{2+} + 10CO_2 + 8H_2O$$

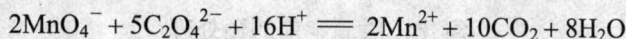

可知化学计量关系为

$$n_{KMnO_4} = \frac{2}{5}n_{KHC_2O_4}$$

即

$$c_{MnO_4^-} \times V_{MnO_4^-} = \frac{2}{5}c_{C_2O_4^{2-}} \times V_{C_2O_4^{2-}}$$

$$c_{KMnO_4} \times 25.00 = \frac{2}{5} \times 0.1250 \times 50.00$$

$$c_{KMnO_4} = 0.1000 \, (mol/L)$$

　　【例 6.7】 称取 0.4208 g 石灰石样品，将它溶解后沉淀为 CaC_2O_4，沉淀过滤洗涤后溶于 H_2SO_4 中，用 $c_{KMnO_4} = 0.01896$ mol/L 的溶液滴定，到终点时需用 43.08mL。求石灰石中钙以 Ca 和 $CaCO_3$ 表示的质量分数。

　　解： 该题的关键：一是明确利用等物质的量规则求被测组分含量的表达式；二是明确被测组分 Ca 或 $CaCO_3$ 在氧化还原反应中的基本单元，并确定它的含量为多少。

　　因为　$1Ca \approx 1Ca^{2+} \approx 1CaC_2O_4 \approx 1C_2O_4^{2-} \approx \frac{5}{2}MnO_4^-$

　　所以

$$n_{Ca} = \frac{5}{2}n_{MnO_4^-}$$

$$m_{Ca} = \frac{5}{2} c_{MnO_4^-} \, g V_{MnO_4^-} \, g M_{Ca}$$

则被测组分 Ca 的质量分数为

$$\omega_{Ca} = \frac{\frac{5}{2} c_{MnO_4^-} \times V_{MnO_4^-} \times M_{Ca} \times 10^{-3}}{m_s} \times 100\%$$

$$= \frac{\frac{5}{2} \times 0.01916 \times 43.08 \times 40.08 \times 10^{-3}}{0.4208} \times 100\%$$

$$= 19.65\%$$

同理被测组分 $CaCO_3$ 的质量分数为

$$\omega_{CaCO_3} = \frac{\frac{5}{2} c_{MnO_4^-} \times V_{MnO_4^-} \times M_{CaCO_3} \times 10^{-3}}{m_s} \times 100\%$$

$$= \frac{\frac{5}{2} \times 0.01916 \times 43.08 \times 100.1 \times 10^{-3}}{0.4208} \times 100\%$$

$$= 49.09\%$$

知识链接

氧化还原滴定前的预处理

氧化还原滴定之前，常需进行一些预先处理，以使待测组分处于所期望的某一价态，然后才能进行滴定。

所选用的预氧化剂或预还原剂必须符合一定条件：

（1）将待测组分全部氧化或还原为指定价态，反应速率较快。

（2）应有一定的选择性。

（3）过量的预氧化剂或预还原剂应易于除去。

常用的预处理试剂：

根据各种氧化剂、还原剂的性质，选择合适的实验步骤，即可达到预处理的目的。现将几种常用的预处理试剂列于表 6.4 和表 6.5。

表 6.4　预处理用的氧化剂

氧化剂	用途	使用条件	过量氧化剂除去方法
$NaBiO_3$	$Mn^{2+} \longrightarrow MnO_4^-$ $Cr^{3+} \longrightarrow Cr_2O_7^{2-}$ $Ce^{3+} \longrightarrow Ce^{4+}$	在 HNO_3 溶液中	$NaBiO_3$ 微溶于水，过量 $NaBiO_3$ 可滤去
$(NH_4)_2S_2O_8$	$Ce^{3+} \longrightarrow Ce^{4+}$ $VO^{2+} \longrightarrow VO_2^-$ $Cr^{3+} \longrightarrow CrO_7^{2-}$	在酸性（HNO_3 或 H_2SO_4）介质中，有催化剂 Ag^+ 存在	加热煮沸除去过量的 $S_2O_8^{2-}$
	$Mn^{2+} \longrightarrow MnO_4^-$	在 HNO_3 或 H_2SO_4 介质中并存在 H_3PO_4 以防析出 $MnO(OH)_2$ 沉淀	同上

续表

氧化剂	用途	使用条件	过量氧化剂除去方法
$KMnO_4$	$VO^{2+} \longrightarrow VO_3^-$ $Cr^{3+} \longrightarrow CrO_4^{2-}$ $Ce^{3+} \longrightarrow Ce^{4+}$	冷的酸性溶液中（在 Cr^{3+} 存在下） 在酸性介质中 在酸性溶液中	加入 $NaNO_2$ 除去过量的 $KMnO_4$。但为防止 NO_2^- 同时还原 VO_3^-，可先加入尿素，然后再小心滴加 $NaNO_2$ 溶液至 MnO_4^- 红色正好褪去
H_2O_2	$Cr^{3+} \longrightarrow CrO_4^{2-}$ $Co^{2+} \longrightarrow Co^{3+}$ $Mn(II) \longrightarrow Mn(IV)$	2 mol/L NaOH 在 $NaHCO_3$ 溶液中 在碱性介质中	在酸性溶液中加热煮沸（少量 Ni^{2+} 或 I^- 作催化剂可加速 H_2O_2 分解）
$HClO_4$	$Cr^{3+} \longrightarrow Cr_2O_7^{2-}$ $VO^{2+} \longrightarrow VO_2^-$ $I^- \longrightarrow IO_3^-$	$HClO_4$ 必须浓热	放冷且冲稀即失去氧化性，煮沸除去所生成 Cl_2； 浓热的 $HClO_4$ 与有机物将爆炸，若试样含有机物，必须先用 HNO_3 破坏有机物，再用 $HClO_4$ 处理
KIO_4	$Mn^{2+} \longrightarrow MnO_4^-$	在酸性介质中加热	加入 Hg^{2+} 与过量 KIO_4 作用生成 $Hg(IO_4)_2$ 沉淀，滤去
Cl_2, Br_2	$I^- \longrightarrow IO_4^-$	酸性或中性	煮沸或通空气流

表 6.5　预处理用的还原剂

还原剂	用途	使用条件	过量还原剂除去方法
$SnCl_2$	$Fe^{3+} \longrightarrow Fe^{2+}$ $Mo(VI) \longrightarrow Mo(V)$ $As(V) \longrightarrow As(III)$ $U(VI) \longrightarrow U(IV)$	HCl 溶液 $FeCl_3$ 催化	快速加入过量 $HgCl_2$ 氧化，或 $K_2Cr_2O_7$ 用氧化除去
SO_2	$Fe^{3+} \longrightarrow Fe^{2+}$ $AsO_4^{3-} \longrightarrow AsO_3^{3-}$ $Sb(V) \longrightarrow Sb(III)$ $V(V) \longrightarrow V(IV)$ $Cu^{2+} \longrightarrow Cu^+$	H_2SO_4 溶液 SCN^- 催化 在 SCN^- 存在下	煮沸或通气流
$TiCl_3$	$Fe^{3+} \rightarrow Fe^{2+}$	酸性溶液中	水稀释，少量被水中氧化（可加催化）
联胺	$As(V) \longrightarrow As(III)$ $Sb(V) \longrightarrow Sb(III)$		浓 H_2SO_4 中煮沸
Al	$Sn(IV) \longrightarrow Sn(II)$ $Ti(IV) \longrightarrow Ti(III)$	在 HCl 溶液中	
锌汞齐还原柱	$Fe^{3+} \longrightarrow Fe^{2+}$ $Ce^{4+} \longrightarrow Ce^{3+}$ $Ti(IV) \longrightarrow Ti(III)$ $V(V) \longrightarrow V(II)$ $Cr^{3+} \longrightarrow Cr^{2+}$	酸性溶液	过滤或加酸溶解

📖 思考与练习

（1）氧化还原滴定中可用哪些方法检测终点？氧化还原指示剂的变色原理和选择原则与酸碱指示剂有何异同？

（2）在氧化还原滴定之前，为什么要进行预处理？预处理对所用的氧化剂或还原剂有哪些要求？

（3）常用的氧化还原滴定法有哪些？各种方法的原理及特点是什么？

（4）在 $KMnO_4$ 法中如果 H_2SO_4 用量不足，对结果有何影响？

（5）能否用分析纯的高锰酸钾直接配制成标准溶液？

（6）为什么 $K_2Cr_2O_7$ 可以直接配制成标准溶液？$KMnO_4$ 标准溶液也能直接配制成精确浓度的吗？

（7）简述用无汞定铁法测定铁矿石中铁的原理。

（8）在测定铜的含量时，为什么要把溶液的 pH 调节到 3～4 之间？酸度太高或太低对测定有何影响？

（9）将等体积的 0.40 mol/L 的 Fe^{2+} 溶液和 0.10 mol/L Ce^{4+} 溶液相混合，若溶液中 H_2SO_4 浓度为 0.5 mol/L，问反应达平衡后，Ce^{4+} 的浓度是多少？

（答：1.5×10^{-5} mol/L）

（10）称取软锰矿 0.3216 g，分析纯的 $Na_2C_2O_4$ 0.3685 g，共置于同一烧杯中，加入 H_2SO_4，并加热；待反应完全后，用 0.02400 mol/L $KMnO_4$ 溶液滴定剩余的 $Na_2C_2O_4$，消耗 $KMnO_4$ 溶液 11.26mL。计算软锰矿中 MnO_2 的质量分数。

（答：56.08%）

配位滴定法

　　通过本项目的培训，使学生能够理解配位滴定法的原理和特点，掌握酸效应系数等概念，学会处理配位平衡和配位滴定的相关问题，了解配位的有关理论和实践知识。

教学目标

（1）了解 EDTA 及 EDTA 与金属离子反应的特点。

（2）理解配位滴定的复杂性。

（3）熟练掌握条件稳定常数的计算。

（4）理解金属指示剂的变色原理、金属指示剂的封闭现象及消除方法。

（5）了解影响滴定突跃的因素，掌握准确滴定的条件。

（6）掌握用条件稳定常数来判断滴定可能性的方法；熟悉配位滴定的应用范围。

素质目标

（1）养成自主学习的学习习惯。

（2）养成严谨、求实、求真的学习态度。

（3）提高应用所学知识，独立分析问题、解决问题的能力。

任务一　认识配位滴定和EDTA

任务目标

　　终极目标： 熟练掌握配位平衡和配位滴定法。

　　促成目标：（1）初步认识配位滴定法。

　　　　　　　　（2）了解 EDTA 性质及 EDTA 与金属离子 M 反应的特点。

（3）理解配位反应的复杂性及各种影响因素，掌握条件稳定常数的计算。

（4）了解影响滴定突跃的因素，把握好准确滴定的条件。

（5）能够正确的选择和使用金属指示剂来判断滴定终点。

工作任务

【活动一】　认识配位滴定法

分组：每 2 人一组。

活动目的：查找配位滴定反应的例子，获取各类配位剂及相关知识。能够理解发生配位滴定反应的必备条件，了解不同类型的配位反应，认识几种典型的配位剂的结构及其性质。

活动程序：查找相关期刊、书籍、网络资源，找一找配位滴定反应的例子，反应物与产物的特点，常见配位剂的结构和性质的相关知识，记录下来；然后每 3～4 组合并为一大组，相互交流，并完成表 7.1 的表格。

表 7.1　对配位反应的认识

项　　目	有 关 内 容	信息来源
以前学习中接触到的配位反应事例		
常见参与配位反应的配位剂的结构及其性质		
你认为配位反应发生的必备条件		
配位剂的结构与其性质有何联系		

把你所获得的资料和总结到的规律与其他同学交流一下，看别人的理解和你有什么不同，并展开讨论。

【活动二】　归纳 EDTA 与金属离子 M 反应的特点

分组：4 人一组。

活动目的：获得 EDTA 各种物理化学性质，EDTA 结构特点，以及 EDTA 在水中的各种存在形式的相关资料。能够认识 EDTA 的结构特点，了解 EDTA 在水溶液中的主要存在形式，归纳 EDTA 与金属离子 M 发生反应的特点。

活动程序：查找相关学术论文、期刊、书籍、网络资源等，寻找 EDTA 的物理化学性质的相关资料，查处 EDTA 的结构图，并且汇总所有不同 pH 下 EDTA 在水中的存在形式，记录下来；然后每 3～4 组合并为一大组，相互交流探讨，看看 EDTA 的结构与其在水中的形式和性质有何联系，观察 EDTA 与金属离子 M 发生反应后的结构变化。鼓励学生全方位全面搜集相关资料，引导学生发挥其观察力、想象力、思考能力，自己独立得到一份答案，然后相互讨论自己的分析结果和心得体会，教师在整个过程中适当的引导学生，最后各组将自己的讨论结果和心得提交，并完成表 7.2。

表 7.2　EDTA 及其在水中的形式

项　　目	有 关 内 容	信息来源
EDTA 的结构		
EDTA 的性质		
不同 pH 下 EDTA 的存在形式		
以上三项有何联系？		

　　把你所获得的资料和其他同学交流一下，看别人的理解和你有什么不同，并展开讨论。

　　【活动三】　绘制滴定曲线

　　分组：1～2 人一组。

　　活动目的：掌握配位滴定过程中各个阶段金属离子浓度的计算，能够将配位滴定过程中金属离子浓度随滴定剂加入量不同而变化的规律绘制滴定曲线。

　　仪器和试剂：一套滴定分析装置、锥形瓶、刚果红试纸、HCl(6 mol/L)、NaOH(4 mol/L)、EDTA(0.0100 mol/L)、Ca^{2+}(0.0100 mol/L)、钙指示剂。

　　活动程序：

　　（1）在本活动中，先按每 1～2 人一组进行分组。

　　（2）以 0.0100 mol/L EDTA 标准溶液滴定 20mL0.0100 mol/L Ca^{2+}溶液为例，讨论滴定过程中 pCa 的变化。

　　（3）滴定过程中分为滴定前、滴定开始到计量点前、计量点时和计量点后四个阶段进行讨论。

　　（4）结果记录。并填写表 7.3。

表 7.3　不同阶段 Ca^{2+}浓度

各个阶段	钙离子浓度/(mol/L)	pCa
滴定前		
滴定开始到计量点前		
计量点时		
计量点后		

　　然后每 3～4 组合并为一大组，相互交流，比较一下，你的计算数据与别人是否相同，为什么？

　　（5）以滴定 EDTA 标准溶液的百分数为横坐标，pCa 值为纵坐标，绘制滴定曲线。

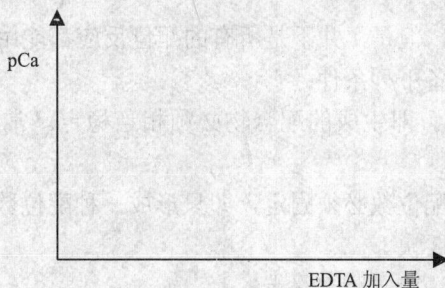

图 7.1　滴定曲线图

　　【活动四】　讨论影响 pM 突跃区间大小的因素

　　分组：5～6 人一组。

活动目的：分析出影响滴定突跃的主要因素；利用滴定曲线选择合适的滴定条件；根据滴定曲线为选择指示剂提供一个大概的范围。

活动程序：

（1）观察所绘制的滴定曲线图 7.1，找到计量点附近的 pCa 突跃区间。

（2）从滴定曲线上分析配合物的哪些因素会对配位滴定的 pM 产生影响。

（3）各小组展开讨论，并记录下讨论结果。

知识探究

（一）配位滴定法

1. 配位滴定法

配位滴定法是以形成配合物的反应为基础的滴定分析法。例如，用 $AgNO_3$ 标准溶液滴定 CN^- 时，其反应如下：

$$Ag^+ + 2CN^- \rightleftharpoons [Ag(CN_2)]^-$$

当滴定达到化学计量点时，稍过量的 Ag^+ 便与 $[Ag(CN)_2]^-$ 反应生成 $Ag[Ag(CN)_2]$ 沉淀，使溶液呈现浑浊而指示滴定终点。

$$Ag^+ + [Ag(CN_2)]^- \rightleftharpoons Ag[Ag(CN_2)]\downarrow$$

配位反应具有极大的普遍性。通过配位反应形成的配合物按照配体的类型不同可分为简单配合物和螯合物。只有一个原子提供孤对电子与中心原子键合，即只含有一个配位原子的配体统称为单齿配体，如 F^-、CN^-、Cl^-、NH_3、I^-、SCN^- 等，它们多属无机配位剂。这些配体与中心原子配位形成的配合物（或配离子）称为简单配合物，如 Cu^{2+} 与 NH_3 及 Ag^+ 与 CN^- 配位形成的配离子即属简单配合物。

有 2 个或 2 个以上的原子提供孤对电子与中心原子键合，即含有 2 个或 2 个以上配位原子的配体称为多齿配体，如乙二胺、酒石酸、邻二氮菲及各种氨羧配位剂等，它们多属有机配位剂，又称螯合剂。这类配位剂与中心原子配位形成的配合物具有环状结构，称为螯合物。

配位反应虽然很多，但是，并不是所有的配位反应都能用于配位滴定。能用于配位滴定的配位反应必须具备下列条件：

（1）反应必须完全。即生成的配合物必须相当稳定。常见配合物的稳定常数见附录四。

（2）在一定条件下配位数必须固定，即只形成一种配位数的配合物。

（3）配位反应速度要快。

（4）要有适当的方法确定滴定终点。

由于大多数无机配位剂与金属离子形成简单配合物的反应多是分级配位，都稳定性不高，并存在有逐级配位现象，不能满足滴定分析对反应的要求。因此，无机配位剂能用于定量分析的并不多，目前除氰量法测 Ag^+、Co^{2+}、Ni^{2+} 和汞量法测卤离子外，一般不能用于配位滴定。

形成螯合物的配位反应无分级配位现象，螯合物的稳定性较好，能满足上述配位滴定对反应的要求，因此在分析化学中得到广泛的应用。目前使用最多的是氨羧配位剂，在医学检验、卫生检验、药物分析及化工、地质、冶金等部门用以测定多种金属离子。

2. 氨羧配位剂

氨羧配位剂是一类多基配位体，含有氨基二乙酸 $\left(-N\begin{smallmatrix}CH_2COOH\\CH_2COOH\end{smallmatrix}\right)$ 基团的有机化合物，其分子中含有配位能力很强的氨氮 $\left(:N-\right)$ 和羧氧 $\left(-C\begin{smallmatrix}O\\\ddot{O}\end{smallmatrix}\right)$ 两种配位原子，它们能与许多金属离子形成稳定的环状结构配合物。

常见的用于配位滴定的氨羧配位剂有以下几种：

1）乙二胺四乙酸及其二钠盐（EDTA）

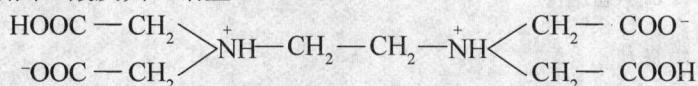

$$HOOC-CH_2 \ \ \overset{+}{>}NH-CH_2-CH_2-\overset{+}{N}H< \ \ CH_2-COO^-$$
$$^-OOC-CH_2 \qquad\qquad\qquad\qquad CH_2-COOH$$

乙二胺四乙酸为白色无臭无味、无色结晶性粉末，在室温时溶解度很小，难溶于酸和一般有机溶剂，但易溶于氢氧化钠，碳酸钠及氨的溶液中，生成相应的盐溶液。

由于乙二胺四乙酸在水中溶解度很小，不适于作滴定剂。在分析工作中多用其二钠盐作滴定剂。乙二胺四乙酸二钠（含二分子结晶水，一般也简称为 EDTA）也是白色结晶粉末，在水中的溶解度较大（室温下 100mL 水中可溶解约 11 g，其水溶液呈弱酸性），适合配制标准滴定溶液，使用较为方便，因此，通常是使用其二钠盐。

2）氨三乙酸（NTA）

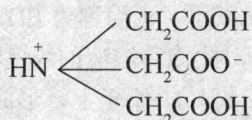

$$HN\overset{+}{<}\begin{array}{l}CH_2COOH\\CH_2COO^-\\CH_2COOH\end{array}$$

氨三乙酸微溶于水，其饱和水溶液 pH 为 2.7，若用 NaOH 溶液调节至 pH 6～7，则相当于 NTA 二钠盐水溶液的酸度。

3）环己烷二胺基四乙酸（DCTA 或 CyDTA）

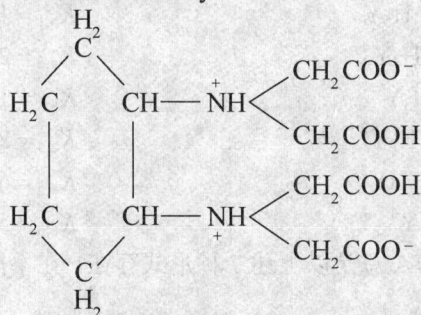

$$
\begin{array}{c}
\overset{H_2}{C}\\
H_2C\diagdown\quad\diagup CH-\overset{+}{N}H<\begin{array}{l}CH_2COO^-\\CH_2COOH\end{array}\\
H_2C\diagup\quad\diagdown CH-\overset{+}{N}H<\begin{array}{l}CH_2COOH\\CH_2COO^-\end{array}\\
\underset{H_2}{C}
\end{array}
$$

环己烷二胺基四乙酸的性质与 EDTA 相近，它与 Fe^{3+}、Al^{3+}、Co^{2+}、Ni^{2+}、Cu^{2+}、Zn^{2+}、Cd^{2+} 等形成配合物的稳定性比这些离子与 EDTA 形成配合物的稳定性大。

4）乙二醇二乙醚二胺四乙酸（EGTA）

$$CH_2 — O — CH_2 — CH_2 — \overset{+}{N}H \Big< \begin{matrix} CH_2COO^- \\ CH_2COOH \end{matrix}$$

$$CH_2 — O — CH_2 — CH_2 — \underset{+}{N}H \Big< \begin{matrix} CH_2COOH \\ CH_2COO^- \end{matrix}$$

EGTA 对碱土金属配位能力强，与金属离子形成的配合物稳定性比 EDTA 配合物的稳定性小。

其他还有乙二胺四丙酸（EDTP）、三乙基四胺六乙酸（TTHA）等。在这些配位剂中应用最多的是 EDTA。一般所谓的配位滴定法，主要是指 EDTA 滴定法。

（二）EDTA 及其配合物

1. EDTA 的性质

乙二胺四乙酸是一种四元酸，用 H_4Y 表示，2 个羧基上的 H^+ 转移到氮原子上形成双偶极离子。其结构式为

$$HOOC—CH_2 \atop ^-OOC—CH_2 \Big> \underset{N}{\overset{H^+}{|}} —CH_2—CH_2— \underset{N}{\overset{H^+}{|}} \Big< \begin{matrix} CH_2—COO^- \\ CH_2—COOH \end{matrix}$$

EDTA 在水中的溶解度较小（20℃，每 100 g 水可溶解 0.02 g），难溶于酸和有机溶剂，易溶于 NaOH 或氨水，形成相应的盐溶液。由于其在水中溶解度很小，故通常使用 EDTA 二钠盐，用 $Na_2H_2Y \cdot 2H_2O$ 表示，也简称为 EDTA。EDTA 二钠盐的溶解度较大，22℃时，每 100 g 水可溶解 11.1 g，此饱和溶液的浓度约为 0.3 mol/L，pH 约为 4.4。

EDTA 的两个羧基上的 H^+ 转移至 N 原子上，形成双极离子。其中，在羧基上的 2 个 H^+ 容易释出，与氮原子结合的 2 个 H^+ 不易释出。此外，当 H_4Y 溶解于水时，如果溶液的酸度很高，它的 2 个羧基可以再接受质子，形成 H_6Y^{2+}。这样，EDTA 就相当于六元酸（EDTA 本身为四元酸），在水溶液中存在着以下六级酸碱平衡。

$$H_6Y^{2+} \rightleftharpoons H^+ + H_5Y^+ \qquad K_{a,1} = 1.3 \times 10^{-1} = 10^{-0.9}$$
$$H_5Y^+ \rightleftharpoons H^+ + H_4Y \qquad K_{a,2} = 2.5 \times 10^{-2} = 10^{-1.6}$$
$$H_4Y \rightleftharpoons H^+ + H_3Y^- \qquad K_{a,3} = 1.0 \times 10^{-2} = 10^{-2}$$
$$H_3Y^- \rightleftharpoons H^+ + H_2Y^{2-} \qquad K_{a,4} = 2.16 \times 10^{-3} = 10^{-2.67}$$
$$H_2Y^{2-} \rightleftharpoons H^+ + HY^{3-} \qquad K_{a,5} = 6.92 \times 10^{-7} = 10^{-6.16}$$
$$HY^{3-} \rightleftharpoons H^+ + Y^{4-} \qquad K_{a,6} = 5.5 \times 10^{-11} = 10^{-10.26}$$

在任何水溶液中，EDTA 总是以上述 7 种形式存在，在不同 pH 下，EDTA 的主要存在形式不同，如表 7.4 所示。

表 7.4　不同 pH 时，EDTA 的主要存在形式

pH	<1	1~1.6	1.6~2.0	2.0~2.67	2.67~6.16	6.16~10.26	>10.26
主要存在形式	H_6Y	H_5Y	H_4Y	H_3Y	H_2Y	HY	Y

2. EDTA 的配位特点

由于 EDTA 阴离子 Y 的结构具有 2 个氨基和 4 个羧基,其氮、氧原子都有孤对电子,能与金属离子形成配位键,可作为六基配位体。它可以和大多数金属离子形成稳定的配合物。

EDTA 与金属离子发生配位反应具有以下特点:

(1) 广泛性。

由于 EDTA 分子中具有 6 个可提供孤对电子的配位原子(2 个氨基氮和 4 个羧基氧),它既可以作为四基配位体,也可以作为六基配位体。因此,周期表中绝大多数的金属离子均能与 EDTA 形成多个五元环结构、配位比为 1:1 的稳定的配合物(螯合物)。EDTA 与金属离子形成配合物的立体结构如图 7.2 所示。

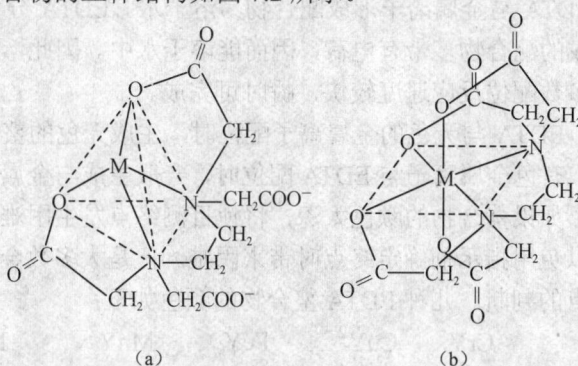

图 7.2　EDTA 与金属离子形成配合物的立体结

(a) EDTA 与金属离子形成 3 个五元环;(b) EDTA 与金属离子形成 5 个五元环

(2) 稳定性。螯合物的稳定性与成环的数目有关,当配位原子相同时,成环数越多,则螯合物越稳定。

螯合物的稳定性还与螯环的大小有关,一般以五元环或六元环最为稳定。EDTA 与金属离子形成的螯合物均为五元环,除 Na^+ 和 Li^+ 外,其他金属离子的 EDTA 螯合物稳定性都比较大。其稳定性可以用稳定常数表示(表 7.5)。

表 7.5　金属离子与 EDTA 螯合物的 $\lg K_稳$

离子	$\lg K_稳$	离子	$\lg K_稳$	离子	$\lg K_稳$
Na^+	1.66	Ce^{3+}	15.98	Ca^{3+}	20.3
Li^+	2.79	Al^{3+}	19.30	Ti^{3+}	21.3
Ag^+	2.32	Co^{2+}	16.31	Hg^{2+}	21.7
Ba^{2+}	7.86	Cd^{2+}	16.46	Sn^{2+}	22.11
Sr^{2+}	8.73	Zn^{2+}	16.50	Sc^{3+}	23.1
Mg^{2+}	8.79	TiO^{2+}	17.30	Th^{4+}	23.2
Be^{2+}	9.2	Pb^{2+}	18.03	Cr^{3+}	23.4
Ca^{2+}	10.69	Ni^{2+}	18.62	Fe^{3+}	25.1
Mn^{2+}	13.87	VO^{2+}	18.80	Bi^{3+}	27.8
Fe^{2+}	14.32	Cu^{2+}	18.86	ZrO^{2+}	29.5

（3）组成一定。由于 EDTA 具有 6 个配位原子，而且这 6 个配位原子在空间位置上均能与金属离子配位，通常金属离子的配位数为 4 或 6，因此 EDTA 和金属离子配位时，无论金属离子的配位数是多少，一般都能满足金属离子配位数的要求，生成配位比为 1∶1 的配合物，其配位反应为

$$M^{2+} + H_2Y^{2-} \rightleftharpoons MY^{2-} + 2H^+$$
$$M^{3+} + H_2Y^{2-} \rightleftharpoons MY^- + 2H^+$$
$$M^{4+} + H_2Y^{2-} \rightleftharpoons MY + 2H^+$$

但有极少数高价金属离子，如 Mo(Ⅴ)、Zr(Ⅳ) 与 EDTA 形成 2∶1 的配合物，当溶液的酸度或碱度较高时，一些金属离子与 EDTA 还形成酸式(MHY)或碱式(MOHY)配合物。但它们大多数不稳定，不影响金属离子与 EDTA 之间 1∶1 的计量关系，可以忽略不计。

（4）易溶性。EDTA 与金属离子形成配合物易溶于水。EDTA 分子中含有 4 个亲水的羧氧基团，且形成的配合物多带有电荷，因而能溶于水中。因此，配位反应可在水溶液中进行，而且大多数配位反应速度较快，瞬时可完成。

（5）颜色变化。EDTA 与无色的金属离子配位时，生成无色的螯合物，有利于用指示剂确定滴定终点。有色金属离子与 EDTA 配位时，一般生成与金属离子颜色一致，但颜色更深的螯合物。如果螯合物的颜色太深，将使目测终点发生困难。那么，滴定时溶液浓度应稀一些，以免用指示剂确定终点时带来困难。但是大多数金属离子是无色的，因此有利于滴定终点的判断。几种 EDTA 螯合物的颜色如下：

螯合物	CoY^-	CrY^-	CuY^{2-}	FeY^-	MnY^{2-}	NiY^{2-}
颜色	紫红	深紫	蓝	黄	紫红	蓝绿

（三）配位解离平衡及影响因素

1. 配合物的稳定常数

在配位反应中，配合物的形成和离解同处于相对平衡的状态中，配合物的稳定性常用稳定常数来表示。

1）ML（1∶1）型配合物

在配位反应中，配合物的形成和解离，处于相对平衡的状态，且金属离子 M 与配位剂 L 形成 1∶1 的配合物 ML 的反应，如下所示：

$$M + L \rightleftharpoons ML$$

当反应达到平衡后，平衡常数 K 常以稳定常数 $K_稳$ 来表示：

$$K_稳 = \frac{[ML]}{[M][L]} \tag{7.1}$$

式中　[ML]、[M]、[L]——分别为平衡状态时 ML、M、L 的平衡浓度；

　　$K_稳$——配合物的稳定常数。

金属离子和 EDTA 生成配合物的稳定性大小，可以用它们的 $K_稳$ 来衡量。$K_稳$ 值越大，表示生成配合物的倾向越大，解离倾向就越小，即配合物越稳定。EDTA 与部分金属离子形成配合物的 $\lg K_稳$ 列于表 7.6 中。

表 7.6 常见金属离子与 EDTA 所形成配合物的 $\lg K_{MY}$ 值

金属离子	$\lg K_{MY}$	金属离子	$\lg K_{MY}$
Ag^+	7.32	Ce^{3+}	16.0
Al^{3+}	16.30	Co^{2+}	16.31
Ba^{2+}	7.86	Co^{3+}	36.0
Be^{2+}	9.20	Cr^{3+}	23.4
Bi^{3+}	27.94	Cu^{2+}	18.80
Ca^{2+}	10.69	Fe^{2+}	14.32
Cd^{2+}	16.46	Fe^{3+}	25.10
Li^+	2.79	Pt^{3+}	16.4
Mg^{2+}	8.7	Sn^{2+}	22.11
Mn^{2+}	13.87	Sn^{4+}	7.23
Na^+	1.66	Sr^{2+}	8.73
Pb^{2+}	18.04	Zn^{2+}	16.50

需要指出的是：稳定常数只考虑金属离子和配位剂阴离子及形成的酸碱间的浓度关系，并未考虑酸度及其他配位剂（掩蔽剂、缓冲剂）等因素的影响。

2）ML_n（1∶n）型配合物

（1）逐级稳定常数

M 与 L 逐级配位反应及其稳定常数为

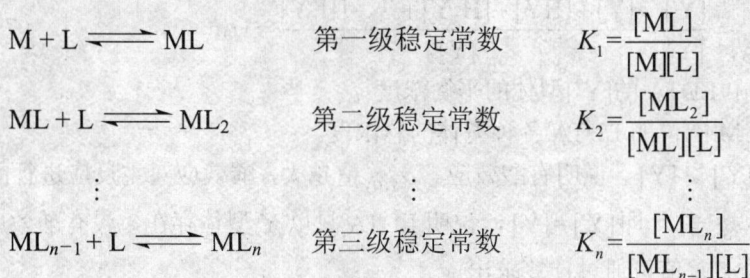

$$M + L \rightleftharpoons ML \qquad 第一级稳定常数 \qquad K_1 = \frac{[ML]}{[M][L]}$$

$$ML + L \rightleftharpoons ML_2 \qquad 第二级稳定常数 \qquad K_2 = \frac{[ML_2]}{[ML][L]}$$

$$\vdots \qquad\qquad\qquad \vdots \qquad\qquad\qquad \vdots$$

$$ML_{n-1} + L \rightleftharpoons ML_n \qquad 第三级稳定常数 \qquad K_n = \frac{[ML_n]}{[ML_{n-1}][L]}$$

3）累积稳定常数及总稳定常数

在许多配位平衡的计算中，常用到 $K_1 \mathrm{g} K_2 \mathrm{g} K_3$ 等数值，这样将逐级稳定常数依次相乘所得到的积称为累积稳定常数，以 β 表示。

第一级累积稳定常数：$\beta_1 = K_1$ $\qquad\qquad\qquad$ $\lg \beta_1 = \lg K_1$

第二级累积稳定常数：$\beta_2 = K_1 \mathrm{g} K_2$ $\qquad\qquad$ $\lg \beta_2 = \lg K_1 + \lg K_2$

第 n 级累积稳定常数：$\beta_n = K_1 \mathrm{g} K_2 \mathrm{gL} \ \mathrm{g} K_n$ $\qquad$ $\lg \beta_n = \lg K_1 + \lg K_2 + L + \lg K_n$

总稳定常数就是最后一级累积稳定常数就是总稳定常数。

$$K_{总} = K_1 \mathrm{g} K_2 \mathrm{g} K_3 \mathrm{gL} \ \mathrm{g} K_n = \beta_n$$

2. 影响配位平衡的主要因素

配位滴定中，涉及的化学平衡是很复杂的，通常把被测金属离子 M 与标准溶液 Y 生成 MY 的配位反应称为主反应，但是，溶液中调节酸度加入的缓冲溶液，消除干扰离子加入的掩蔽剂及溶液中的 H^+、OH^- 和其他金属离子等，常会和 M、Y 及 MY 发生副反应，影响主反应的进行。除主反应以外，其他反应一律称为副反应。如果反应物 M 或

Y 发生了副反应,就不利于主反应的进行;如果反应物 MY 发生了副反应,则有利于主反应的进行。下面着重讨论影响较大的酸效应和副反应的配位效应。

1) EDTA 的酸效应与酸效应系数

酸度对 EDTA 配合物 MY 稳定性的影响,可用下式表示:

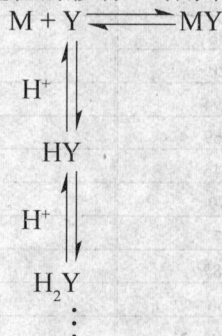

$$M + Y \rightleftharpoons MY$$

$$\Big\updownarrow H^+$$

$$HY$$

$$\Big\updownarrow H^+$$

$$H_2Y$$

$$\vdots$$

M 与 Y 进行配位反应时,溶液中的 H^+ 也会与 Y 结合,形成 Y 的各级型体。由于这一副反应的发生,使溶液中 Y 的平衡浓度下降,与 M 配位的程度减小。这种由于 H^+ 引起的对配位剂 Y 的副反应,影响主反应进行程度的现象,称为 EDTA 的酸效应。酸效应影响程度的大小用酸效应系数 $\alpha_{Y(H)}$ 衡量。$\alpha_{Y(H)}$ 表示未与 M 配位的 EDTA 的总浓度[Y'],是 Y 的平衡浓度[Y]的多少倍:

$$\alpha_{Y(H)} = \frac{[Y']}{[Y]} = \frac{[Y] + [HY] + [H_2Y] + \cdots + [H_6Y]}{[Y]} = 1/x_Y \qquad (7.2)$$

式中　[Y]——溶液中 EDTA 的[Y^4]型体的平衡浓度;

　　　[Y']——未与 M 配位的 EDTA 各种型体的总浓度。

若 $\alpha_{Y(H)} > 1$,即[Y'] > [Y],说明有酸效应。$\alpha_{Y(H)}$ 值越大,酸效应对主反应进行的影响程度也越大。若 $\alpha_{Y(H)} = 1$,即[Y']=[Y],说明 EDTA 只以 Y 型体存在,没有酸效应。在不同酸度条件下的 $\alpha_{Y(H)}$ 值可通过计算求出。

在配位滴定中,$\alpha_{Y(H)}$ 是很重要的数值,其变化范围很大,因此常用其对数值。为方便应用。将不同 pH 条件下的 $\lg\alpha_{Y(H)}$ 值计算出来列于如下的表 7.7 中。

表 7.7　EDTA 的 $\lg\alpha_{Y(H)}$ 值

pH	$\lg\alpha_{Y(H)}$	pH	$\lg\alpha_{Y(H)}$	pH	$\lg\alpha_{Y(H)}$
0.0	23.64	4.5	7.44	9.0	1.28
0.5	20.75	5.0	6.45	9.5	0.83
1.0	18.01	5.5	5.51	10.0	0.45
1.5	15.55	6.0	4.65	10.5	0.20
2.0	13.51	6.5	3.92	11.0	0.07
2.5	11.90	7.0	3.32	11.5	0.02
3.0	10.60	7.5	2.78	12.0	0.01
3.5	9.48	8.0	2.27	13.0	0.00
4.0	8.44	8.5	1.77		

　　由于不同的 MY 配合物的稳定性不同，H^+引起的配位剂 Y 的副反应对主反应影响的程度也不相同。稳定性较低的 MY 配合物，在酸性较弱的情况下即可发生解离；而稳定性较强的 MY 配合物，只有在酸性较强的情况下才会解离。不同的 MY 配合物保持稳定时所允许的最高酸度是不同的，这种能够保持 MY 配合物稳定存在的最高酸度称为EDTA 滴定的最低 pH。

　　根据不同金属离子的 EDTA 配合物最低 pH 不同的性质，EDTA 滴定中可以利用调节溶液 pH 的方法，将某种金属离子从多种离子混合物中分别进行滴定。例如，Fe^{3+}（最低 pH 为 10）和 Mg^{2+}（最低 pH 为 9.7）共存时，可先调节溶液呈酸性，用 EDTA 滴定，Fe^{3+} 与 EDTA 结合成稳定的 FeY^- 配合物，而此时 Mg^{2+} 不会形成稳定的 MgY^{2-} 配合物，不干扰滴定。当 Fe^{3+} 被滴定完全后，再调节溶液至呈碱性，就可以滴定 Mg^{2+} 离子。

　　2）配位效应和配位效应系数

　　如果溶液中有能与 M 配位的另一种配位剂 L 存在，M 与 Y 配位的同时也能与 L 配位，这是金属离子 M 的一种副反应。由于这一副反应的发生，溶液中 M 离子的平衡浓度下降，与 Y 配位的程度减弱。这种由于其他配位剂 L 对金属离子 M 的副反应而影响主反应进行程度的现象称为金属离子的配位效应。

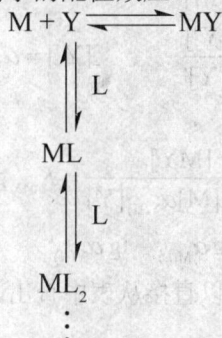

$$M + Y \rightleftharpoons MY$$

$$\Big\updownarrow L$$

$$ML$$

$$\Big\updownarrow L$$

$$ML_2$$

$$\vdots$$

　　配位效应对主反应影响程度的大小用配位效应系数 $\alpha_{M(L)}$ 衡量。

$$\alpha_{M(L)} = \frac{[M']}{[M]} = \frac{[M]+[ML]+[ML_2]+L+[ML_n]}{[M]} \qquad (7.3)$$

$$\alpha_{M(L)} = 1 + [L]\beta_1 + [L]^2\beta_2 + L + [L]^n\beta_n$$

　　$\alpha_{M(L)}$ 表示未与 Y 配位的金属离子 M 总浓度[M']是游离金属离子平衡浓度 c_M 的多少倍。$\alpha_{M(L)}$ 值越大。表明其他配位剂 L 对主反应的影响越大。当 $\alpha_{M(L)} = 1$ 时，[M'] = [M]。即表示该金属离子不存在配位效应。

　　除上述 EDTA 酸效应和金属离子配位效应两种副反应效应外，滴定体系中还存在着共存离子效应和水解效应。共存离子效应通常可以采取掩蔽的方法消除。水解效应在酸性、中性溶液中可以忽略。在 EDTA 滴定中，前两种副反应效应，尤其酸效应是主要的。在综合考虑副反应效应对主反应影响的情况下，MY 稳定性应该用条件稳定常数以 K'_{MY} 描述比较切合实际。

3. 条件稳定常数

条件稳定常数又称表观稳定常数，它是将各种副反应如酸效应、配位效应、共存离子效应、羟基化效应等因素考虑进去以后的实际稳定常数。它表示在发生副反应的情况下，配位反应进行的程度。K'_{MY} 是常数，在一定条件下 $\alpha_{M(L)}$、$\alpha_{Y(H)}$ 为定值。因此，当条件一定时，K'_{MY} 为一常数，称为配位反应的条件稳定常数，或称为表观稳定常数。

M 与 Y 配位反应达到平衡时，平衡关系可用下式表示：

$$M + Y \rightleftharpoons MY \qquad\qquad K_{MY} = \frac{[MY]}{[M][Y]}$$

但如果 M、Y 有副反应，M、Y 的平衡浓度将受到副反应的影响。此时未参加主反应的金属离子总浓度为 $c_{M'}$，配值剂总浓度为 $c_{Y'}$，反应的平衡关系式应改为

$$K'_{MY} = \frac{[MY]}{[M'][Y']} \tag{7.4}$$

当忽略其他副反应时，

$$\alpha_{M(L)} = \frac{[M']}{[M]} \qquad\qquad [M'] = \alpha_{M(L)} \cdot [M]$$

$$\alpha_{Y(H)} = \frac{[Y']}{[Y]} \qquad\qquad [Y'] = \alpha_{Y(H)} \cdot [Y]$$

则：

$$K'_{MY} = \frac{[MY]}{\alpha_{M(L)}[M]\,\alpha_{Y(H)}[Y]} = K_{MY} \cdot \frac{1}{\alpha_{M(L)} \cdot \alpha_{Y(H)}}$$

取对数，得到：$\lg K'_{MY} = \lg K_{MY} - \lg \alpha_{M(L)} - \lg \alpha_{Y(H)}$

式中：$\lg K_{MY}$ 值和 $\lg \alpha_{Y(H)}$ 值可以直接从表中查出，$\lg \alpha_{M(L)}$ 值需要先查表然后计算得出，但一般情况下可以忽略。

条件改变时，$\alpha_{M(L)}$、$\alpha_{Y(H)}$ 值改变，K'_{MY} 也变化。所以，条件稳定常数 K'_{MY} 是在一定条件下，有副反应存在时的主反应进行程度的标志，是对稳定常数 K_{MY} 的校正。K'_{MY} 越大，EDTA 与 M 的配位反应进行的越完全。

根据以上计算式及查表，可以得知，随着酸度的升高，$\alpha_{Y(H)}$ 值增加得很快，EDTA 配合物的实际稳定性降低得很显著。当 pH > 12 时，溶液酸度影响极小，此时 EDTA 的配位能力最强，生成的配合物最稳定。

【例 7.1】 分别计算 pH 10.00 和 pH 2.00 时，ZnY 的条件稳定常数是多少？

解：查表得

$$\lg K_{ZnY} = 16.50$$

pH 10.0 时　　　　　　　　　　$\lg \alpha_{Y(H)} = 0.45$

$$\lg K'_{ZnY} = 16.50 - 0.45 = 16.05$$

pH 2.0 时　　　　　　　　　　$\lg \alpha_{Y(H)} = 13.51$

$$\lg K'_{ZnY} = 16.50 - 13.51 = 2.99$$

可见，条件稳定常数是判断配合物的稳定性及配位反应进行程度的一个重要依据。

（四）配位滴定原理

1. 滴定曲线

在配位滴定法中，随着 EDTA 标准溶液的加入，溶液中被滴定的金属离子不断减少，在计量点附近，溶液中金属离子的浓度发生突变。因此，可以用配位滴定过程中金属离子浓度（pM）来表示配位滴定过程中金属离子浓度变化的曲线，称为配位滴定曲线。

现以 0.01000 mol/L 的 EDTA 标准溶液滴定 20.00mL 的 0.01000 mol/L 的 Ca^{2+} 溶液为例，用 $NH_3 \cdot H_2O$-NH_3Cl 缓冲溶液，保持溶液 pH10.0，讨论滴定过程中 pCa 值的变化情况。EDTA 与 Ca^{2+} 的反应为

$$Ca^{2+} + H_2Y^{2-} \rightleftharpoons CaY^{2-} + 2H^+$$

体系的 pH 为 12，$\lg a_{Y(H)} = 0$；化学计量点时酸度变化不大，可认为无酸效应。Ca^{2+} 又没有羟基化效应，所以此滴定体系可作为无副反应的滴定体系，计算时可用绝对稳定常数即可。

1）滴定前

$$[Ca^{2+}] = 0.01000 \text{ mol/L}$$

$$pCa = -\lg 0.01000 = 2.00$$

2）滴定开始至计量点前

在此阶段，溶液中尚有剩余的 Ca^{2+}，则可根据剩余 Ca^{2+} 的量和溶液的体积来计算 $c_{Ca^{2+}}$。

例如，当加入 19.80mL 的 EDTA 溶液时：

$$[Ca^{2+}] = 0.01000 \times \frac{20.00 - 19.80}{20.00 + 19.80} = 5.02 \times 10^{-5} \text{ (mol/L)}$$

$$pCa = 4.30$$

当加入 19.98mL 的 EDTA 溶液时：

$$[Ca^{2+}] = 0.01000 \times \frac{20.00 - 19.98}{20.00 + 19.98} = 5.00 \times 10^{-6} \text{ (mol/L)}$$

$$pCa = 5.30$$

3）计量点时

这时溶液中既无剩余的 Ca^{2+}，又无过量的 EDTA，

$$[CaY] = 0.01000 \times \frac{20.00}{20.00 + 20.00} = 5.00 \times 10^{-3} \text{ (mol/L)}$$

这时溶液中 $[Ca^{2+}] = [Y]$，查表 $\lg K_{CaY} = 10.69$，

$$\frac{[CaY]}{[Ca^{2+}][Y]} = \frac{[CaY]}{[Ca^{2+}]^2} = 10^{10.69}$$

$$[Ca^{2+}] = \sqrt{\frac{5 \times 10^{-3}}{10^{10.69}}} = 3.20 \times 10^{-7} \text{ (mol/L)}$$

$$pCa = 6.49$$

4）计量点后

这时溶液中有过量的 EDTA，可根据过量的 EDTA 和配位平衡常数式来计算$[Ca^{2+}]$。例如，加入 20.02mL 的 EDTA 溶液时：

$$[Y] = 0.01000 \times \frac{20.02 - 20.00}{20.00 + 20.02} = 5.00 \times 10^{-6} (mol/L)$$

$$\frac{[CaY]}{[Ca^{2+}][Y]} = \frac{5.00 \times 10^{-3}}{c_{Ca^{2+}} \times 5.00 \times 10^{-6}} = 10^{10.69}$$

$$[Ca^{2+}] = 10^{-7.69} = 2.04 \times 10^{-8} (mol/L)$$

$$pCa = 7.69$$

根据以上的计算方法，可以求出整个滴定过程中各点的 pCa 值，其结果见表 7.8。

表 7.8　0.01000 mol/L 的 EDTA 滴定 20.00mL 0.01000 mol/LCa^{2+}时 pCa 的变化情况

滴入 EDTA 溶液		pCa
mL	%	
0.00	0.0	2.00
18.00	90.0	3.28
19.80	99.0	4.30
19.98	99.9	5.30
20.00	100.0	6.27
20.02	100.1	7.23
20.20	101.0	8.23
22.00	110.0	9.23
40.00	200.0	10.23

以加入的 EDTA 的毫升数或百分率为横坐标，相应的 pCa 为纵坐标，可绘制出一条滴定曲线，见图 7.3。曲线突跃范围为 pCa 5.30～7.23。

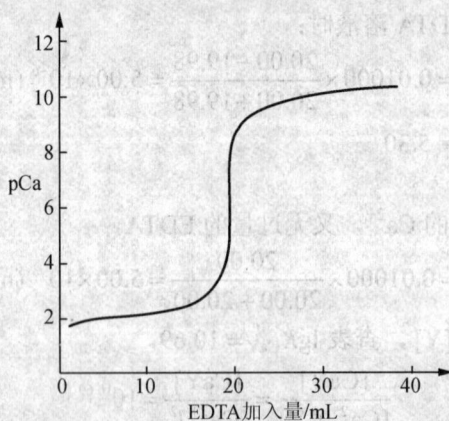

图 7.3　pH 10 的溶液中，0.01000 mol/L 的 EDTA 滴定 0.01000 mol/L Ca^{2+}的滴定曲线

2. 影响滴定突跃范围的因素

1）条件稳定常数的影响

当被滴定的金属离子 M 和配位剂 EDTA 的浓度一定时，配合物的条件稳定常数越

大，滴定的 pM 突跃范围越大，见图 7.4。

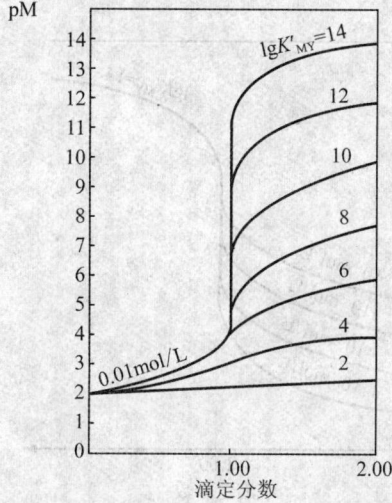

图 7.4 EDTA 滴定 K'_{MY} 不同的金属离子的滴定曲线

因为 $\lg K'_{MY} = \lg K_{MY} - \lg \alpha_Y - \lg \alpha_M$，即 $\lg K'_{MY}$ 的大小受配合物的稳定常数、溶液酸度等影响，所以决定 $\lg K'_{MY}$ 大小的三种因素也都对配位滴定的 pM 突跃产生影响。

（1）在滴定条件相同的情况下，配合物的稳定常数 K_{MY} 值越大，配位滴定的 pM 突跃范围也越大。

（2）溶液的 pH 越大，$\lg \alpha_{Y(H)}$ 值越小，$\lg K'_{MY}$ 值越大，配位滴定的 pM 突跃范围越大，见图 7.5。

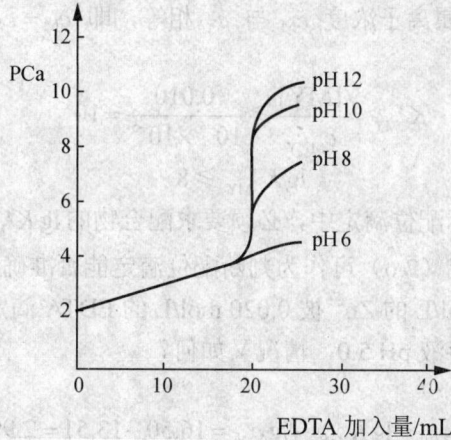

图 7.5 不同 pH 时 EDTA 滴定 Ca^{2+} 时的滴定曲线

（3）若有其他配位剂存在，则对金属离子产生配位效应。配位效应影响越大，即值 $\lg \alpha_M$ 越大，$\lg K'_{MY}$ 值就越小，配位滴定的 pM 突跃范围也越小。

2）金属离子浓度的影响

若条件稳定常数值一定时，则被滴定金属离子浓度越大，pH 就越小，滴定曲线的起点就越低，滴定的突跃范围就越大，见图7.6。

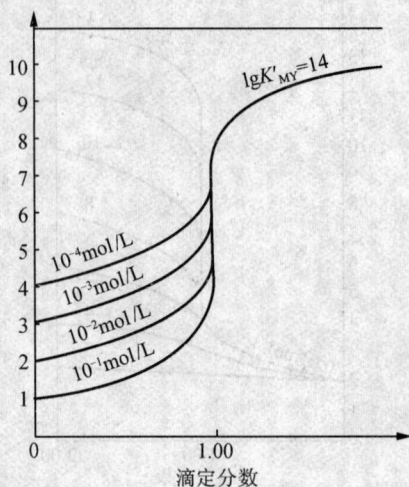

图 7.6　EDTA 滴定不同浓度的金属离子的滴定曲线

3. 配位滴定的条件

1）滴定条件的判断

根据对配位滴定曲线的讨论可知，准确滴定金属离子的条件之一是要有足够的 K'_{MY} 值，否则突跃不明显而引起误差。条件稳定常数达到多大才能进行配位滴定呢？根据滴定分析的一般要求，滴定误差约为 0.1%。假如金属离子和 EDTA 的原始浓度均为 0.02 mol/L，滴定计量点时，溶液的体积增大了 1 倍，且金属离子基本上被配位成 MY，即 [MY]≈0.010 mol/L，而此时游离的金属离子浓度 c_M 与 c_Y 相等，即 $c_M = c_Y \leqslant 0.1\% \times 0.010$ mol/L = 10^{-5} mol/L，因而可得到

$$K'_{MY} = \frac{[MY]}{c_M c_Y} \geqslant \frac{0.010}{10^{-5} \times 10^{-5}} = 10^8 \tag{7.5}$$

$$\lg K'_{MY} \geqslant 8 \tag{7.6}$$

式（7.6）说明在实际配位滴定中，必须要求配合物的 $\lg K'_{MY} \geqslant 8$ 时，才能使滴定误差符合规定的要求，故式（7.6）可作为判断配位滴定能否准确进行的重要参数。

【例 7.2】 0.020 mol/L 的 Zn^{2+} 被 0.020 mol/L 的 EDTA 滴定时，若溶液 pH 2.0，则能否进行准确滴定？若溶液 pH 5.0，情况又如何？

解： 当 pH 2.0 时，

$$\lg K'_{ZnY} = \lg K_{ZnY} - \lg \alpha_Y = 16.50 - 13.51 = 2.99 < 8$$

故不能准确滴定。

当 pH 5.0 时，$\lg K'_{ZnY} = \lg K_{ZnY} - \lg \alpha_Y = 16.50 - 0.45 = 10.05 > 8$

故可准确滴定。

2）配位滴定适宜酸度范围

（1）滴定允许的最低 pH。上面已经提到，要使滴定误差约为 0.1%，要求所形成的配合物的 $\lg K'_{MY}$ 至少为 8，与此相应可得

$$\lg \alpha_{Y(H)} = \lg K_{MY} - \lg K'_{MY} = \lg K_{MY} - 8$$

查表 7.6 计算得 $\lg \alpha$ 值，并由表 7.7 查得所对应的 pH，就是滴定这种金属离子时所允许的最低 pH。

【**例 7.3**】　试分别求出 EDTA 滴定时 Ca^{2+} 及 Fe^{3+} 的最低 pH。

解： $\lg \alpha_{Y(H)} = \lg K_{CaY} - 8 = 10.96 - 8 = 2.96$

则　　　　　　　　　　pH≈7.6

$\lg \alpha_{Y(H)} = \lg K_{FeY} - 8 = 24.23 - 8 = 16.23$

则　　　　　　　　　　pH≈1.3

（2）滴定允许的最高 pH。必须指出，滴定时实际上所采用的 pH，要比允许的最低 pH 高一些，这样可以使被滴定的金属离子配位更完全。但是，过高的 pH 会引起金属离子的水解，生成多羟基配合物，从而降低了金属离子的配位能力，甚至会生成氢氧化物的沉淀，从而阻碍 MY 配合物的形成。

至于滴定的最高 pH，则以不产生氢氧化物沉淀以及其他干扰为准。若不考虑其他离子的干扰，则具体数值可根据所产生的氢氧化物的溶度积而求得。

【**例 7.4**】　2.00×10^{-2} mol/L 的 Fe^{3+} 溶液被 2.00×10^{-2} mol/L 的 EDTA 溶液滴定时，允许的最高 pH 是多少？

解： 已知 $K_{sp,Fe(OH)_3}$，$c_{Fe^{3+}} \times c_{OH^-}^3 = 4.0 \times 10^{-38}$，则

$$c_{OH^-} = \sqrt{\frac{4.0 \times 10^{-38}}{2.00 \times 10^{-2}}} = 1.3 \times 10^{-12} \text{ mol/L}$$

$$pOH = -\lg[OH^-] = -\lg 1.3 \times 10^{-12} = 11.89$$

$$pH = 14.00 - pOH = 14.00 - 11.89 = 2.11$$

故滴定允许的最高 pH 为 2.11

滴定某一金属离子的允许最低 pH 与允许最高 pH 范围，就是滴定该金属离子的最适宜的酸度范围。从例 7.3、例 7.4 可知，滴定 Fe^{3+} 时，pH 1.2～2.1 为最适宜的 pH 范围。一般在最适宜的 pH 范围内滴定，均能获得较准确的结果。为此，在配位滴定时须加入一定量的缓冲溶液以控制溶液的酸度变动。在 pH<2 或 pH>12 的溶液中滴定时，可直接用强酸或强碱控制溶液的酸度；在弱酸性溶液中滴定时，可用 HAc-NaAc 或 HAc-NH₄Ac 缓冲系统（pH 3.5～6.0）控制溶液的酸度；在弱碱性溶液中滴定时，常用 NH₃-NH₄Cl 缓冲系统（pH 8～11）控制溶液的酸度，但因 NH₃·H₂O 与许多金属离子有配位作用，使用时应注意。

（五）金属指示剂

配位滴定中用于指示滴定终点的方法有多种，但最重要的还是使用金属指示剂（metallochromic indicator）来判断终点。金属指示剂是在配位滴定中，利用一种能随金属离子浓度的变化而发生颜色变化的显色剂，来指示理论终点的到达的显色剂。

1. 金属指示剂的作用原理

金属指示剂本身是一种弱的配位剂，也是一种多元酸碱。在一定条件下，指示剂先离解为某一形式的离子，然后与金属离子配位形成具有一定稳定性的配合物，指示剂离子和指示剂离子与 M 形成的配合物具有显著不同的颜色。配位滴定时，滴定前在金属离子溶液中加入金属指示剂，以 M 代表金属离子，In 代表指示剂，两者形成的配合物以 MIn 表示。先发生下列变化：

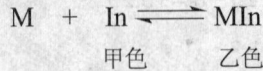

$$M + In \rightleftharpoons MIn$$
$$\text{甲色} \quad\quad\quad \text{乙色}$$

可见，用 EDTA 滴定金属离子（M）时，滴定前，少量指示剂与溶液中的 M 配位，形成了与 In 本身颜色不同的一种配合物。

滴定过程中，EDTA 与游离的金属离子逐渐配位形成稳定配合物，当达计量点时，已与指示剂配位的金属离子被 EDTA 夺取出来，同时，释放出指示剂而引起溶液颜色发生变化，呈现指示剂本身颜色。

$$MIn + Y \rightleftharpoons MY + In$$
$$\text{乙色} \quad\quad\quad\quad\quad\quad \text{甲色}$$

此时，溶液的颜色由乙色又变为甲色，指示终点到达。

2. 金属指示剂应具备的条件

一般都采用实验的方法来选择指示剂，即先实验滴定终点时颜色变化是否敏锐，再检查滴定结果是否准确，这样就可以确定该指示剂是否符合要求。

一般来说，金属指示剂应具备以下条件：

（1）指示剂与金属离子形成的配合物（MIn）的颜色与指示剂（In）本身的颜色应显著不同，这样才能使终点变色明显。

（2）指示剂与金属离子的显色反应要灵敏、迅速，具有良好的变色可逆性。

（3）指示剂与金属离子形成配合物的稳定性要适当。它既要有足够的稳定性，但又要比金属离子的 EDTA 配合物 MY 的稳定性小，两者相差要在 100 倍以上。只有在此条件下，终点既不会过早出现，当滴定到达计量点时，指示剂又能被 EDTA 置换出来而显示颜色变化。

（4）金属指示剂应比较稳定，便于储藏和使用。

（5）金属离子与指示剂配合物 MIn 应易溶于水，否则反应（与金属生成配合物、配合物被 Y 置换）为边溶解边反应的过程，太慢，不利于颜色的观察。如果生成胶体溶液和沉淀，则会使变色不明显。

3. 金属指示剂的封闭、僵化及消除方法

1）金属指示剂的封闭现象及其消除

有时指示剂与金属离子形成的配合物，在 EDTA 与金属离子反应达到化学计量点时，稍过量的 EDTA 并不能夺取 MIn 有色配合物中的金属离子，使金属指示剂发生颜色变化，这种现象称为金属指示剂的封闭。

导致金属指示剂出现封闭现象的原因：

（1）由于溶液中某些离子的存在，与金属指示剂形成十分稳定的有色配合物，以致不能被 EDTA 置换，因而产生封闭现象，对于这种情况，一般需要加入适当的掩蔽剂来消除这些离子的干扰。例如，以铬黑 T 为金属指示剂，用 EDTA 滴定 Ca^{2+}、Mg^{2+}时，Fe^{3+}、Al^{3+}对指示剂有封闭作用，可用三乙醇胺作掩蔽剂消除干扰。又如：Cu^{2+}、Co^{2+}、Ni^{2+}等对指示剂的封闭作用，可用 KCN 或 Na_2S 等作掩蔽剂来消除。

（2）有时金属指示剂的封闭现象是出于有色配合物的颜色变化为不可逆反应引起的。虽然 MIn 的稳定性不及 MY 的稳定性高，但由于动力学方面的原因，使得有色配合物并不能被 EDTA 破坏，金属指示剂无法游离出来，即颜色变化为不可逆，而产生封闭现象。这时，可用返滴定法予以消除。例如，Al^{3+}对二甲酚橙有封闭作用，测定 Al^{3+}时可先加入过量 EDTA 标准滴定溶液，于 pH 3.5 时煮沸使 Al^{3+}与 EDTA 完全配位后，再调节溶液 pH 为 5.0～6.0，加入二甲酚橙，用 Zn^{2+} 或 Pb^{2+} 标准滴定溶液返滴定。

2）金属指示剂的僵化现象及消除

有些金属指示剂本身及其与金属离子形成的配合物的溶解度很小，因而使终点的颜色变化不明显；有些金属指示剂 MIn 的稳定性只是稍稍小于 MY，因而使 EDTA 与 MIn 之间的置换反应很慢，终点拖后，或使颜色转变很不敏锐。这种现象叫指示剂的僵化。

解决的办法，可以加入适当的有机溶剂或加热，来增大溶解度，加快反应速度，从而使终点变色明显。如果僵化现象不严重，在接近终点时，采取紧摇慢滴的操作，可得到较满意的结果。例如，用 PAN 作指示剂时，可加入少量甲醇或乙醇，或将溶液加热，以加快置换反应速度，使指示剂的变色较明显。

3）指示剂的氧化变质现象

大多数金属指示剂具有双键基团，易被日光、空气、氧化剂等分解，分解变质的速度与试剂的纯度有关。有些金属离子还会对分解起催化作用。例如，铬黑 T 在 Mn^{4+}、Ce^{4+}存在下，数秒钟即被分解褪色。由于上述原因，金属指示剂在水溶液中不稳定，日久会变质。因此，一般将指示剂配成固体混合物，或于指示剂溶液中加入还原性物质如抗坏血酸、羟基等，也可以用时临时配制。

4. 常用的金属指示剂

1）铬黑 T

铬黑 T 属偶氮染料，简称 BT 或 EBT，其化学名称是 1-(1-羟基-2-萘偶氮基)-6-硝基-2-萘酚-4-磺酸钠，其结构式和有色配合物的结构式如下：

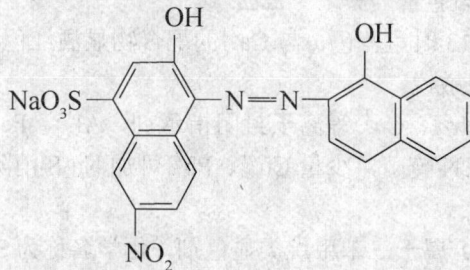

铬黑 T 是带有金属光泽的褐色粉末，溶于水时磺酸基上的 Na^+ 全部离解。铬黑 T 是

一个二元弱酸，以 H_2In^- 表示．随溶液 pH 不同．分两步离解，呈三种颜色。

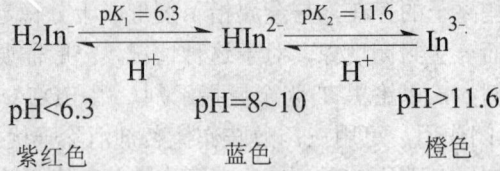

$$H_2In^- \underset{H^+}{\overset{pK_1 = 6.3}{\rightleftharpoons}} HIn^{2-} \underset{H^+}{\overset{pK_2 = 11.6}{\rightleftharpoons}} In^{3-}$$

pH<6.3　　　　　　　pH=8~10　　　　　　pH>11.6

紫红色　　　　　　　　蓝色　　　　　　　　橙色

铬黑 T 与二价金属离子形成的配合物显红色。由于指示剂在 pH<6.3 和 pH>11.6 的溶液中呈现的颜色与 M-EDTA 颜色相近，滴定终点时颜色变化不明显，所以选用铬黑 T 作指示剂时，使用的最适宜酸度范围 pH 为 9~10。EDTA 直接滴定 Mg^{2+}、Zn^{2+}、Cd^{2+}、Pb^{2+} 和 Hg^{2+} 等离子时，铬黑 T 是良好的指示剂，但 Al^{3+}、Fe^{3+}、Co^{2+}、Ni^{2+}、Cu^{2+}、Ti^{4+} 等对指示剂有封闭作用。Al^{3+}、Ti^{4+} 可用氯化物掩蔽，Fe^{3+} 可用抗坏血酸还原掩蔽，Co^{2+}、Ni^{2+}、Cu^{2+} 用邻二氮菲掩蔽，Cu^{2+} 也可用硫化物形成沉淀掩蔽。

固体铬黑 T 性质稳定，但其水溶液不稳定，只能保存几天，这是由于发生聚合反应和氧化反应的缘故。在 pH<6.5 的溶液中，聚合更为严重。金属指示剂聚合后，不能与金属离子显色，在配制溶液时，加入三乙醇胺可减慢聚合速度。

在碱性溶液中，空气中的 O_2 及 Mn(IV) 和 Ce^{4+} 等能将铬黑 T 氧化使其褪色。加入盐酸羟胺或抗坏血酸等还原剂，可防止其氧化。工作中，常使用铬黑 T 与干燥的纯 NaCl 按 1:100 混合研细的混合物，密闭保存在棕色瓶中。

2）钙指示剂

钙指示剂（简称 NN）的化学名称是 2-羟基-1-(2-羟基-4-磺基-1-萘偶氮基)-3-萘甲酸，结构式为

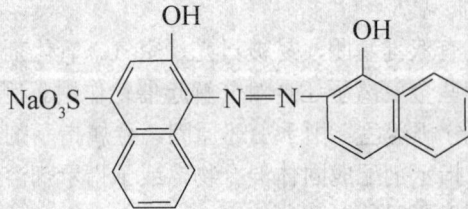

纯的钙指示剂是紫黑色粉末，其水溶液或乙醇溶液都不稳定，所以一般将固体钙指示剂与干燥的纯 NaCl 按 1:100 混合均匀后使用。

钙指示剂是二元弱酸，在溶液中的的颜色变化与 pH 的关系为

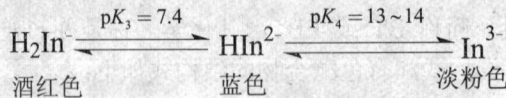

$$H_2In^- \overset{pK_3 = 7.4}{\rightleftharpoons} HIn^{2-} \overset{pK_4 = 13~14}{\rightleftharpoons} In^{3-}$$

酒红色　　　　　　　　蓝色　　　　　　　淡粉色

钙指示剂在 pH 12~13 时呈蓝色，与 Ca^{2+} 的配合物显酒红色，测定 Ca^{2+}，终点由酒红色变为纯蓝色，变色很敏锐。

Al^{3+}、Fe^{3+}、Co^{2+}、Ni^{2+}、Cu^{2+} 等离子封闭指示剂，Al^{3+}、Fe^{3+} 可用三乙醇胺掩蔽，Co^{2+}、Ni^{2+}、Cu^{2+} 可用 KCN 掩蔽，少量 Cu^{2+}、Pb^{2+} 可加 Na_2S 消除其影响。

3）二甲酚橙

二甲酚橙（简称 XO）属于三苯甲烷类显色剂，化学名称为 3-3′-2, 2 双[N, N-二羧甲基氨甲基]-邻-甲酚磺酞。其结构式为

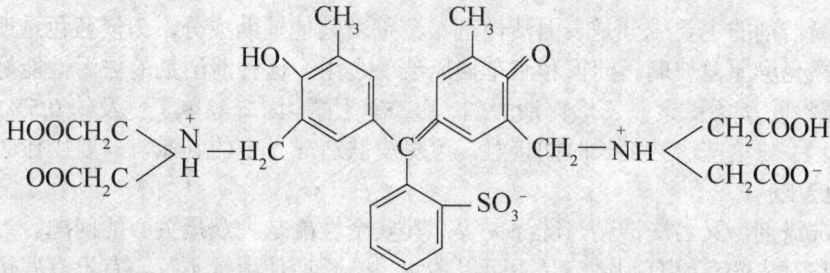

分析用二甲酚橙的四钠盐，为紫色结晶，易溶于水，pH＞6.3 时，呈红色；pH＜6.3 时，呈黄色；pH 6.3 时，呈中间颜色。二甲酚橙与金属离子形成的配合物都是红紫色。因此，它只适用于在 pH＜6 的酸性溶液中。通常将其配成 0.5%的水溶液，可保存 2～3 周。

许多金属离子，如 ZrO^{2+}(pH＜1)、Bi^{3+}(pH 1～2)、Th^{4+}(pH 2.5～3.5)、Pb^{2+}、Zn^{2+}、Cd^{2+}、Hg^{2+}、Tl^{3+}等离子和稀土元素的离子(pH 5～6)，都可用二甲酚橙作指示剂，以 EDTA 直接滴定，终点由红色变为亮黄色，很敏锐。Fe^{3+}、Al^{3+}、Ni^{2+}和 Cu^{2+}等离子也可以用二甲酚橙作指示剂，加入过量 EDTA 后用 Zn^{2+}标准溶液返滴定。

Fe^{3+}、Al^{3+}、Ni^{2+}、Ti^{4+}等离子封闭二甲酚橙，如需测定，Fe^{3+}和 Ti^{4+}离子可用抗坏血酸还原，Al^{3+}可用氟化物，Ni^{2+}可用邻二氮菲掩蔽。

常用金属指示剂列于表 7.9 中。

表 7.9　常用的金属指示剂

指示剂	pH 范围	颜色变化		直接滴定离子	指示剂配制
		In	MIn		
铬黑 T	7～10	蓝	红	pH 为 10 时：Mg^{2+}、Zn^{2+}、Cd^{2+}、Pb^{2+}、Mn^{2+}、Re	1：100NaCl（固体）
二甲酚橙	＜6	黄	红	pH 小于 1 时：ZrO^{2+} pH 为 1～3 时：Bi^{3+}、Th^{4+} pH 为 5～6 时：Zn^{2+}、Cd^{2+}、Hg^{2+}、Pb^{2+}、Re	0.5%水溶液
PAN	2～12	黄	红	pH 为 2～3 时：Bi^{3+}、Th^{4+} pH 为 4～5 时：Gu^{2+}、Ni^{2+}	0.1%乙醇溶液
酸性铬蓝 K	8～13	蓝	红	pH 为 10 时：Mg^{2+}、Zn^{2+} pH 为 13 时：Ca^{2+}	1：100NaCl（固体）
钙指示剂	10～13	蓝	红	pH 为 12～13 时：Ca^{2+}	1：100NaCl（固体）
磺基水杨酸		无色	紫色	pH 为 1.5～3 时：Fe^{3+}（加热）	2%水溶液

知识链接

乙二胺四乙酸二钠在清洁剂中的作用

随着收入的增加，人们对生活环境的舒适卫生程度的要求也提高了。因此家庭专用日用品清洗剂应运而生，并且品种繁多。其中有专为居室用的清洗家具、地板、墙壁、门窗玻璃的硬表面清洁剂，有洗涤玻璃器皿、塑料用具、珠宝装饰品的专用洗涤剂，有厨房用的清洗餐具、灶具、油烟机和瓷砖的专用洗涤剂，还有厕卫专用的浴盆、便池清洁剂与除臭剂以及地毯清洁剂等。

　　玻璃清洁剂的主要成分是表面活性剂、溶剂及其他辅助成分，为淡蓝色透明液体，供清洗、擦亮房屋窗玻璃、橱窗和汽车挡风玻璃之用。这种清洁剂的去污性能好，主要含脂肪醇聚氧乙烯醚、聚氧乙烯椰油酸酯、乙二醇丁醚、丙二醇单丁醚及约 0.5% 的氨水。在使用中，手与这些清洁剂长时间接触，可对皮肤造成一定的刺激，只要操作时戴上手套就可保护皮肤。

　　餐具洗涤剂，又名洗洁精、洗涤灵等。其安全性能是大众最关心的问题。人们所关心的包括它对皮肤有没有刺激，是否可以洗水果，长期使用行不行，有没有残留，那些标明有杀菌作用的产品会不会伤害使用者的皮肤细胞，会不会损伤瓷器的亮度等。各种品牌的餐具洗涤剂的配方除香料、染色剂等成分有差异外，其去污成分大致相同。外观为透明液体，色泽淡黄，有香味。餐具洗涤剂的主要成分是多种表面活性剂和助洗剂，包括烷基苯磺酸钠、脂肪醇聚氧乙烯醚、椰油酸二乙醇胺及三乙醇胺等。这些物质无毒，在正常流水清洗过程中，存留下未冲净的洗涤剂只有微量，基本可不计。即使残留物进入人体后也不进入人的代谢环节，因此不存在体内残留的问题。

　　洁厕净的安全性能也是人们比较关心的问题。这种产品的洁厕原理是将有机酸与尿碱结合成可溶性盐，用助溶剂及配位剂将不溶性钙盐和其他无机盐迅速溶解，并将重金属配位后随水冲走。洁厕净一般为浅蓝色透明溶液，主要成分为氨基磺酸、烷基苯磺酸、壬基酚氧乙烯醚、乙二胺四乙酸二钠、草酸尿素等，正常使用对皮肤无刺激。此外，还有专门清洗浴盆、冰箱、瓷砖、首饰、炉灶等的各种洗涤剂，成分配方大致脱不开上述几种物质的范围。

　　地毯清洁剂供清洗地毯用，可去除地毯上的灰尘、油污等脏物，使地毯恢复原有的色泽和手感，适用于纯毛及各种合成纤维地毯，还可用于沙发、窗帘等织物的清洗。使用时，每升水要加 15g 地毯清洗剂，喷洒后再用刷子刷洗，然后用干布蘸干。地毯清洁剂的主要成分有铝硅酸镁、n-月桂酰肌氨酸钠、异丙醇、乙二醇丁醚及少量氨水和甲醛。以上这些物质对皮肤无刺激，对织物纤维无损害。

思考与练习

　　（1）EDTA 与金属离子形成的配合物具有哪些特点？

　　（2）EDTA 配位滴定过程中，影响滴定曲线突跃范围大小的主要因素是哪些？如何影响？

　　（3）配位滴定的条件如何选择？主要从哪些方面考虑？

　　（4）说明金属指示剂的作用原理，并说明金属指示剂应具备的条件和选择金属指示剂的依据。

　　（5）何谓指示剂的封闭现象？怎样消除封闭？

　　（6）两种金属离子 M 和 N 共存时，什么条件下才可用控制酸度的方法进行分别滴定？

　　（7）用返滴定法测定 Al^{3+} 含量时，首先在 pH 为 3 左右加入过量 EDTA，并加热，使 Al^{3+} 配位。请说明选择此 pH 的理由。

　　（8）在 0.10 mol/L $Ag(NH_3)_2^+$ 溶液中，含有 0.10 mol/L 氨，求溶液中的 Ag^+ 的浓度。

（$K_{Ag(NH_3)_2^+} = 1.7 \times 10^7$）。

（答：5.9×10^{-7} mol/L）

（9）在分析浓度为 0.10 mol/L 的锌氨配合物溶液中，若游离的[NH_3]的浓度为 0.10 mol/L，计算[Zn^{2+}]及各级锌氨配合物的平衡浓度为多少？此溶液中以哪种配合物的型体为主？

（答：3.2×10^{-7} mol/L；　7.6×10^{-6} mol/L；

2.1×10^{-4} mol/L；　6.6×10^{-3} mol/L；　9.3×10^{-2} mol/L）

（10）某溶液含有 Zn^{2+} 和 Cd^{2+}，其浓度均为 0.020 mol/L，用 KI 掩蔽 Cd^{2+}。若终点时溶液中的 I^- 的浓度为 0.50 mol/L，在 pH 5.0 时，以二甲酚橙为指示剂，用 0.020 mol/L 的 EDTA 标准溶液滴定 Zn^{2+}，问其终点误差为多少？

（答：0.89%）

任务二　掌握配位滴定的应用

任务目标

终极目标：能够正确选择配位滴定的方式，熟悉配位滴定的应用。

促成目标：（1）了解在滴定过程中如何提高配位滴定的选择性。

（2）熟练掌握 EDTA 标准溶液的配制与标定。

（3）能够理解配位滴定法的测定实例。

工作任务

【活动一】　EDTA 溶液的标定

分组：1~2 人一组。

活动目的：能够熟练掌握 EDTA 标准溶液的配制与标定，了解 EDTA 标准溶液的标定原理。

仪器和试剂：滴定装置 1 套、烧杯、量筒若干、烘箱 1 台、电子天平 1 台。$CaCO_3$ 基准物质、铬黑 T、（1+1）HCl 溶液、甲基红等试剂。

活动程序：

（1）配制 Ca^{2+} 标准溶液和 EDTA 溶液。

（2）以 $CaCO_3$ 为基准物质标定 EDTA 溶液。

（3）结果记录。

（4）然后每 3~4 组合并为一大组，讨论和比较一下你的测量数据与别人是否相同，为什么？操作中有哪些遗漏？

【活动二】　用配位滴定法测定自来水的总硬度

分组：1~2 人一组。

活动目的：能够理解和掌握配位滴定法的应用。

仪器和试剂：滴定装置 1 套、EDTA 液（0.01 mol/L）、NH_3-NH_4Cl 缓冲溶液、铬黑 T 指示剂、三乙醇胺、Na_2S 溶液、(1+1) HCl 溶液等试剂。

活动程序：

（1）以小组为单位，查找测定自来水硬度的具体配位滴定方法。

（2）利用所给试剂进行测定。

（3）记录测定结果。

（4）然后每 2～3 组合并为一大组，讨论和比较一下，对于同一份水样你的测量数据与别人是否相同？什么原因造成的？

【活动三】 查找配位滴定法的应用实例

分组：2～3 人一组。

活动目的：获得配位滴定在实际应用领域的相关资料，查找配位滴定法的应用实例。

活动程序：查找相关期刊、书籍、科研论文、网络资源，查一查利用配位滴定法进行化学分析的实例、特点和类型等相关知识，记录下来；然后每 3～4 组合并为一大组，相互交流，并完成表格表 7.10。

表 7.10　配位滴定法应用

方　　式	特　　点	实　　例	信息来源

把你所获得的资料和其他同学交流一下，看别人的理解和你有什么不同，并展开讨论。

知识探究

（一）提高配位滴定选择性的方法

前面讨论的都是单一金属离子的滴定问题，由于 EDTA 具有很强的配位能力，能与许多金属离子形成配合物，在实际分析中常常是多种元素共存，滴定时可能相互干扰。因此，如何提高配位滴定的选择性，消除共存离子的干扰，单独滴定一种或分别滴定几种金属离子，就成为配位滴定中要解决的重要问题。

1. 选择滴定的条件

上面章节讨论过，当用 EDTA 标准溶液单独滴定一种金属离子时，若满足 $\lg cK'_{MY} \geqslant 6$ 的条件，就可直接准确滴定。但溶液中若有两种或两种以上金属离子共存时，情况就比较复杂，干扰的情况与两者的 K'_{MY} 值及浓度 c 有关。

当用指示剂法检测确定终点时，共存离子 N 的干扰可能有的方面：一是对滴定反应的干扰，即 M 滴定过程小，N 也反应生成 NY，增大 EDTA 的用量；二是对滴定终点颜色的干扰，即 N 虽不干扰滴定反应，但很可能与金属指示剂形成 NIn（与 MIn 颜色相同或有干扰），使 M 的计量点无法检测。所以，要消除 N 的干扰，就得设法降低 NY 及 NIn 的稳定性。经验证明，混合离子的滴定中，要在干扰离子 N 存在下准确滴定 M 离子，必须满足 $\lg c_M K'_{MY} \geqslant 6$ 和 $\dfrac{c_M g K_{MY}}{c_N g K_{NY}} \geqslant 10^5$ 的要求。

若要控制溶液的酸度，对两种共存的金属离子分别滴定时，就应同时具备 $\lg c_M K'_{MY} \geqslant 6$，$\lg c_N K'_{NY} \geqslant 6$，$\dfrac{c_M g K_{MY}}{c_N g K_{NY}} \geqslant 10^5$ 这些条件。

2. 消除干扰的方法

下面介绍一些提高配位滴定选择性的主要方法。

1）控制溶液的酸度

前已述及，酸度对配合物的稳定性影响很大。控制溶液的酸度是消除干扰比较方便的一种方法。由于金属离子配合物的稳定常数各不相同，故滴定不同金属离子允许的最低 pH 也不同。当两种或两种以上的金属离子共存时，通过控制溶液的酸度，使一种离子形成稳定的配合物，而其他离子不易配位，从而提高选择性。

如烧结铁矿石溶液中常含有 Fe^{3+}、Al^{3+}、Ca^{2+}、Mg^{2+} 4 种离子，若控制酸度 pH 2.0（这是滴定 Fe^{3+} 允许的最低 pH，远小于 Al^{3+}、Ca^{2+}、Mg^{2+} 的最低允许 pH），用 EDTA 滴定 Fe^{3+}，其他三种离子均不产生干扰。

2）利用掩蔽和解蔽作用

配位滴定中，若待测金属离子配合物与干扰金属离子的配合物的稳定常数差别不够大，或小于干扰金属离子配合物的稳定常数，就不能利用控制酸度消除干扰离子反应，以消除干扰，从而提高选择性，这就要用掩蔽法。

常利用的掩蔽法有配位掩蔽法、沉淀掩蔽法和氧化还原掩蔽法等。其中配位掩蔽法用得最多。

（1）配位掩蔽法。配位掩蔽法是利用配位反应来降低干扰离子的浓度以消除干扰的方法。如 EDTA 测定 Ca^{2+}、Mg^{2+} 总量时，Fe^{3+}、Al^{3+} 等离子对测定有干扰，可在酸性溶液中加入三乙醇胺掩蔽 Fe^{3+}、Al^{3+} 等离子，再调 pH 10，以铬黑 T 为指示剂，用 EDTA 直接滴定。

采用配位掩蔽法应具备以下条件：

① 干扰离子与掩蔽剂形成的配合物应比与 EDTA 形成的配合物稳定，并且为无色或浅色。

② 掩蔽剂与待测离子不发生作用或形成的配合物稳定性小。

③ 掩蔽作用与滴定反应的 pH 条件大致相同。

（2）沉淀掩蔽法。沉淀掩蔽法是利用沉淀反应来降低干扰离子的浓度，在不分离沉淀的情况下直接进行滴定以消除干扰的方法。如 Ca^{2+}、Mg^{2+} 混合液中，加入 NaOH 使 pH>12.0，则 Mg^{2+} 形成 $Mg(OH)_2$ 沉淀，使用钙指示剂，可直接用 EDTA 单独滴定 Ca^{2+}。

沉淀掩蔽法要求生成的沉淀溶解度要小，使沉淀完全；生成的沉淀是无色或浅色，且吸附作用小，以免影响终点的观察。这种掩蔽法在实际应用中有一定的局限性。

（3）氧化还原掩蔽法。氧化还原掩蔽法是利用氧化还原反应来改变干扰离子的价态，以消除其干扰的方法。例如在 Bi^{3+}、Fe^{3+} 共存溶液中，调节 pH 1，用 EDTA 滴定 Bi^{3+} 时，此时 Fe^{3+} 干扰滴定。若采用盐酸羟胺或抗坏血酸等还原剂将 Fe^{3+} 还原成 Fe^{2+}，则可消除 Fe^{3+} 的干扰。

配位滴定中常用的配位掩蔽剂及沉淀掩蔽剂分列于表 7.11 及表 7.12 中。

表 7.11 一些常用的掩蔽剂和被掩蔽的金属离子

掩蔽剂	被掩蔽的金属离子	使用条件
三乙醇胺	Al^{3+}、Fe^{3+}、Sn^{4+}、TiO^{2+}、Mn^{2+}	酸性溶液中加入三乙醇胺，然后调至碱性
氟化物	Al^{3+}、Sn^{4+}、TiO^{2+}、Zr^{4+}	溶液 pH ＞4
氰化物	Cd^{2+}、Hg^{2+}、Gu^{2+}、Co^{2+}、Ni^{2+}、Fe^{2+}	溶液 pH ＞8
硫化物	Hg^{2+}、Cu^{2+}	弱酸性溶液
2，3-二基丙醇	Cd^{2+}、Hg^{2+}、Bi^{3+}、Sb^{3+}	溶液 pH ≈10
乙酰丙酮	Al^{3+}、Fe^{3+}、Bi^{3+}、Pb^{2+}、UO_2^{2+}	溶液 pH 5～6
邻二氮菲	Gu^{2+}、Ni^{2+}、Co^{2+}	溶液 pH 5～6
柠檬酸	Bi^{3+}、Cr^{3+}、Fe^{3+}、Sn^{4+}、Th^{4+}、Zr^{4+}、UO_2^{2+}	中性溶液
磺基水杨酸	Al^{3+}、Th^{4+}、Zr^{4+}	酸性溶液

表 7.12 沉淀掩蔽法示例

掩蔽剂	被掩蔽离子	被滴定离子	pH	指示剂
硫酸盐	Ba^{2+}、Sr^{2+}	Ca^{2+}、Mg^{2+}	10	铬黑 T
NH_4F	Ba^{2+}、Sr^{2+}、Ca^{2+}、Mg^{2+}、Ti^{4+}、Al^{3+}	Zn^{2+}、Cd^{2+}、Mn^{2+}	10	铬黑 T
H_2SO_4	Pb^{2+}	Bi^{3+}	1	二甲酚橙
硫化物或铜试剂	Gu^{2+}、Pb^{2+}、Bi^{3+}、Hg^{2+}、Cd^{2+}	Ca^{2+}、Mg^{2+}	10	铬黑 T
KI	Gu^{2+}	Zn^{2+}	5～6	PAN
NaOH	Mg^{2+}	Ca^{2+}	12	钙指示剂

（4）利用选择性的解蔽剂。当使用掩蔽剂对某种离子进行准确滴定后，可再往溶液中加入某种适当的试剂，将已被掩蔽的金属离子释放出来，这种方法称为解蔽。所加入的试剂称为解蔽剂。利用解蔽的方法也可提高配位滴定的选择性。例如，合金中的 Zn^{2+}、Pb^{2+} 共存时，在 pH 10 的缓冲溶液中加入 KCN 使 Zn^{2+} 形成 $[Zn(CN)_4]^{2-}$ 配离子而被掩蔽，以铬黑 T 为指示剂，用 EDTA 单独滴定 Pb^{2+}；然后在滴定过 Pb^{2+} 的溶液中加入甲醛，以破坏 $[Zn(CN)_4]^{2-}$ 配离子，使 Zn^{2+} 全部释放出来，用 EDTA 继续滴定。其反应如下：

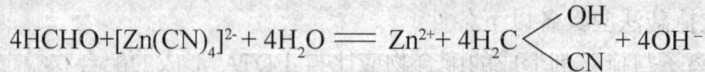

$$4HCHO+[Zn(CN)_4]^{2-}+4H_2O = Zn^{2+}+4H_2C{<}^{OH}_{CN}+4OH^-$$

3）预先分离

当利用控制酸度进行分别滴定或掩蔽干扰离子都有困难时，只能进行分离。分离是将待测组分与其他组分分开。如果在测定中必须进行沉淀分离，应注意由于分离而使待测组分损失的问题。对于含量少的待测组分，不应该先沉淀分离大量的干扰组分后再进行测定，否则待测组分损失引起的误差更大。此外，还应尽可能选用能同时沉淀多种干扰组分的沉淀剂来进行分离，以简化分离操作手续。

4）选用其他滴定剂

EDTA 有适应性广的优点，同时也具有选择性不高的缺点。许多氨羧配位剂也能与金属离子生成配合物，但其稳定性与 EDTA 配合物的稳定性有时差别较大，故选用这些氨羧配位剂作为滴定剂，有可能提高某些金属离子的选择性。下面介绍几种滴定剂：

（1）CyDTA（环己二胺四乙酸）亦称 DCTA，它与金属离子形成的配合物一般比相应的 EDTA 配合物更稳定。但金属离子与 CyDTA 的配位反应速度较慢，往往使终点拖长，且价格较贵，一般不常使用。由于它与 Al^{3+} 的配位反应速度相当快，故使用 CyDTA 滴定 Al^{3+}，可省去加热等步骤（滴定 Al^{3+} 要加热）。目前已有不少厂矿实验室采用 CyDTA 滴定 Al^{3+}。

（2）EDTP（乙二胺四丙酸），其配合物的稳定性普遍较相应的 EDTA 配合物差，但 EDTP 螯合物却有很高的稳定性。故控制一定的 pH，用 EDTP 滴定 Cu^{2+} 时，加 Zn^{2+}、Cd^{2+}、Mn、Mg^{2+} 均不干扰。

（3）EGTA（乙二醇二乙醚二胺四乙酸）。EGTA-Ca 的稳定性比 EDTA-Ca 高，而对于 Mg^{2+} 则相反，这就为混合物 Ca^{2+}、Mg^{2+} 的分别测定提供了方便。有人在 pH 为 10 的氨性缓冲溶液中用百里酚酞作指示剂，用 $Pb(NO_3)_2$ 标准溶液回滴过量的 EGTA 测定 Ca^{2+}，继用 DCTA 滴定 Mg^{2+}。

（二）配位滴定的方式及应用

1. 配位滴定的方式

EDTA 可以滴定大多数的金属离子，如果采用多种滴定方式，不但可以扩大配位滴定的应用范围，而且可以提高配位滴定的选择性。配位滴定方式有直接滴定法、返滴定法、置换滴定法、间接滴定法等类型。

1）直接滴定法

直接滴定法是配位滴定中的基本方法。这种方法是将试样处理成溶液后，调至所需要的酸度，加入必要的其他试剂和指示剂，直接用 EDTA 滴定，一般情况下引入误差较少，所以在可能范围内应尽量采用直接滴定法。

采用直接滴定法，必须符合系列条件：

（1）待测离子与 EDTA 能够反应，且配位速度很快，所形成的配合物稳定性较好。

（2）在选定的滴定条件下，有变色敏锐的指示剂指示终点，且无封闭现象。

（3）被滴定的金属离子不发生水解反应、沉淀反应及其他反应。

例如，水的总硬度测定。测定水的总硬度，就是测定水中 Ca^{2+}、Mg^{2+} 的总量，然后换算为相应的硬度单位。取适量水样 V_{H_2O} (mL) 加 NH_3-NH_4Cl 缓冲液，调节溶液的 pH10，以铬黑 T 为指示剂，用 EDTA 滴定至溶液由酒红色变为纯蓝色即为终点。记下 EDTA 消耗的体积(mL)，计算水的总硬度。

$$总硬度（度）= \frac{c_{EDTA} \times V_{EDTA} \times M_{CaO}}{V_{H_2O} \times 10} \times 1000$$

2）返滴定法

返滴定法是在试液中准确加入过量的 EDTA 标准溶液，使待测离子反应完全后，再用另一种金属离子标准溶液回滴过量的 EDTA，根据两种标准溶液的浓度和用量，求待测离子含量的方法。

如下一些情况可采用返滴定：

（1）被测离子与 EDTA 反应缓慢。

（2）被测离子在滴定的 pH 下会发生副反应，影响测定。

（3）被测离子对指示剂有封闭作用，又找不到合适的指示剂。

例如，Al^{3+} 与 EDTA 配位缓慢，特别是酸性不高时，Al^{3+} 水解成多核羟基配合物，使之与 EDTA 配位更慢，Al^{3+} 又封闭二甲酚橙等指示剂，不能用直接法滴定，而采用返滴定法并控制溶液的 pH，即可解决上述问题。方法是先加入准确已知浓度过量 EDTA 的标准溶液于 Al^{3+} 溶液中，调 pH 3.5，煮沸溶液，冷却后，调 pH 5～6，以二甲酚橙为指示剂，用 Zn^{2+} 标准溶液返滴定过量的 EDTA。

作为返滴定法的金属离子，它与 EDTA 配合物的稳定性要适当。既应有足够的稳定性以保证滴定的准确度，一般又不宜比待测离子与 EDTA 的配合物更为稳定。否则在返滴定的过程中，返滴定剂会将被测离子从其配合物中置换出来，造成测定的误差。

3）置换滴定法

置换滴定法是利用置换反应置换出等物质的量的 EDTA 或金属离子，然后进行滴定的方法。

（1）置换出 EDTA。用一种配位剂 L 置换待测定离子 M 与 EDTA 配合物中的 EDTA，然后用另一金属离子标准滴定溶液滴定释放出来的 EDTA，从而求得 M 的含量。

$$MY + L \rightleftharpoons ML + Y$$

例如，测定合金中 Sn 时，可向试液中加入过量的 EDTA，Sn^{4+} 与共存在的 Pb^{2+}、Zn^{2+}、Cd^{2+}、Bi^{3+} 等一起与 EDTA 配位，用 Zn^{2+} 标准溶液滴定过量的 EDTA，加入 NH_4F，F^- 将 SnY 中的 Y 置换出来，再用 Zn^{2+} 标准溶液滴定释放出来的 EDTA 即可求得 Sn 的含量。

（2）置换出金属离子。若被测离子 M 与 EDTA 反应不完全或所形成的配合物不稳定，可用 M 从另一配合物（NL）中置换出金属离子 N，用 EDTA 滴定 N 即可求得 M 的含量。

$$M + NL \rightleftharpoons ML + N$$

例如，测 Ag^+ 与 EDTA 的配合物不稳定，不能用 EDTA 直接滴定，若将 Ag^+ 加入到 $Ni(CN)_4^{2-}$ 中反应：

$$2Ag^+ + Ni(CN)_4^{2-} \rightleftharpoons 2Ag(CN)_2^- + Ni^{2+}$$

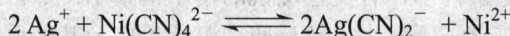

在 pH 10 的氨性缓冲溶液中，用 EDTA 滴定置换出来的 Ni^{2+}，即可求得 Ag^+ 的含量。

4）间接滴定法

有些金属离子与 EDTA 配合物不稳定，非金属离子则不与 EDTA 形成配合物。但利用间接法可以测定它们。通常使被测离子定量地沉淀为有固定组成的沉淀，而沉淀中另一种离子能用 EDTA 滴定，通过滴定后间接求出被测离子的含量。

例如，为了测定 SO_4^{2-} 的含量，先向 SO_4^{2-} 溶液中加入过量的标准 Ba^{2+} 溶液，使之生成 $BaSO_4$ 沉淀，分离沉淀。取一定量的溶液，用 EDTA 标准溶液滴定剩余的 Ba^{2+}，间接求得 SO_4^{2-} 的含量。

间接滴定法操作较烦琐，引入误差的机会也较多，所以不是一种十分理想的方法。

2. EDTA 标准溶液的配制与标定

1）配制

EDTA 滴定液常用其二钠盐（$Na_2H_2Y \cdot 2H_2O$）配制。纯度高的 EDTA 二钠盐可用直接法配制，但因它略有吸湿性，所以在配制之前，应先在 80℃以下干燥至恒重，由于蒸馏水中含有杂质（Ca^{2+}、Mg^{2+}、Pb^{2+}、Sn^{2+}等），EDTA 标准溶液的配置大都采用标定的方法，即先配置成近似浓度的溶液，然后用基准物质标定。两种方法中多选用后者。例如，0.01 mol/L EDTA 标准溶液的配制：称取分析纯的 EDTA 二钠盐 1.9 g，溶于 200mL 温水中，必要时过滤，冷却后用蒸馏水稀释至 500mL，摇匀，保存在试剂瓶内备用。

2）标定

标定 EDTA 的基准物质很多，如金属锌、铜、ZnO、$CaCO_3$ 等。金属锌的纯度高又稳定，Zn^{2+} 及 ZnY 均无色，既能在 pH 5～6 时以二甲酚橙为指示剂来标定，又可在 pH 10 的氨性缓冲溶液中以铬黑 T 为指示剂来标定，终点均很敏锐。所以，实验室中多采用金属锌为基准物质。

操作步骤：取在约 800℃灼烧至恒重的基准物质氧化锌 0.12 g，精密称定，加稀盐酸 3mL 使其溶解，加水 25mL，氨-氯化氨缓冲溶液 10mL 和铬黑 T 指示剂适量，以颜色深浅合适为宜。用待标定的 EDTA 滴定液滴定，至溶液由红色变成纯蓝色为终点。

标定反应式如下：$Zn^{2+} + HIn^{2-} \rightleftharpoons ZnIn^- + H^+$
紫红色

$$Zn^{2+} + H_2Y^{2-} \rightleftharpoons ZnY^{2-} + 2H^+$$

终点时：$ZnIn^- + H_2Y^{2-} \rightleftharpoons ZnY^{2-} + HIn^{2-} + H^+$
紫红色　　　　　　　　纯蓝色

计算公式如下：

$$c_{EDTA} \times V_{EDTA} = \frac{m_{ZnO}}{M_{ZnO} \times 10^{-3}}$$

$$c_{EDTA} = \frac{m_{ZnO}}{M_{ZnO} \times 10^{-3} \times V_{EDTA}}$$

EDTA 标准溶液若储存时间较长，最好储存在聚乙烯或硬质玻璃瓶中。因为若在软质玻璃瓶中存放，玻璃瓶中的 Ca^{2+} 会被 EDTA 溶解，从而使 EDTA 的浓度不断降低。通常较长时间存放过的 EDTA 标准溶液，使用前应重新标定。

3. 测定示例

配位滴定可采用多种滴定方式，如直接滴定、返滴定、置换滴定等。能测定多种金属离子，如药物分析中广泛用于钙盐、镁盐、铝盐等测定。

1）钙盐的测定

含钙离子的药物如氯化钙、葡萄糖酸钙等，常用于补钙及过敏性疾病。1995 年版中国药典采用钙紫红素为指示剂，用 EDTA 滴定；也可采用辅助指示剂的方法，即可用铬黑 T 加少量 MgY^{2-} 为指示剂，其作用原理是：

在 Ca^{2+} 试液中加入铬黑 T 与 MgY^{2-} 混合液后，发生下列置换反应：

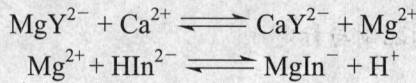

$$MgY^{2-} + Ca^{2+} \rightleftharpoons CaY^{2-} + Mg^{2+}$$

$$Mg^{2+} + HIn^{2-} \rightleftharpoons \underset{\text{酒红色}}{MgIn^-} + H^+$$

用 EDTA 滴定时，EDTA 先与游离的 Ca^{2+} 配合，终点时从 $MgIn^-$ 中置换出铬黑 T 使溶液由酒红色变为纯蓝色。

$$\underset{\text{酒红色}}{MgIn^-} + H_2Y^{2-} \rightleftharpoons \underset{\text{纯蓝色}}{MgY^{2-}} + HIn^{2-} + H^+$$

由于在实验中加入的是 MgY^{2-}，滴定至最后仍回复到 MgY^{2-}，所以它不消耗 EDTA 溶液，而只是起了辅助铬黑 T 指示滴定终点的作用，故称 MgY^{2-} 为辅助指示剂；使用此种指示剂滴定可克服 $CaIn^-$ 不稳定而提前释放指示剂，使终点过早到达的缺点。

操作步骤：取葡萄糖酸钙($C_{12}H_{22}O_{14}Ca \cdot H_2O$) 0.5 g，精密称量后置于锥形瓶中，加蒸馏水 10mL 微热使之溶解，冷却至室温；另取蒸馏水 10mL 加氨-氯化铵缓冲液(pH 10)10mL，稀硫酸镁试液 1 滴与铬黑 T 指示剂 3 滴，用 0.05 mol/L 的 EDTA 液滴定至溶液由酒红色恰好变为纯蓝色为终点。将后液倒入前液中，用 EDTA 滴定液(0.05 mol/L)滴定至溶液由酒红色转变为纯蓝色即为终点。记下滴定葡萄糖酸钙用去的 EDTA 的体积数。葡萄糖酸钙的含量按下式计算：

$$c_{EDTA} \times V_{EDTA} = \frac{m_{C_{12}H_{22}O_{14}CagH_2O}}{M_{C_{12}H_{22}O_{14}CagH_2O} \times 10^{-3}} \times 10^{-3}$$

$$\omega_{C_{12}H_{22}O_{14}CagH_2O} = \frac{c_{EDTA} \times V_{EDTA} \times M_{C_{12}H_{22}O_{14}CagH_2O}}{m_{试样}} \times 10^{-3} \times 100\%$$

2）镁盐测定

含镁离子的药物如硫酸镁，用于导泻及十二指肠引流等。硫酸镁($MgSO_4 \cdot 7H_2O$)的含量测定。

操作步骤：取硫酸镁约 0.25 g，精确称量，加蒸馏水 30mL 溶解后，加 $NH_3 \cdot H_2O$-NH_4Cl 缓冲溶液(pH 10)10mL，铬黑 T 指示剂少量，用 EDTA(0.05 mol/L)溶液滴定至溶液颜色恰好由酒红色变为纯蓝色，即得。

滴定过程的有关反应为

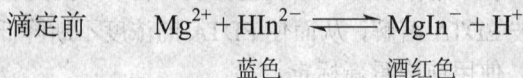

滴定前　　　　$Mg^{2+} + HIn^{2-} \rightleftharpoons \underset{\text{酒红色}}{MgIn^-} + H^+$
　　　　　　　　　　　　　蓝色

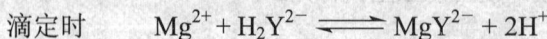

滴定时　　　　$Mg^{2+} + H_2Y^{2-} \rightleftharpoons MgY^{2-} + 2H^+$

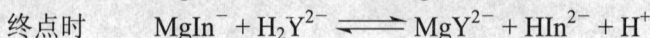

终点时　　　　$\underset{\text{酒红色}}{MgIn^-} + H_2Y^{2-} \rightleftharpoons \underset{\text{蓝色}}{MgY^{2-}} + HIn^{2-} + H^+$

钙盐、镁盐的测定采用的都是直接滴定法。直接滴定法是配位滴定法中最基本的滴定方式，它是用 EDTA 标准溶液直接滴定被测离子，若有干扰离子，滴定前应加以掩蔽或分离除去。

直接滴定法操作简便、迅速，引入误差小，结果也准确。目前约有 40 种以上的金属离子可用直接法滴定。因此，只要条件许可，应尽可能采用直接法滴定。

3）铝盐滴定

主要是滴定 Al^{3+}，常用的铝盐药物有氢氧化铝、复方氢氧化铝片、氢氧化铝凝胶及明矾等。这些药物的含量测定大多采用配位滴定法。在滴定 Al^{3+} 时，由于 Al^{3+} 的配位反应慢，需要加热才能使反应完全，而且对指示剂有封闭作用，在 pH 较高时 Al^{3+} 又易水解，因此不能用直接滴定法确定，可采用返滴定法。

返滴定法是在适当酸度的溶液中，加入过量的 EDTA 滴定液，使被测离子与 EDTA 反应完全。然后，再用另一种金属离子的滴定液滴定剩余的 EDTA，由消耗滴定液的体积，求出被测离子的含量。

例如，氢氧化铝凝胶的含量测定。

操作步骤：取氢氧化铝凝胶 8 g，精密称定，加盐酸 10mL 与蒸馏水 10mL，煮沸 10min 使溶解，放冷至室温，过滤，滤液置于 250mL 容量瓶中。滤器用蒸馏水洗涤，洗液并入容量瓶中，用蒸馏水稀释至刻度。精密量取 25mL，加氨溶液至恰析出白色沉淀，再滴加稀盐酸至沉淀恰溶解为止。加 HAc-NH$_4$Ac 缓冲液（取 NH$_4$Ac100 g，加水 300mL 使溶解，再加冰 HAc6mL 混匀即得）10mL，再精密加入 EDTA 滴定液（0.05 mol/L）25mL，煮沸 3～5 min，冷却至室温，补充蒸发的水分，加 0.2%二甲酚橙指示液 1mL，用锌液（0.05 mol/L）滴定至溶液由黄色变为淡紫红色即得。

滴定反应式如下：

滴定前　　　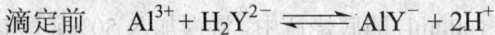
　　　　　　定量、过量

滴定时　　　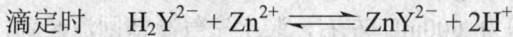
　　　　　　剩余量

终点时　　　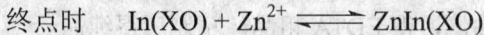
　　　　　　黄色　　　　　　　红色

4）水的硬度测定

水的硬度是指水中除碱金属外的全部金属离子浓度的总和。由于 Ca^{2+}、Mg^{2+} 含量远比其他金属离子含量高，所以水中硬度通常以 Ca^{2+}、Mg^{2+} 含量表示。它们主要以碳酸氢盐、硫酸盐、氯化物等形式存在。含这类盐的水称为硬水，它可使锅炉产生锅垢，肥皂不起泡沫。因此，水的硬度是衡量生活用水和工业用水水质的一项重要指标。

表示方法：一种是用每升水中含 CaCO$_3$ 的质量(mg)来表示。蒸汽锅炉用水一般规定不得超过 5 mg/L。另一种表示方法是以 1 L 水中含有 10 mg 的 CaO 为 1°d，称为 1 个硬度单位。测定水的硬度，实际上就是测定水中钙镁离子的总量，再把 Ca^{2+}、Mg^{2+} 的量均折算成 CaO 或 CaCO$_3$ 的质量以计算硬度。

操作步骤：精密吸取水样 100mL，置 250mL 锥形瓶中，加 NH$_3$·H$_2$O-NH$_4$Cl 缓冲溶液 10mL，铬黑 T 指示剂少量，用 EDTA 滴定液(0.01 mol/L)滴定至溶液由酒红色变为纯蓝色为终点。

反应式如下

滴定前　　　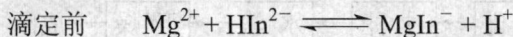
　　　　　　酒红色

滴定时　　$Ca^{2+} + H_2Y^{2-} \rightleftharpoons CaY^{2-} + 2H^+$

$\qquad\qquad Mg^{2+} + H_2Y^{2-} \rightleftharpoons MgY^{2-} + 2H^+$

终点时　　$MgIn^- + H_2Y^{2-} \rightleftharpoons MgY^{2-} + HIn^{2-} + H^+$

$\qquad\qquad$ 酒红色 $\qquad\qquad\qquad$ 纯蓝色

$$硬度(CaCO_3) = \frac{c_{EDTA} \times V_{EDTA} \times M_{CaCO_3} \times 1000}{V_{水样}} \text{ mg/L}$$

$$硬度（度）= \frac{c_{EDTA} \times V_{EDTA} \times M_{CaO} \times 100}{V_{水样}}$$

式中　V——水样指分析时所取水样的体积，mL。

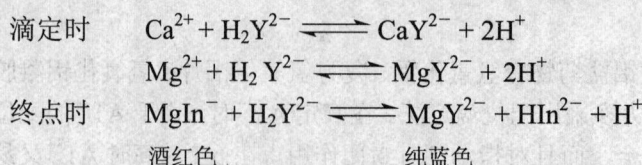

知识链接

EDTA 的制备

EDTA 一般由乙二胺与一氯乙酸在碱性溶液中缩和或由乙二胺、氰化钠和甲醛水溶液作用而得。

1. 实验室制法

称取一氯乙酸 94.5 g (1.0 mol) 加入到 1000mL 圆底烧瓶中，慢慢加入 50%碳酸钠溶液，直至二氧化碳气泡发生为止。加入 15.6 g (0.2 mol)乙二胺，摇匀，放置片刻，加入 40% NaOH 溶液 100mL，加水至总体积为 600mL 左右，装上空气冷却回流装置，于 50℃水浴上保温 2 h，再于沸水浴上保温回流 4 h。取下烧瓶，冷却后倒入烧杯中，用浓 HCl 调节 pH 至 1.2，则有白色沉淀生成，抽滤，得 EDTA 粗品。精制后得纯品。

2. 工业制法

生产原理：

反应一：

由乙二胺与氯乙酸钠反应后，经酸化制得：

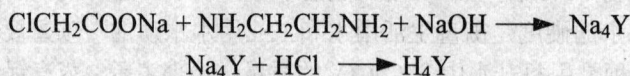

$$ClCH_2COONa + NH_2CH_2CH_2NH_2 + NaOH \longrightarrow Na_4Y$$

$$Na_4Y + HCl \longrightarrow H_4Y$$

反应二：

也可由乙二胺与甲醛、氰化钠反应得到四钠盐，然后用硫酸酸化得到：

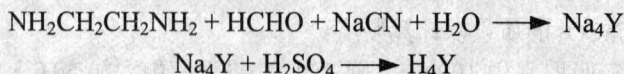

$$NH_2CH_2CH_2NH_2 + HCHO + NaCN + H_2O \longrightarrow Na_4Y$$

$$Na_4Y + H_2SO_4 \longrightarrow H_4Y$$

工艺流程：

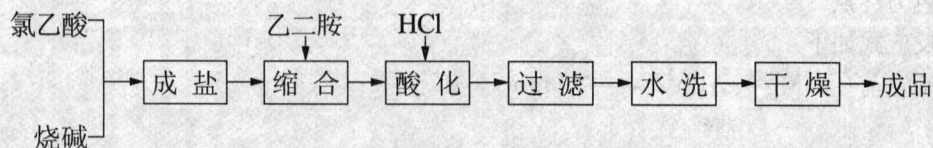

原料配比（kg）：氯乙酸（95%）2000、烧碱（工业品）880、乙二胺（70%）290、盐酸（35%）2500〔若用硫酸代替盐酸，则用硫酸（98%）1200kg〕。

主要设备：成盐锅、缩合反应罐、酸化锅、水洗锅、离心机、储槽、干燥箱。

操作工艺：在 800L 不锈钢缩合反应罐中，加入 100kg 氯乙酸、100kg 冰及 135kg 30%的氢氧化钠溶液，在搅拌下再加入 18 kg 83%～84%的乙二胺。在 15℃ 保温 1 h 后，以每次 10 L 分批加入 30%氢氧化钠溶液，每次加入后待酚酞指示剂不显碱性后再加入下一批，最后反应物呈碱性。在室温保持 12 h 后，加热至 90℃，加活性炭，过滤，滤渣用水洗，最后溶液总体积约 600 L。加浓盐酸至 pH 不小于 3，析出结晶。过滤，水洗至无氯根反应。烘干，得 EDTA 64 kg。收率 95%。也可以在较高温度条件下进行。例如，采用如下摩尔配比：乙二胺：氯乙酸：氢氧化钠 = 1：4.8：4.8，反应温度为 50℃，反应 6 h，再煮沸 2 h，反应产物用盐酸酸化即可得到 EDTA 结晶，收率 82%～90%。

质量指标：含量≥90%，铁(Fe)≤0.01%，灼烧残渣≤0.15%，重金属(Pb^{2+})≤0.001%，在 Na$_2$CO$_3$ 中溶解度合格。

质量检验：

（1）含量测定。采用配位滴定法。先将乙二胺四乙酸用 KOH 配制成 pH 为 12.0～13.0 的试样液。以酸性铬蓝 K 和萘酚绿作混合指示剂，用试样液滴定于 120℃ 干燥过的分析纯 CaCO$_3$，当溶液由紫红色变为蓝绿色即为终点。

（2）灼烧残渣测定。按常规方法进行。

安全措施：

（1）生产中使用氯乙酸、乙二胺等有毒或腐蚀性物品，生产设备应密闭，操作人员应穿戴劳保用品，车间保持良好通风状态。

（2）产品密封包装，储于通风、干燥处，注意防潮、防晒，不宜与碱性化学物品混贮。

思考与练习

（1）提高配位滴定选择性的方法有哪些？

（2）测定血清中的 Ca^{2+} 含量，取血清 2.00mL，加少量水稀释，加 NaOH 溶液使溶液 pH＞12，再加钙指示剂，用 0.00500 mol/LEDTA 标准溶液滴定，当溶液由红变为蓝色时，用去 EDTA 标准溶液 1.06mL，求血清中 Ca^{2+} 含量为多少 mg/L？

（答：106 mg/L）

（3）测定水的总硬度时，吸取水样 100mL，加氨性缓冲溶液 10mL 至溶液 pH 为 10，用 0.00500 mol/L EDTA 标准溶液滴定，终点时用去 EDTA 标准溶液 10.25mL，计算以 CaCO$_3$ 表示的水的硬度。

（答：51.3 mg/L）

（4）在溶液的 pH 为 5.0 时，以 PAN 为指示剂，用分析浓度为 0.02 mol/L 的 EDTA 标准溶液滴定分析浓度均为 0.02 mol/L 的 Cu^{2+} 和 Ca^{2+} 的混合液中的 Cu^{2+}，计算终点误差。并计算化学计量点和终点时 CaY 的平衡浓度？

（答：5.0%；1.78×10^{-6} mol/L）

（5）称取葡萄糖酸钙（$C_{12}H_{22}O_{14}Ca \cdot H_2O$）试样 0.5500 g，溶解后，在 pH = 10 的氨性缓冲液中用 EDTA 滴定（铬黑 T 为指示剂），滴定用去 EDTA 溶液（0.04985 mol/L）24.50mL。试计算葡萄糖酸钙的含量。

（答：99.57%）

（6）称取 $Al(OH)_3$ 凝胶 0.2646 g，于 250mL 容量瓶中溶解后，吸取溶液 25mL，加入 0.05000 mol/L EDTA 标准溶液 35.00mL，过量的 EDTA 溶液用标准锌溶液（0.02500 mol/L）回滴，用去 36.07mL。求样品中 Al_2O_3 的质量分数。

（答：0.6535）

附 录

附录一 弱酸、弱碱的离解常数

1. 弱酸的离解常数（298.15K）

弱酸	离解常数 K_a		
H_3AsO_4	$K_{a,1}=6.0\times10^{-3}$;	$K_{a,2}=1.0\times10^{-7}$;	$K_{a,3}=3.2\times10^{-12}$
H_3AsO_3	$K_{a,1}=6.3\times10^{-10}$;		
H_3BO_3	$K_{a,1}=5.8\times10^{-10}$		
$H_2B_4O_7$	$K_{a,1}=1.0\times10^{-4}$;	$K_{a,2}=1.0\times10^{-9}$	
$HBrO$	$K_{a,1}=2.0\times10^{-9}$		
H_2CO_3	$K_{a,1}=4.3\times10^{-7}$;	$K_{a,2}=4.8\times10^{-11}$	
HCN	$K_{a,1}=6.2\times10^{-10}$		
H_2CrO_4	$K_{a,1}=4.1$;	$K_{a,2}=1.3\times10^{-6}$	
$HClO$	$K_{a,1}=2.8\times10^{-8}$		
HF	$K_{a,1}=6.6\times10^{-4}$		
HIO	$K_{a,1}=2.3\times10^{-11}$		
HIO_3	$K_{a,1}=0.16$		
H_5IO_6	$K_{a,1}=2.8\times10^{-2}$;	$K_{a,2}=5.0\times10^{-9}$	
H_2MnO_4		$K_{a,2}=7.1\times10^{-11}$	
HNO_2	$K_{a,1}=7.2\times10^{-4}$		
H_2O_2	$K_{a,1}=2.2\times10^{-12}$		
H_2O	$K_{a,1}=1.8\times10^{-16}$		
H_3PO_4	$K_{a,1}=6.9\times10^{-3}$;	$K_{a,2}=6.2\times10^{-8}$;	$K_{a,3}=4.8\times10^{-13}$
H_3PO_3	$K_{a,1}=6.3\times10^{-2}$;	$K_{a,2}=2.0\times10^{-7}$	
H_2SO_4		$K_{a,2}=1.0\times10^{-2}$	
H_2SO_3	$K_{a,1}=1.3\times10^{-2}$;	$K_{a,2}=6.1\times10^{-7}$	
H_2S	$K_{a,1}=1.32\times10^{-7}$;	$K_{a,2}=7.1\times10^{-15}$	
H_2SiO_3	$K_{a,1}=1.7\times10^{-10}$;	$K_{a,2}=1.6\times10^{-12}$	
NH_4^+	$K_{a,1}=5.8\times10^{-10}$		
$H_2C_2O_4$	$K_{a,1}=5.4\times10^{-2}$;	$K_{a,2}=5.4\times10^{-5}$	
$HCOOH$	$K_{a,1}=1.77\times10^{-4}$		
CH_3COOH	$K_{a,1}=1.75\times10^{-5}$		
$ClCH_2COOH$	$K_{a,1}=1.4\times10^{-3}$		

2. 弱碱的离解常数

弱碱	离解常数 K_b
$NH_3 \cdot H_2O$	1.8×10^{-3}
$NH_2\text{-}NH_2$	9.8×10^{-7}
NH_2OH	9.1×10^{-9}
$C_6H_5NH_2$	4×10^{-10}
C_5H_5N	1.5×10^{-9}
$(CH_2)_6N_4$	1.4×10^{-9}

附录二　难溶化合物的溶度积常数

序号	分子式	K_{sp}	pK_{sp} $(-\lg K_{sp})$	序号	分子式	K_{sp}	pK_{sp} $(-\lg K_{sp})$
1	Ag_3AsO_4	1.0×10^{-22}	22.0	42	$Bi(OH)_3$	4.0×10^{-31}	30.4
2	$AgBr$	5.0×10^{-13}	12.3	43	$BiPO_4$	1.26×10^{-23}	22.9
3	$AgBrO_3$	5.50×10^{-5}	4.26	44	$CaCO_3$	2.8×10^{-9}	8.54
4	$AgCl$	1.8×10^{-10}	9.75	45	$CaC_2O_4\cdot H_2O$	4.0×10^{-9}	8.4
5	$AgCN$	1.2×10^{-16}	15.92	46	CaF_2	2.7×10^{-11}	10.57
6	Ag_2CO_3	8.1×10^{-12}	11.09	47	$CaMoO_4$	4.17×10^{-8}	7.38
7	$Ag_2C_2O_4$	3.5×10^{-11}	10.46	48	$Ca(OH)_2$	5.5×10^{-6}	5.26
8	Ag_2CrO_4	1.2×10^{-12}	11.92	49	$Ca_3(PO_4)_2$	2.0×10^{-29}	28.70
9	$Ag_2Cr_2O_7$	2.0×10^{-7}	6.70	50	$CaSO_4$	3.16×10^{-7}	5.04
10	AgI	8.3×10^{-17}	16.08	51	$CaSiO_3$	2.5×10^{-8}	7.60
11	$AgIO_3$	3.1×10^{-8}	7.51	52	$CaWO_4$	8.7×10^{-9}	8.06
12	$AgOH$	2.0×10^{-8}	7.71	53	$CdCO_3$	5.2×10^{-12}	11.28
13	Ag_2MoO_4	2.8×10^{-12}	11.55	54	$CdC_2O_4 3H_2O$	9.1×10^{-8}	7.04
14	Ag_3PO_4	1.4×10^{-16}	15.84	55	$Cd_3(PO_4)_2$	2.5×10^{-33}	32.6
15	Ag_2S	6.3×10^{-50}	49.2	56	CdS	8.0×10^{-27}	26.1
16	$AgSCN$	1.0×10^{-12}	12.00	57	$CdSe$	6.31×10^{-36}	35.2
17	Ag_2SO_3	1.5×10^{-14}	13.82	58	$CdSeO_3$	1.3×10^{-9}	8.89
18	Ag_2SO_4	1.4×10^{-5}	4.84	59	CeF_3	8.0×10^{-16}	15.1
19	Ag_2Se	2.0×10^{-64}	63.7	60	$CePO_4$	1.0×10^{-23}	23.0
20	Ag_2SeO_3	1.0×10^{-15}	15.00	61	$Co_3(AsO_4)_2$	7.6×10^{-29}	28.12
21	Ag_2SeO_4	5.7×10^{-8}	7.25	62	$CoCO_3$	1.4×10^{-13}	12.84
22	$AgVO_3$	5.0×10^{-7}	6.3	63	CoC_2O_4	6.3×10^{-8}	7.2
23	Ag_2WO_4	5.5×10^{-12}	11.26		$Co(OH)_2(蓝)$	$·6.31\times10^{-15}$	14.2
24	$Al(OH)_3$①	4.57×10^{-33}	32.34	64	$Co(OH)_2$ (粉红, 新沉淀)	1.58×10^{-15}	14.8
25	$AlPO_4$	6.3×10^{-19}	18.24		$Co(OH)_2$ (粉红, 陈化)	2.00×10^{-16}	15.7
26	Al_2S_3	2.0×10^{-7}	6.7	65	$CoHPO_4$	2.0×10^{-7}	6.7
27	$Au(OH)_3$	5.5×10^{-46}	45.26	66	$Co_3(PO_4)_3$	2.0×10^{-35}	34.7
28	$AuCl_3$	3.2×10^{-25}	24.5	67	$CrAsO_4$	7.7×10^{-21}	20.11
29	AuI_3	1.0×10^{-46}	46.0	68	$Cr(OH)_3$	6.3×10^{-31}	30.2
30	$Ba_3(AsO_4)_2$	8.0×10^{-51}	50.1		$CrPO_4\cdot4H_2O(绿)$	2.4×10^{-23}	22.62
31	$BaCO_3$	5.1×10^{-9}	8.29	69	$CrPO_4\cdot4H_2O(紫)$	1.0×10^{-17}	17.0
32	BaC_2O_4	1.6×10^{-7}	6.79	70	$CuBr$	5.3×10^{-9}	8.28
33	$BaCrO_4$	1.2×10^{-10}	9.93	71	$CuCl$	1.2×10^{-6}	5.92
34	$Ba_3(PO_4)_2$	3.4×10^{-23}	22.44	72	$CuCN$	3.2×10^{-20}	19.49
35	$BaSO_4$	1.1×10^{-10}	9.96	73	$CuCO_3$	2.34×10^{-10}	9.63
36	BaS_2O_3	1.6×10^{-5}	4.79	74	CuI	1.1×10^{-12}	11.96
37	$BaSeO_3$	2.7×10^{-7}	6.57	75	$Cu(OH)_2$	4.8×10^{-20}	19.32
38	$BaSeO_4$	3.5×10^{-8}	7.46	76	$Cu_3(PO_4)_2$	1.3×10^{-37}	36.9
39	$Be(OH)_2$②	1.6×10^{-22}	21.8	77	Cu_2S	2.5×10^{-48}	47.6
40	$BiAsO_4$	4.4×10^{-10}	9.36	78	Cu_2Se	1.58×10^{-61}	60.8
41	$Bi_2(C_2O_4)_3$	3.98×10^{-36}	35.4	79	CuS	6.3×10^{-36}	35.2

续表

序号	分子式	K_{sp}	pK_{sp} ($-\lg K_{sp}$)	序号	分子式	K_{sp}	pK_{sp} ($-\lg K_{sp}$)
80	CuSe	7.94×10^{-49}	48.1	125	MnS(绿)	2.5×10^{-13}	12.6
81	Dy(OH)$_3$	1.4×10^{-22}	21.85	126	Ni$_3$(AsO$_4$)$_2$	3.1×10^{-26}	25.51
82	Er(OH)$_3$	4.1×10^{-24}	23.39	127	NiCO$_3$	6.6×10^{-9}	8.18
83	Eu(OH)$_3$	8.9×10^{-24}	23.05	128	NiC$_2$O$_4$	4.0×10^{-10}	9.4
84	FeAsO$_4$	5.7×10^{-21}	20.24	129	Ni(OH)$_2$(新)	2.0×10^{-15}	14.7
85	FeCO$_3$	3.2×10^{-11}	10.50	130	Ni$_3$(PO$_4$)$_2$	5.0×10^{-31}	30.3
86	Fe(OH)$_2$	8.0×10^{-16}	15.1	131	α-NiS	3.2×10^{-19}	18.5
87	Fe(OH)$_3$	4.0×10^{-38}	37.4	132	β-NiS	1.0×10^{-24}	24.0
88	FePO$_4$	1.3×10^{-22}	21.89	133	γ-NiS	2.0×10^{-26}	25.7
89	FeS	6.3×10^{-18}	17.2	134	Pb$_3$(AsO$_4$)$_2$	4.0×10^{-36}	35.39
90	Ga(OH)$_3$	7.0×10^{-36}	35.15	135	PbBr$_2$	4.0×10^{-5}	4.41
91	GaPO$_4$	1.0×10^{-21}	21.0	136	PbCl$_2$	1.6×10^{-5}	4.79
92	Gd(OH)$_3$	1.8×10^{-23}	22.74	137	PbCO$_3$	7.4×10^{-14}	13.13
93	Hf(OH)$_4$	4.0×10^{-26}	25.4	138	PbCrO$_4$	2.8×10^{-13}	12.55
94	Hg$_2$Br$_2$	5.6×10^{-23}	22.24	139	PbF$_2$	2.7×10^{-8}	7.57
95	Hg$_2$Cl$_2$	1.3×10^{-18}	17.88	140	PbMoO$_4$	1.0×10^{-13}	13.0
96	HgC$_2$O$_4$	1.0×10^{-7}	7.0	141	Pb(OH)$_2$	1.2×10^{-15}	14.93
97	Hg$_2$CO$_3$	8.9×10^{-17}	16.05	142	Pb(OH)$_4$	3.2×10^{-66}	65.49
98	Hg$_2$(CN)$_2$	5.0×10^{-40}	39.3	143	Pb$_3$(PO$_4$)$_3$	8.0×10^{-43}	42.10
99	Hg$_2$CrO$_4$	2.0×10^{-9}	8.70	144	PbS	1.0×10^{-28}	28.00
100	Hg$_2$I$_2$	4.5×10^{-29}	28.35	145	PbSO$_4$	1.6×10^{-8}	7.79
101	HgI$_2$	2.82×10^{-29}	28.55	146	PbSe	7.94×10^{-43}	42.1
102	Hg$_2$(IO$_3$)$_2$	2.0×10^{-14}	13.71	147	PbSeO$_4$	1.4×10^{-7}	6.84
103	Hg$_2$(OH)$_2$	2.0×10^{-24}	23.7	148	Pd(OH)$_2$	1.0×10^{-31}	31.0
104	HgSe	1.0×10^{-59}	59.0	149	Pd(OH)$_4$	6.3×10^{-71}	70.2
105	HgS(红)	4.0×10^{-53}	52.4	150	PdS	2.03×10^{-58}	57.69
106	HgS(黑)	1.6×10^{-52}	51.8	151	Pm(OH)$_3$	1.0×10^{-21}	21.0
107	Hg$_2$WO$_4$	1.1×10^{-17}	16.96	152	Pr(OH)$_3$	6.8×10^{-22}	21.17
108	Ho(OH)$_3$	5.0×10^{-23}	22.30	153	Pt(OH)$_2$	1.0×10^{-35}	35.0
109	In(OH)$_3$	1.3×10^{-37}	36.9	154	Pu(OH)$_3$	2.0×10^{-20}	19.7
110	InPO$_4$	2.3×10^{-22}	21.63	155	Pu(OH)$_4$	1.0×10^{-55}	55.0
111	In$_2$S$_3$	5.7×10^{-74}	73.24	156	RaSO$_4$	4.2×10^{-11}	10.37
112	La$_2$(CO$_3$)$_3$	3.98×10^{-34}	33.4	157	Rh(OH)$_3$	1.0×10^{-23}	23.0
113	LaPO$_4$	3.98×10^{-23}	22.43	158	Ru(OH)$_3$	1.0×10^{-36}	36.0
114	Lu(OH)$_3$	1.9×10^{-24}	23.72	159	Sb$_2$S$_3$	1.5×10^{-93}	92.8
115	Mg$_3$(AsO$_4$)$_2$	2.1×10^{-20}	19.68	160	ScF$_3$	4.2×10^{-18}	17.37
116	MgCO$_3$	3.5×10^{-8}	7.46	161	Sc(OH)$_3$	8.0×10^{-31}	30.1
117	MgCO$_3\cdot$3H$_2$O	2.14×10^{-5}	4.67	162	Sm(OH)$_3$	8.2×10^{-23}	22.08
118	Mg(OH)$_2$	1.8×10^{-11}	10.74	163	Sn(OH)$_2$	1.4×10^{-28}	27.85
119	Mg$_3$(PO$_4$)$_2\cdot$8H$_2$O	6.31×10^{-26}	25.2	164	Sn(OH)$_4$	1.0×10^{-56}	56.0
120	Mn$_3$(AsO$_4$)$_2$	1.9×10^{-29}	28.72	165	SnO$_2$	3.98×10^{-65}	64.4
121	MnCO$_3$	1.8×10^{-11}	10.74	166	SnS	1.0×10^{-25}	25.0
122	Mn(IO$_3$)$_2$	4.37×10^{-7}	6.36	167	SnSe	3.98×10^{-39}	38.4
123	Mn(OH)$_4$	1.9×10^{-13}	12.72	168	Sr$_3$(AsO$_4$)$_2$	8.1×10^{-19}	18.09
124	MnS(粉红)	2.5×10^{-10}	9.6	169	SrCO$_3$	1.1×10^{-10}	9.96

序号	分子式	K_{sp}	pK_{sp} $(-\lg K_{sp})$	序号	分子式	K_{sp}	pK_{sp} $(-\lg K_{sp})$
170	$SrC_2O_4\cdot H_2O$	1.6×10^{-7}	6.80	191	$Yb(OH)_3$	3.0×10^{-24}	23.52
171	SrF_2	2.5×10^{-9}	8.61	192	$Zn_3(AsO_4)_2$	1.3×10^{-28}	27.89
172	$Sr_3(PO_4)_2$	4.0×10^{-28}	27.39	193	$ZnCO_3$	1.4×10^{-11}	10.84
173	$SrSO_4$	3.2×10^{-7}	6.49	194	$Zn(OH)_2$③	2.09×10^{-16}	15.68
174	$SrWO_4$	1.7×10^{-10}	9.77	195	$Zn_3(PO_4)_2$	9.0×10^{-33}	32.04
175	$Tb(OH)_3$	2.0×10^{-22}	21.7	196	$\alpha\text{-}ZnS$	1.6×10^{-24}	23.8
176	$Te(OH)_4$	3.0×10^{-54}	53.52	197	$\beta\text{-}ZnS$	2.5×10^{-22}	21.6
177	$Th(C_2O_4)_2$	1.0×10^{-22}	22.0	198	$ZrO(OH)_2$	6.3×10^{-49}	48.2
178	$Th(IO_3)_4$	2.5×10^{-15}	14.6	187	$TlSeO_3$	2.0×10^{-39}	38.7
179	$Th(OH)_4$	4.0×10^{-45}	44.4	188	$UO_2(OH)_2$	1.1×10^{-22}	21.95
180	$Ti(OH)_3$	1.0×10^{-40}	40.0	189	$VO(OH)_2$	5.9×10^{-23}	22.13
181	$TlBr$	3.4×10^{-6}	5.47	190	$Y(OH)_3$	8.0×10^{-23}	22.1
182	$TlCl$	1.7×10^{-4}	3.76	191	$Yb(OH)_3$	3.0×10^{-24}	23.52
183	Tl_2CrO_4	9.77×10^{-13}	12.01	192	$Zn_3(AsO_4)_2$	1.3×10^{-28}	27.89
184	TlI	6.5×10^{-8}	7.19	193	$ZnCO_3$	1.4×10^{-11}	10.84
185	TlN_3	2.2×10^{-4}	3.66	194	$Zn(OH)_2$③	2.09×10^{-16}	15.68
186	Tl_2S	5.0×10^{-21}	20.3	195	$Zn_3(PO_4)_2$	9.0×10^{-33}	32.04
187	$TlSeO_3$	2.0×10^{-39}	38.7	196	$\alpha\text{-}ZnS$	1.6×10^{-24}	23.8
188	$UO_2(OH)_2$	1.1×10^{-22}	21.95	197	$\beta\text{-}ZnS$	2.5×10^{-22}	21.6
189	$VO(OH)_2$	5.9×10^{-23}	22.13	198	$ZrO(OH)_2$	6.3×10^{-49}	48.2
190	$Y(OH)_3$	8.0×10^{-23}	22.1				

注：①～③：形态均为无定形。

附录三　标准电极电位（298.15K）

电 极 反 应	$\varphi^{\ominus}$ /V
$Li^{+}+e^{-} \rightleftharpoons Li$	-3.045
$Rb^{+}+e^{-} \rightleftharpoons Rb$	-2.925
$K^{+}+e^{-} \rightleftharpoons K$	-2.925
$Cs^{+}+e^{-} \rightleftharpoons Cs$	-2.923
$Ba^{2+}+2e^{-} \rightleftharpoons Ba$	-2.90
$Sr^{2+}+2e^{-} \rightleftharpoons Sr$	-2.89
$Ca^{2+}+2e^{-} \rightleftharpoons Ca$	-2.87
$Na^{+}+e^{-} \rightleftharpoons Na$	-2.714
$La^{3+}+3e^{-} \rightleftharpoons La$	-2.52
$Mg^{2+}+2e^{-} \rightleftharpoons Mg$	-2.37
$Sc^{3+}+3e^{-} \rightleftharpoons Sc$	-2.08
$[AlF_6]^{2-}+3e^{-} \rightleftharpoons Al+6F^{-}$	-2.07
$Be^{2+}+2e^{-} \rightleftharpoons Be$	-1.85
$Al^{3+}+3e^{-} \rightleftharpoons Al$	-1.66
$Ti^{2+}+2e^{-} \rightleftharpoons Ti$	-1.63
$Zr^{4+}+4e^{-} \rightleftharpoons Zr$	-1.53
$[TiF_6]^{2-}+4e^{-} \rightleftharpoons Ti+6F^{-}$	-1.24
$[SiF_6]^{2-}+4e^{-} \rightleftharpoons Si+6F^{-}$	-1.2

续表

电 极 反 应	$\varphi^{\ominus}$ /V
$Mn^{2+}+2e^- \rightleftharpoons Mn$	−1.18
* $SO_4^{2-}+H_2O+2e^- \rightleftharpoons SO_3^{2-}+2OH^-$	−0.93
$TiO^{2+}+2H^++e^- \rightleftharpoons Ti+H_2O$	−0.89
* $Fe(OH)_2+2e^- \rightleftharpoons Fe+2OH^-$	−0.887
$H_3BO_3+3H^++3e^- \rightleftharpoons B+3H_2O$	−0.87
$SiO_2(s)+ 4H^++4e^- \rightleftharpoons Si+2H_2O$	−0.86
$Zn^{2+}+2e^- \rightleftharpoons Zn$	−0.763
* $FeCO_3+2e^- \rightleftharpoons Fe+ CO_3^{2-}$	−0.756
$Cr^{3+}+3e^- \rightleftharpoons Cr$	−0.74
$As+3H^++3e^- \rightleftharpoons AsH_3$	−0.60
* $2SO_3^{2-}+3H_2O+4e^- \rightleftharpoons S_2O_3^{2-}+6OH^-$	−0.58
* $Fe(OH)_3+e^- \rightleftharpoons Fe(OH)_2+OH^-$	−0.56
$Ga^{3+}+3e^- \rightleftharpoons Ga$	−0.56
$Sb+3H^++3e^- \rightleftharpoons SbH_3(g)$	−0.51
$H_3PO_2+H^++e^- \rightleftharpoons P+2H_2O$	−0.51
$H_3PO_3+2H^++2e^- \rightleftharpoons H_3PO_2+H_2O$	−0.50
$2CO_2+2H^++2e^- \rightleftharpoons H_2C_2O_4$	−0.49
* $S+2e^- \rightleftharpoons S^{2-}$	−0.48
$Fe^{2+}+2e^- \rightleftharpoons Fe$	−0.44
$Cr^{3+}+e^- \rightleftharpoons Cr^{2+}$	−0.41
$Cd^{2+}+2e^- \rightleftharpoons Cd$	−0.403
$Se+2H^++2e^- \rightleftharpoons H_2Se$	−0.40
$Ti^{3+}+e^- \rightleftharpoons Ti^{2+}$	−0.37
$PbI_2+2e^- \rightleftharpoons Pb+2I^-$	−0.365
* $Cu_2O+H_2O+2e^- \rightleftharpoons 2Cu+2OH^-$	−0.361
$PbSO_4+2e^- \rightleftharpoons Pb+SO_4^{2-}$	−0.3553
$In^{3+}+3e^- \rightleftharpoons In$	−0.342
$Ti^++e^- \rightleftharpoons Ti$	−0.336
* $Ag(CN)_2^-+e^- \rightleftharpoons Ag+2CN^-$	−0.31
$PtS+2H^++2e^- \rightleftharpoons Pt+H_2S(g)$	−0.30
$PbBr_2+2e^- \rightleftharpoons Pb+2Br^-$	−0.280
$Co^{2+}+2e^- \rightleftharpoons Co$	−0.277
$H_3PO_4+2H^++2e^- \rightleftharpoons H_3PO_3+H_2O$	−0.276
$PbCl_2+2e^- \rightleftharpoons Pb+2Cl^-$	−0.268
$V^{3+}+e^- \rightleftharpoons V^{2+}$	−0.255
$VO^+_2+4H^++5e^- \rightleftharpoons V+2H_2O$	−0.253
$[SnF_6]^{2-}+4e^- \rightleftharpoons Sn+6F^-$	−0.25
$Ni^{2+}+2e^- \rightleftharpoons Ni$	−0.246
$N_2+5H^++4e^- \rightleftharpoons N_2H_5^+$	−0.23
$Mo^{3+}+3e^- \rightleftharpoons Mo$	−0.20
$CuI+e^- \rightleftharpoons Cu+I^-$	−0.185
$AgI+e^- \rightleftharpoons Ag+I^-$	−0.152
$Sn^{2+}+2e^- \rightleftharpoons Sn$	−0.136
$Pb^{2+}+2e^- \rightleftharpoons Pb$	−0.126
* $Cu(NH_3)_2^++e^- \rightleftharpoons Cu+2NH_3$	−0.12

电 极 反 应	$\varphi^{\ominus}$ /V
* $CrO_4^{2-}+2H_2O+3e^- \rightleftharpoons CrO_2^-+4OH^-$	−0.12
$WO_3(cr)+6H^++6e^- \rightleftharpoons W+3H_2O$	−0.09
* $2Cu(OH)_2+2e^- \rightleftharpoons Cu_2O+2OH^-+H_2O$	−0.08
* $MnO_2+H_2O+2e^- \rightleftharpoons Mn(OH)_2+2OH^-$	−0.05
$[HgI_4]^{2-}+2e^- \rightleftharpoons Hg+4I^-$	−0.039
* $AgCN+e^- \rightleftharpoons Ag+CN^-$	−0.017
$2H^++2e^- \rightleftharpoons H_2(g)$	0.00
$[Ag(S_2O_3)_2]^{3-}+e^- \rightleftharpoons Ag+2S_2O_3^{2-}$	0.01
* $NO_3^-+H_2O+2e^- \rightleftharpoons NO_2^-+2OH^-$	0.01
$AgBr(g)+e^- \rightleftharpoons Ag+Br^-$	0.071
$S_4O_6^{2-}+2e^- \rightleftharpoons 2S_2O_3^{2-}$	0.08
* $[Co(NH_3)_6]^{3+}+e^- \rightleftharpoons [Co(NH_3)_6]^{2+}$	0.1
$TiO^{2+}+2H^++e^- \rightleftharpoons Ti^{3+}+H_2O$	0.10
$S+2H^++2e^- \rightleftharpoons H_2S(aq)$	0.141
$Sn^{4+}+2e^- \rightleftharpoons Sn^{2+}$	0.154
$Cu^{2+}+e^- \rightleftharpoons Cu^+$	0.159
$SO_4^{2-}+4H^++2e^- \rightleftharpoons H_2SO_3+H_2O$	0.17
$[HgBr_4]^{2-}+2e^- \rightleftharpoons Hg+4Br^-$	0.21
$AgCl(s)+e^- \rightleftharpoons Ag+Cl^-$	0.2223
* $PbO_2+H_2O+2e^- \rightleftharpoons PbO+2OH^-$	0.247
$HAsO_2+3H^++3e^- \rightleftharpoons As+2H_2O$	0.248
$Hg_2Cl_2(s)+2e^- \rightleftharpoons 2Hg+2Cl^-$	0.268
$BiO^++2H^++3e^- \rightleftharpoons Bi+H_2O$	0.32
$Cu^{2+}+2e^- \rightleftharpoons Cu$	0.337
* $Ag_2O+H_2O+2e^- \rightleftharpoons 2Ag+2OH^-$	0.342
$[Fe(CN)_6]^{3-}+e^- \rightleftharpoons [Fe(CN)_6]^{4-}$	0.36
* $ClO_4^-+H_2O+2e^- \rightleftharpoons ClO^-+2OH^-$	0.36
* $[Ag(NH_3)_2]^++e^- \rightleftharpoons Ag+2NH_3$	0.373
$2H_2SO_3+2H^++4e^- \rightleftharpoons S_2O_3^{2-}+3H_2O$	0.40
* $O_2+2H_2O+4e^- \rightleftharpoons 4OH^-$	0.401
$Ag_2CrO_4+2e^- \rightleftharpoons 2Ag+CrO_4^{2-}$	0.447
$H_2SO_3+4H^++4e^- \rightleftharpoons S+3H_2O$	0.45
$Cu^++e^- \rightleftharpoons Cu$	0.52
$TeO_2(s)+4H^++4e^- \rightleftharpoons Te+2H_2O$	0.529
$I_2(s)+2e^- \rightleftharpoons 2I^-$	0.5345
$H_3AsO_4+2H^++2e^- \rightleftharpoons H_3AsO_3+H_2O$	0.560
$MnO_4^-+e^- \rightleftharpoons MnO_4^{2-}$	0.564
* $MnO_4^-+2H_2O+3e^- \rightleftharpoons MnO_2+4OH^-$	0.588
* $MnO_4^{2-}+2H_2O+2e^- \rightleftharpoons MnO_2+4OH^-$	0.60
* $BrO_3^-+3H_2O+6e^- \rightleftharpoons Br^-+6OH^-$	0.61
$2HgCl_2+2e^- \rightleftharpoons Hg_2Cl_2(s)+2Cl^-$	0.63
* $ClO_2^-+H_2O+2e^- \rightleftharpoons ClO^-+2OH^-$	0.66
$O_2(g)+2H^++2e^- \rightleftharpoons H_2O_2(aq)$	0.682
$[PtCl_4]^{2-}+2e^- \rightleftharpoons Pt+4Cl^-$	0.73
$Fe^{3+}+e^- \rightleftharpoons Fe^{2+}$	0.771

续表

电 极 反 应	$\varphi^{\ominus}$ / V
$Hg_2^{2+}+2e^- \rightleftharpoons 2Hg$	0.793
$Ag^++e^- \rightleftharpoons Ag$	0.799
$NO_3^-+H^++2e^- \rightleftharpoons HNO_2+H_2O$	0.80
* $HO_2^-+H_2O+2e^- \rightleftharpoons 3OH^-$	0.88
* $ClO+H_2O+2e^- \rightleftharpoons Cl^-+2OH^-$	0.89
$2Hg^{2+}+2e^- \rightleftharpoons Hg_2^{2+}$	0.920
$NO_3^-+3H^++2e^- \rightleftharpoons HNO_2+H_2O$	0.94
$NO_3^-+4H^++3e^- \rightleftharpoons NO+2H_2O$	0.96
$HNO_2+H^++e^- \rightleftharpoons NO+H_2O$	1.00
$NO_2+2H^++2e^- \rightleftharpoons NO+H_2O$	1.03
$Br_2(l)+2e^- \rightleftharpoons 2Br^-$	1.065
$NO_2+H^++e^- \rightleftharpoons HNO_2$	1.07
$Cu^{2+}+2CN^-+e^- \rightleftharpoons Cu(CN)_2^-$	1.12
* $ClO_2+e^- \rightleftharpoons ClO_2^-$	1.16
$ClO_4^-+2H^++2e^- \rightleftharpoons ClO_3^-+H_2O$	1.19
$2IO_3^-+12H^++10e^- \rightleftharpoons I_2+6H_2O$	1.20
$ClO_3^-+3H^++2e^- \rightleftharpoons HClO_2+H_2O$	1.21
$O_2+4H^++4e^- \rightleftharpoons 2H_2O(l)$	1.229
$MnO_2+4H^++2e^- \rightleftharpoons Mn^{2+}+2H_2O$	1.23
* $O_3+H_2O+2e^- \rightleftharpoons O_2+2OH^-$	1.24
$ClO_2+H^++e^- \rightleftharpoons HClO_2$	1.275
$2HNO_2+4H^++4e^- \rightleftharpoons N_2O+3H_2O$	1.29
$Cr_2O_7^{2-}+14H^++6e^- \rightleftharpoons 2Cr^{3+}+7H_2O$	1.33
$Cl_2+2e^- \rightleftharpoons Cl^-$	1.36
$2HIO+2H^++2e^- \rightleftharpoons I_2+2H_2O$	1.45
$PbO_2+4H^++2e^- \rightleftharpoons Pb^{2+}+2H_2O$	1.455
$Au^{3+}+3e^- \rightleftharpoons Au$	1.50
$Mn^{3+}+e^- \rightleftharpoons Mn^{2+}$	1.51
$MnO_4^-+8H^++5e^- \rightleftharpoons Mn^{2+}+4H_2O$	1.51
$2BrO_3^-+12H^++10e^- \rightleftharpoons Br_2(l)+6H_2O$	1.52
$2HBrO+2H^++2e^- \rightleftharpoons Br_2(l)+2H_2O$	1.59
$H_5IO_6+H^++2e^- \rightleftharpoons IO_3^-+3H_2O$	1.60
$2HClO+2H^++2e^- \rightleftharpoons Cl_2+2H_2O$	1.63
$HClO_2+2H^++2e^- \rightleftharpoons HClO+H_2O$	1.64
$Au^++e^- \rightleftharpoons Au$	1.68
$NiO_2+4H^++2e^- \rightleftharpoons Ni^{2+}+2H_2O$	1.68
$MnO_4^-+4H^++3e^- \rightleftharpoons MnO_2+2H_2O$	1.695
$H_2O_2+2H^++2e^- \rightleftharpoons 2H_2O$	1.77
$Co^{3+}+e^- \rightleftharpoons Co^{2+}$	1.84
$Ag^{2+}+e^- \rightleftharpoons Ag^+$	1.98
$S_2O_8^{2-}+2e^- \rightleftharpoons 2SO_4^{2-}$	2.01
$O_3+2H^++2e^- \rightleftharpoons O_2+2H_2O$	2.07
$F_2+2e^- \rightleftharpoons 2F^-$	2.87
$F_2+2H^++2e^- \rightleftharpoons 2HF$	3.06

注：本表中前面有 * 符号的电极反应是在碱性溶液中进行，其余都在酸性溶液中进行。

附录四　配合物稳定常数

1. 金属-无机配位体配合物的稳定常数

序号	配位体	金属离子	配位体数目 n	$\lg\beta_n$
1	NH_3	Ag^+	1, 2	3.24, 7.05
		Au^{3+}	4	10.3
		Cd^{2+}	1, 2, 3, 4, 5, 6	2.65, 4.75, 6.19, 7.12, 6.80, 5.14
		Co^{2+}	1, 2, 3, 4, 5, 6	2.11, 3.74, 4.79, 5.55, 5.73, 5.11
		Co^{3+}	1, 2, 3, 4, 5, 6	6.7, 14.0, 20.1, 25.7, 30.8, 35.2
		Cu^+	1, 2	5.93, 10.86
		Cu^{2+}	1, 2, 3, 4, 5	4.31, 7.98, 11.02, 13.32, 12.86
		Fe^{2+}	1, 2	1.4, 2.2
		Hg^{2+}	1, 2, 3, 4	8.8, 17.5, 18.5, 19.28
		Mn^{2+}	1, 2	0.8, 1.3
		Ni^{2+}	1, 2, 3, 4, 5, 6	2.80, 5.04, 6.77, 7.96, 8.71, 8.74
		Pd^{2+}	1, 2, 3, 4	9.6, 18.5, 26.0, 32.8
		Pt^{2+}	6	35.3
		Zn^{2+}	1, 2, 3, 4	2.37, 4.81, 7.31, 9.46
2	Br^-	Ag^+	1, 2, 3, 4	4.38, 7.33, 8.00, 8.73
		Bi^{3+}	1, 2, 3, 4, 5, 6	2.37, 4.20, 5.90, 7.30, 8.20, 8.30
		Cd^{2+}	1, 2, 3, 4	1.75, 2.34, 3.32, 3.70
		Ce^{3+}	1	0.42
		Cu^+	2	5.89
		Cu^{2+}	1	0.30
		Hg^{2+}	1, 2, 3, 4	9.05, 17.32, 19.74, 21.00
		In^{3+}	1, 2	1.30, 1.88
		Pb^{2+}	1, 2, 3, 4	1.77, 2.60, 3.00, 2.30
		Pd^{2+}	1, 2, 3, 4	5.17, 9.42, 12.70, 14.90
		Rh^{3+}	2, 3, 4, 5, 6	14.3, 16.3, 17.6, 18.4, 17.2
		Sc^{3+}	1, 2	2.08, 3.08
		Sn^{2+}	1, 2, 3	1.11, 1.81, 1.46
		Tl^{3+}	1, 2, 3, 4, 5, 6	9.7, 16.6, 21.2, 23.9, 29.2, 31.6
		U^{4+}	1	0.18
		Y^{3+}	1	1.32
3	Cl^-	Ag^+	1, 2, 4	3.04, 5.04, 5.30
		Bi^{3+}	1, 2, 3, 4	2.44, 4.7, 5.0, 5.6
		Cd^{2+}	1, 2, 3, 4	1.95, 2.50, 2.60, 2.80
		Co^{3+}	1	1.42
		Cu^+	2, 3	5.5, 5.7
		Cu^{2+}	1, 2	0.1, −0.6
		Fe^{2+}	1	1.17
		Fe^{3+}	2	9.8
		Hg^{2+}	1, 2, 3, 4	6.74, 13.22, 14.07, 15.07
		In^{3+}	1, 2, 3, 4	1.62, 2.44, 1.70, 1.60
		Pb^{2+}	1, 2, 3	1.42, 2.23, 3.23
		Pd^{2+}	1, 2, 3, 4	6.1, 10.7, 13.1, 15.7
		Pt^{2+}	2, 3, 4	11.5, 14.5, 16.0
		Sb^{3+}	1, 2, 3, 4	2.26, 3.49, 4.18, 4.72
		Sn^{2+}	1, 2, 3, 4	1.51, 2.24, 2.03, 1.48
		Tl^{3+}	1, 2, 3, 4	8.14, 13.60, 15.78, 18.00
		Th^{4+}	1, 2	1.38, 0.38
		Zn^{2+}	1, 2, 3, 4	0.43, 0.61, 0.53, 0.20
		Zr^{4+}	1, 2, 3, 4	0.9, 1.3, 1.5, 1.2

序号	配位体	金属离子	配位体数目 n	$\lg\beta_n$
4	CN^-	Ag^+	2, 3, 4	21.1, 21.7, 20.6
		Au^+	2	38.3
		Cd^{2+}	1, 2, 3, 4	5.48, 10.60, 15.23, 18.78
		Cu^+	2, 3, 4	24.0, 28.59, 30.30
		Fe^{2+}	6	35.0
		Fe^{3+}	6	42.0
		Hg^{2+}	4	41.4
		Ni^{2+}	4	31.3
		Zn^{2+}	1, 2, 3, 4	5.3, 11.70, 16.70, 21.60
5	F^-	Al^{3+}	1, 2, 3, 4, 5, 6	6.11, 11.12, 15.00, 18.00, 19.40, 19.80
		Be^{2+}	1, 2, 3, 4	4.99, 8.80, 11.60, 13.10
		Bi^{3+}	1	1.42
		Co^{2+}	1	0.4
		Cr^{3+}	1, 2, 3	4.36, 8.70, 11.20
		Cu^{2+}	1	0.9
		Fe^{2+}	1	0.8
		Fe^{3+}	1, 2, 3, 5	5.28, 9.30, 12.06, 15.77
		Ga^{3+}	1, 2, 3	4.49, 8.00, 10.50
		Hf^{4+}	1, 2, 3, 4, 5, 6	9.0, 16.5, 23.1, 28.8, 34.0, 38.0
		Hg^{2+}	1	1.03
		In^{3+}	1, 2, 3, 4	3.70, 6.40, 8.60, 9.80
		Mg^{2+}	1	1.30
		Mn^{2+}	1	5.48
		Ni^{2+}	1	0.50
		Pb^{2+}	1, 2	1.44, 2.54
		Sb^{3+}	1, 2, 3, 4	3.0, 5.7, 8.3, 10.9
		Sn^{2+}	1, 2, 3	4.08, 6.68, 9.50
		Th^{4+}	1, 2, 3, 4	8.44, 15.08, 19.80, 23.20
		TiO^{2+}	1, 2, 3, 4	5.4, 9.8, 13.7, 18.0
		Zn^{2+}	1	0.78
		Zr^{4+}	1, 2, 3, 4, 5, 6	9.4, 17.2, 23.7, 29.5, 33.5, 38.3
6	I^-	Ag^+	1, 2, 3	6.58, 11.74, 13.68
		Bi^{3+}	1, 4, 5, 6	3.63, 14.95, 16.80, 18.80
		Cd^{2+}	1, 2, 3, 4	2.10, 3.43, 4.49, 5.41
		Cu^+	2	8.85
		Fe^{3+}	1	1.88
		Hg^{2+}	1, 2, 3, 4	12.87, 23.82, 27.60, 29.83
		Pb^{2+}	1, 2, 3, 4	2.00, 3.15, 3.92, 4.47
		Pd^{2+}	4	24.5
		Tl^+	1, 2, 3	0.72, 0.90, 1.08
		Tl^{3+}	1, 2, 3, 4	11.41, 20.88, 27.60, 31.82
7	OH^-	Ag^+	1, 2	2.0, 3.99
		Al^{3+}	1, 4	9.27, 33.03
		As^{3+}	1, 2, 3, 4	14.33, 18.73, 20.60, 21.20
		Be^{2+}	1, 2, 3	9.7, 14.0, 15.2
		Bi^{3+}	1, 2, 4	12.7, 15.8, 35.2
		Ca^{2+}	1	1.3
		Cd^{2+}	1, 2, 3, 4	4.17, 8.33, 9.02, 8.62
		Ce^{3+}	1	4.6
		Ce^{4+}	1, 2	13.28, 26.46
		Co^{2+}	1, 2, 3, 4	4.3, 8.4, 9.7, 10.2

续表

序号	配位体	金属离子	配位体数目 n	$\lg\beta_n$
7	OH⁻	Cr^{3+}	1, 2, 4	10.1, 17.8, 29.9
		Cu^{2+}	1, 2, 3, 4	7.0, 13.68, 17.00, 18.5
		Fe^{2+}	1, 2, 3, 4	5.56, 9.77, 9.67, 8.58
		Fe^{3+}	1, 2, 3	11.87, 21.17, 29.67
		Hg^{2+}	1, 2, 3	10.6, 21.8, 20.9
		In^{3+}	1, 2, 3, 4	10.0, 20.2, 29.6, 38.9
		Mg^{2+}	1	2.58
		Mn^{2+}	1, 3	3.9, 8.3
		Ni^{2+}	1, 2, 3	4.97, 8.55, 11.33
		Pa^{4+}	1, 2, 3, 4	14.04, 27.84, 40.7, 51.4
		Pb^{2+}	1, 2, 3	7.82, 10.85, 14.58
		Pd^{2+}	1, 2	13.0, 25.8
		Sb^{3+}	2, 3, 4	24.3, 36.7, 38.3
		Sc^{3+}	1	8.9
		Sn^{2+}	1	10.4
		Th^{3+}	1, 2	12.86, 25.37
		Ti^{3+}	1	12.71
		Zn^{2+}	1, 2, 3, 4	4.40, 11.30, 14.14, 17.66
		Zr^{4+}	1, 2, 3, 4	14.3, 28.3, 41.9, 55.3
8	NO_3^-	Ba^{2+}	1	0.92
		Bi^{3+}	1	1.26
		Ca^{2+}	1	0.28
		Cd^{2+}	1	0.40
		Fe^{3+}	1	1.0
		Hg^{2+}	1	0.35
		Pb^{2+}	1	1.18
		Tl^+	1	0.33
		Tl^{3+}	1	0.92
9	$P_2O_7^{4-}$	Ba^{2+}	1	4.6
		Ca^{2+}	1	4.6
		Cd^{3+}	1	5.6
		Co^{2+}	1	6.1
		Cu^{2+}	1, 2	6.7, 9.0
		Hg^{2+}	2	12.38
		Mg^{2+}	1	5.7
		Ni^{2+}	1, 2	5.8, 7.4
		Pb^{2+}	1, 2	7.3, 10.15
		Zn^{2+}	1, 2	8.7, 11.0
10	SCN⁻	Ag^+	1, 2, 3, 4	4.6, 7.57, 9.08, 10.08
		Bi^{3+}	1, 2, 3, 4, 5, 6	1.67, 3.00, 4.00, 4.80, 5.50, 6.10
		Cd^{2+}	1, 2, 3, 4	1.39, 1.98, 2.58, 3.6
		Cr^{3+}	1, 2	1.87, 2.98
		Cu^+	1, 2	12.11, 5.18
		Cu^{2+}	1, 2	1.90, 3.00
		Fe^{3+}	1, 2, 3, 4, 5, 6	2.21, 3.64, 5.00, 6.30, 6.20, 6.10
		Hg^{2+}	1, 2, 3, 4	9.08, 16.86, 19.70, 21.70
		Ni^{2+}	1, 2, 3	1.18, 1.64, 1.81
		Pb^{2+}	1, 2, 3	0.78, 0.99, 1.00
		Sn^{2+}	1, 2, 3	1.17, 1.77, 1.74
		Th^{4+}	1, 2	1.08, 1.78
		Zn^{2+}	1, 2, 3, 4	1.33, 1.91, 2.00, 1.60

续表

序号	配位体	金属离子	配位体数目 n	$\lg\beta_n$
11	$S_2O_3^{2-}$	Ag^+	1, 2	8.82, 13.46
		Cd^{2+}	1, 2	3.92, 6.44
		Cu^+	1, 2, 3	10.27, 12.22, 13.84
		Fe^{3+}	1	2.10
		Hg^{2+}	2, 3, 4	29.44, 31.90, 33.24
		Pb^{2+}	2, 3	5.13, 6.35
12	SO_4^{2-}	Ag^+	1	1.3
		Ba^{2+}	1	2.7
		Bi^{3+}	1, 2, 3, 4, 5	1.98, 3.41, 4.08, 4.34, 4.60
		Fe^{3+}	1, 2	4.04, 5.38
		Hg^{2+}	1, 2	1.34, 2.40
		In^{3+}	1, 2, 3	1.78, 1.88, 2.36
		Ni^{2+}	1	2.4
		Pb^{2+}	1	2.75
		Pr^{3+}	1, 2	3.62, 4.92
		Th^{4+}	1, 2	3.32, 5.50
		Zr^{4+}	1, 2, 3	3.79, 6.64, 7.77

注：除特别说明外是在 25℃下，离子强度 $I = 0$。

2. 金属-有机配位体配合物的稳定常数

序号	配位体	金属离子	配位体数目 n	$\lg\beta_n$
1	乙二胺四乙酸 $\{[(HOOCCH_2)_2NCH_2]_2\}$	Ag^+	1	7.32
		Al^{3+}	1	16.11
		Ba^{2+}	1	7.78
		Be^{2+}	1	9.3
		Bi^{3+}	1	22.8
		Ca^{2+}	1	11.0
		Cd^{2+}	1	16.4
		Co^{2+}	1	16.31
		Co^{3+}	1	36.0
		Cr^{3+}	1	23.0
		Cu^{2+}	1	18.7
		Fe^{2+}	1	14.83
		Fe^{3+}	1	24.23
		Ga^{3+}	1	20.25
		Hg^{2+}	1	21.80
		In^{3+}	1	24.95
		Li^+	1	2.79
		Mg^{2+}	1	8.64
		Mn^{2+}	1	13.8
		$Mo(V)$	1	6.36
		Na^+	1	1.66
		Ni^{2+}	1	18.56
		Pb^{2+}	1	18.3
		Pd^{2+}	1	18.5
		Sc^{2+}	1	23.1
		Sn^{2+}	1	22.1
		Sr^{2+}	1	8.80
		Th^{4+}	1	23.2
		TiO^{2+}	1	17.3
		Tl^{3+}	1	22.5
		U^{4+}	1	17.50
		VO^{2+}	1	18.0
		Y^{3+}	1	18.32
		Zn^{2+}	1	16.4
		Zr^{4+}	1	19.4

续表

序号	配位体	金属离子	配位体数目 n	$\lg\beta_n$
2	乙酸 （CH₃COOH）	Ag⁺	1，2	0.73，0.64
		Ba²⁺	1	0.41
		Ca²⁺	1	0.6
		Cd²⁺	1，2，3	1.5，2.3，2.4
		Ce³⁺	1，2，3，4	1.68，2.69，3.13，3.18
		Co²⁺	1，2	1.5，1.9
		Cr³⁺	1，2，3	4.63，7.08，9.60
		Cu²⁺(20℃)	1，2	2.16，3.20
		In³⁺	1，2，3，4	3.50，5.95，7.90，9.08
		Mn²⁺	1，2	9.84，2.06
		Ni²⁺	1，2	1.12，1.81
		Pb²⁺	1，2，3，4	2.52，4.0，6.4，8.5
		Sn²⁺	1，2，3	3.3，6.0，7.3
		Tl³⁺	1，2，3，4	6.17，11.28，15.10，18.3
		Zn²⁺	1	1.5
3	乙酰丙酮 （CH₃COCH₂CH₃）	Al³⁺(30℃)	1，2	8.6，15.5
		Cd²⁺	1，2	3.84，6.66
		Co²⁺	1，2	5.40，9.54
		Cr²⁺	1，2	5.96，11.7
		Cu²⁺	1，2	8.27，16.34
		Fe²⁺	1，2	5.07，8.67
		Fe³⁺	1，2，3	11.4，22.1，26.7
		Hg²⁺	2	21.5
		Mg²⁺	1，2	3.65，6.27
		Mn²⁺	1，2	4.24，7.35
		Mn³⁺	3	3.86
		Ni²⁺(20℃)	1，2，3	6.06，10.77，13.09
		Pb²⁺	2	6.32
		Pd²⁺(30℃)	1，2	16.2，27.1
		Th⁴⁺	1，2，3，4	8.8，16.2，22.5，26.7
		Ti³⁺	1，2，3	10.43，18.82，24.90
		V²⁺	1，2，3	5.4，10.2，14.7
		Zn²⁺(30℃)	1，2	4.98，8.81
		Zr⁴⁺	1，2，3，4	8.4，16.0，23.2，30.1
4	草酸 （HOOCCOOH）	Ag⁺	1	2.41
		Al³⁺	1，2，3	7.26，13.0，16.3
		Ba²⁺	1	2.31
		Ca²⁺	1	3.0
		Cd²⁺	1，2	3.52，5.77
		Co²⁺	1，2，3	4.79，6.7，9.7
		Cu²⁺	1，2	6.23，10.27
		Fe²⁺	1，2，3	2.9，4.52，5.22
		Fe³⁺	1，2，3	9.4，16.2，20.2
		Hg²⁺	1	9.66
		Hg₂²⁺	2	6.98
		Mg²⁺	1，2	3.43，4.38
		Mn²⁺	1，2	3.97，5.80
		Mn³⁺	1，2，3	9.98，16.57，19.42
		Ni²⁺	1，2，3	5.3，7.64，～8.5
		Pb²⁺	1，2	4.91，6.76
		Sc³⁺	1，2，3，4	6.86，11.31，14.32，16.70
		Th⁴⁺	4	24.48
		Zn²⁺	1，2，3	4.89，7.60，8.15
		Zr⁴⁺	1，2，3，4	9.80，17.14，20.86，21.15

续表

序号	配位体	金属离子	配位体数目 n	$\lg\beta_n$
5	乳酸 （CH₃CHOHCOOH）	Ba²⁺	1	0.64
		Ca²⁺	1	1.42
		Cd²⁺	1	1.70
		Co²⁺	1	1.90
		Cu²⁺	1, 2	3.02, 4.85
		Fe³⁺	1	7.1
		Mg²⁺	1	1.37
		Mn²⁺	1	1.43
		Ni²⁺	1	2.22
		Pb²⁺	1, 2	2.40, 3.80
		Sc²⁺	1	5.2
		Th⁴⁺	1	5.5
		Zn²⁺	1, 2	2.20, 3.75
6	水杨酸 [C₆H₄(OH)COOH]	Al³⁺	1	14.11
		Cd²⁺	1	5.55
		Co²⁺	1, 2	6.72, 11.42
		Cr²⁺	1, 2	8.4, 15.3
		Cu²⁺	1, 2	10.60, 18.45
		Fe²⁺	1, 2	6.55, 11.25
		Mn²⁺	1, 2	5.90, 9.80
		Ni²⁺	1, 2	6.95, 11.75
		Th⁴⁺	1, 2, 3, 4	4.25, 7.60, 10.05, 11.60
		TiO²⁺	1	6.09
		V²⁺	1	6.3
		Zn²⁺	1	6.85
7	磺基水杨酸 [HO₃SC₆H₃(OH)COOH]	Al³⁺(0.1mol/L)	1, 2, 3	13.20, 22.83, 28.89
		Be²⁺(0.1mol/L)	1, 2	11.71, 20.81
		Cd²⁺(0.1mol/L)	1, 2	16.68, 29.08
		Co²⁺(0.1mol/L)	1, 2	6.13, 9.82
		Cr³⁺(0.1mol/L)	1	9.56
		Cu²⁺(0.1mol/L)	1, 2	9.52, 16.45
		Fe²⁺(0.1mol/L)	1, 2	5.9, 9.9
		Fe³⁺(0.1mol/L)	1, 2, 3	14.64, 25.18, 32.12
		Mn²⁺(0.1mol/L)	1, 2	5.24, 8.24
		Ni²⁺(0.1mol/L)	1, 2	6.42, 10.24
		Zn²⁺(0.1mol/L)	1, 2	6.05, 10.65
8	酒石酸 [(HOOCCHOH)₂]	Ba²⁺	2	1.62
		Bi³⁺	3	8.30
		Ca²⁺	1, 2	2.98, 9.01
		Cd²⁺	1	2.8
		Co²⁺	1	2.1
		Cu²⁺	1, 2, 3, 4	3.2, 5.11, 4.78, 6.51
		Fe³⁺	1	7.49
		Hg²⁺	1	7.0
		Mg²⁺	2	1.36
		Mn²⁺	1	2.49
		Ni²⁺	1	2.06
		Pb²⁺	1, 3	3.78, 4.7
		Sn²⁺	1	5.2
		Zn²⁺	1, 2	2.68, 8.32

序号	配位体	金属离子	配位体数目 n	$\lg\beta_n$
9	丁二酸 （HOOCCH₂CH₂COOH）	Ba^{2+}	1	2.08
		Be^{2+}	1	3.08
		Ca^{2+}	1	2.0
		Cd^{2+}	1	2.2
		Co^{2+}	1	2.22
		Cu^{2+}	1	3.33
		Fe^{3+}	1	7.49
		Hg^{2+}	2	7.28
		Mg^{2+}	1	1.20
		Mn^{2+}	1	2.26
		Ni^{2+}	1	2.36
		Pb^{2+}	1	2.8
		Zn^{2+}	1	1.6
10	硫脲 {[H₂NC(=S)NH₂]}	Ag^+	1，2	7.4，13.1
		Bi^{3+}	6	11.9
		Cd^{2+}	1，2，3，4	0.6，1.6，2.6，4.6
		Cu^+	3，4	13.0，15.4
		Hg^{2+}	2，3，4	22.1，24.7，26.8
		Pb^{2+}	1，2，3，4	1.4，3.1，4.7，8.3
11	乙二胺 （H₂NCH₂CH₂NH₂）	Ag^+	1，2	4.70，7.70
		$Cd^{2+}(20℃)$	1，2，3	5.47，10.09，12.09
		Co^{2+}	1，2，3	5.91，10.64，13.94
		Co^{3+}	1，2，3	18.7，34.9，48.69
		Cr^{2+}	1，2	5.15，9.19
		Cu^+	2	10.8
		Cu^{2+}	1，2，3	10.67，20.0，21.0
		Fe^{2+}	1，2，3	4.34，7.65，9.70
		Hg^{2+}	1，2	14.3，23.3
		Mg^{2+}	1	0.37
		Mn^{2+}	1，2，3	2.73，4.79，5.67
		Ni^{2+}	1，2，3	7.52，13.84，18.33
		Pd^{2+}	2	26.90
		V^{2+}	1，2	4.6，7.5
		Zn^{2+}	1，2，3	5.77，10.83，14.11
12	吡啶 （C₅H₅N）	Ag^+	1，2	1.97，4.35
		Cd^{2+}	1，2，3，4	1.40，1.95，2.27，2.50
		Co^{2+}	1，2	1.14，1.54
		Cu^{2+}	1，2，3，4	2.59，4.33，5.93，6.54
		Fe^{2+}	1	0.71
		Hg^{2+}	1，2，3	5.1，10.0，10.4
		Mn^{2+}	1，2，3，4	1.92，2.77，3.37，3.50
		Zn^{2+}	1，2，3，4	1.41，1.11，1.61，1.93
13	甘氨酸 （H₂NCH₂COOH）	Ag^+	1，2	3.41，6.89
		Ba^{2+}	1	0.77
		Ca^{2+}	1	1.38
		Cd^{2+}	1，2	4.74，8.60
		Co^{2+}	1，2，3	5.23，9.25，10.76
		Cu^{2+}	1，2，3	8.60，15.54，16.27
		$Fe^{2+}(20℃)$	1，2	4.3，7.8
		Hg^{2+}	1，2	10.3，19.2
		Mg^{2+}	1，2	3.44，6.46
		Mn^{2+}	1，2	3.6，6.6
		Ni^{2+}	1，2，3	6.18，11.14，15.0
		Pb^{2+}	1，2	5.47，8.92
		Pd^{2+}	1，2	9.12，17.55
		Zn^{2+}	1，2	5.52，9.96

续表

序号	配位体	金属离子	配位体数目 n	$\lg\beta_n$
14	2-甲基-8-羟基喹啉 (50%二噁烷)	Cd^{2+}	1，2，3	9.00，9.00，16.60
		Ce^{3+}	1	7.71
		Co^{2+}	1，2	9.63，18.50
		Cu^{2+}	1，2	12.48，24.00
		Fe^{2+}	1，2	8.75，17.10
		Mg^{2+}	1，2	5.24，9.64
		Mn^{2+}	1，2	7.44，13.99
		Ni^{2+}	1，2	9.41，17.76
		Pb^{2+}	1，2	10.30，18.50
		UO_2^{2+}	1，2	9.4，17.0
		Zn^{2+}	1，2	9.82，18.72

注：离子强度都是在有限的范围内，$I \approx 0$。

　　β_n 表示累积稳定常数。

附录五　EDTA 的 $\lg\alpha_{Y(H)}$ 值

pH	$\lg\alpha_{Y(H)}$	pH	$\lg\alpha_{Y(H)}$	pH	$\lg\alpha_{Y(H)}$	pH	$\lg\alpha_{Y(H)}$	pH	$\lg\alpha_{Y(H)}$
0.0	23.64	2.5	11.90	5.0	6.45	7.5	2.78	10.0	0.45
0.1	23.06	2.6	11.62	5.1	6.26	7.6	2.68	10.1	0.39
0.2	22.47	2.7	11.35	5.2	6.07	7.7	2.57	10.2	0.33
0.3	21.89	2.8	11.09	5.3	5.88	7.8	2.47	10.3	0.28
0.4	21.32	2.9	10.84	5.4	5.69	7.9	2.37	10.4	0.24
0.5	20.75	3.0	10.60	5.5	5.51	8.0	2.27	10.5	0.20
0.6	20.18	3.1	10.37	5.6	5.33	8.1	2.17	10.6	0.16
0.7	19.62	3.2	10.14	5.7	5.15	8.2	2.07	10.7	0.13
0.8	19.08	3.3	9.92	5.8	4.98	8.3	1.97	10.8	0.11
0.9	18.54	3.4	9.70	5.9	4.81	8.4	1.87	10.9	0.09
1.0	18.01	3.5	9.48	6.0	4.65	8.5	1.77	11.0	0.07
1.1	17.49	3.6	9.27	6.1	4.49	8.6	1.67	11.1	0.06
1.2	16.98	3.7	9.06	6.2	4.34	8.7	1.57	11.2	0.05
1.3	16.49	3.8	8.85	6.3	4.20	8.8	1.48	11.3	0.04
1.4	16.02	3.9	8.65	6.4	4.06	8.9	1.38	11.4	0.03
1.5	15.55	4.0	8.44	6.5	3.92	9.0	1.28	11.5	0.02
1.6	15.11	4.1	8.24	6.6	3.79	9.1	1.19	11.6	0.02
1.7	14.68	4.2	8.04	6.7	3.67	9.2	1.10	11.7	0.02
1.8	14.27	4.3	7.84	6.8	3.55	9.3	1.01	11.8	0.01
1.9	13.88	4.4	7.64	6.9	3.43	9.4	0.92	11.9	0.01
2.0	13.51	4.5	7.44	7.0	3.32	9.5	0.83	12.0	0.01
2.1	13.16	4.6	7.24	7.1	3.21	9.6	0.75	12.1	0.01
2.2	12.82	4.7	7.04	7.2	3.10	9.7	0.67	12.2	0.005
2.3	12.50	4.8	6.84	7.3	2.99	9.8	0.59	13.0	0.0008
2.4	12.19	4.9	6.65	7.4	2.88	9.9	0.52	13.9	0.0001

主要参考文献

甘峰．2006．分析化学基础教程．北京：化学工业出版社．

高金波．2005．分析化学．哈尔滨：哈尔滨工程大学出版社．

高职高专化学教材编写组．2000．分析化学实验（第二版）．北京：高等教育出版社．

高职高专化学教材编写组．2000．分析及分析化学（第二版）．北京：高等教育出版社．

高职高专化学教材编写组．2006．分析化学（第二版）．北京：高等教育出版社．

葛兴．2003．分析化学．北京：中国农业大学出版社．

胡育筑．2004．分析化学简明教程．北京：科学出版社．

邢文卫．2002．分析化学．北京：化学工业出版社．

应武林，顾国耀．2003．分析化学（第五版）．青岛：中国海洋大学出版社．

张锦柱．2006．分析化学简明教程．北京：冶金工业出版社．

张星海．2007．基础化学．北京：化学工业出版社．

周激．2005．分析化学．北京：兵器工业出版社．